工矿供电技术

主　编　瞿　明

副主编　曹志成　崔俊涛

主　审　张　琳　黄夷白

U0240310

重庆大学出版社

内容提要

本书在编写过程中坚持"基于工作过程为导向,以职业能力为核心"的理念,采用教学情境的编写方式。全书共分9个教学情境,其内容包括工矿供配电系统的认识,电力负荷与短路电流的计算,高、低压配电装置的运行与维护,工矿配电线路的敷设与导线电缆的选择,工矿供配电系统的一次接线,工矿供电系统的保护,工矿供电安全技术,工矿供配电系统无功功率的补偿,工矿供电系统的设计。全书力求结合生产实际,充分反映出工矿企业供电系统的最新技术发展。本书在学习情境中根据需要设计了学习小结、自我评估、知识拓展等栏目,供读者在巩固和检验所学知识时使用。

本书可作为高职高专机电类、采矿类专业及相关专业的教材,也可作为工程技术人员的培训或参考用书。

图书在版编目(CIP)数据

工矿供电技术 / 瞿明主编. -- 重庆:重庆大学
出版社,2018.9
ISBN 978-7-5689-1320-1

Ⅰ.①工… Ⅱ.①瞿… Ⅲ.①工业用电—供电—高等
职业教育—教材 Ⅳ.①TM727.3

中国版本图书馆 CIP 数据核字(2018)第 190773 号

工矿供电技术

主　编　瞿　明
副主编　曹志成　崔俊涛
主　审　张　琳　黄夷白

策划编辑:鲁　黎

责任编辑:文　鹏　邓桂华　　版式设计:鲁　黎
责任校对:万清菊　　　　　　责任印制:张　策

*

重庆大学出版社出版发行
出版人:易树平
社址:重庆市沙坪坝区大学城西路 21 号
邮编:401331
电话:(023)88617190　88617185(中小学)
传真:(023)88617186　88617166
网址:http://www.cqup.com.cn
邮箱:fxk@ cqup.com.cn(营销中心)
全国新华书店经销
重庆荟文印务有限公司印刷

*

开本:787mm×1092mm　1/16　印张:14.75　字数:370 千
2018 年 9 月第 1 版　　2018 年 9 月第 1 次印刷
ISBN 978-7-5689-1320-1　定价:42.00 元

本书如有印刷、装订等质量问题,本社负责调换
版权所有,请勿擅自翻印和用本书
制作各类出版物及配套用书,违者必究

前 言

本书立足于机电类、采矿类专业的技术岗位需求和相应知识领域要求进行编写。本书内容力求反映工矿企业供电系统的最新技术发展,符合职业技术教育的要求。

本书具有以下特点:

(1)理论知识以应用为目的,以"必须、够用"为度。理论知识深入浅出,内容丰富实用,课程体系结构先进。内容上做到相互衔接、相互配合、相互统一,有利于教师组织教学和学生自学,以达到实用的目的。

(2)基于工作过程设计了9个学习情境,内容包括了工业企业和煤矿企业的供配电系统。

(3)在工矿供电系统内容中的电气符号均采用了最新的国家标准。

(4)按照情境编写,满足"学训"一体的教学模式改革的要求。

(5)该课程作为省级精品资源共享课程,在教学过程和学生自学中的书中内容与在线学习资源保持一致。

本书由瞿明任主编,曹志成、崔俊涛任副主编。具体分工如下:崔俊涛编写学习情境1、学习情境2;曹志成编写学习情境3、学习情境4、学习情境5;瞿明编写学习情境6、学习情境7、学习情境8、学习情境9。本书由瞿明统稿,张琳教授、黄夷白教授主审。

本书在编写过程中得了学院和相关系部领导的大力支持,在此表示衷心的感谢。由于水平有限,疏漏之处在所难免,欢迎各位读者批评指正。

编　者
2018 年 6 月

目 录

学习情境 **1**
工矿供配电系统的认识

【知识目标】

1. 了解电力系统运行的特点和要求。
2. 了解工矿供配电系统的组成。
3. 掌握电力系统中性点的运行方式的特点。

【能力目标】

1. 能够分析供配电系统中性点接地的运行。
2. 能够分析供配电系统的额定电压及各电压等级的适用范围。

任务 1.1　工矿供配电系统的认知

【任务简介】

任务名称：工矿供配电系统的认知

任务描述：电力是工矿企业生产的主要能源。本任务主要讲述有关工矿供配电系统的组成、中性点的运行方式和额定电压的范围及使用范围。

任务分析：通过对工矿供配电系统的认识，了解供配电系统运行的特点和要求，掌握供配电系统的额定电压及各电压等级的适用范围。

【任务要求】

知识要求：了解工矿供配电系统的组成及其运行的特点和要求。

能力要求：掌握工矿供配电系统的额定电压及各电压等级的适用范围。

【知识准备】

1.1.1 电力系统概述

目前,我国工业、农业以及其他电力用户所需的电能是由生产电能的火力、水力、风电发电厂等供给的。发电厂可位于用户附近,也可距用户很远。在任何条件下,电能总是从发电厂经过线路输送给用户。当用户与发电厂相距很远,电能的输送则须采用升高电压的方法,以减少损耗,同时,为了满足用户对电压的要求,输送到用户时又须降低电压。在发电厂与用户之间,必须建立升压和降压变电所。

从经济观点来看,把发电厂设置在燃料、水力蕴藏地区或附近是比较有利的,这样可取得廉价的动力,同时,由线路输送电能比用运输工具送燃料可显著降低成本。大型火电厂设在能源丰富的区域,核电厂受能源分布影响较小,可以设置在负荷中心。

所谓电力系统(图1.1为电力系统示意图),就是将各种类型发电厂的发电机、升压和降压变压器、输电线路以及各种用电设备联系在一起所构成的统一体。该系统起着电能生产、输送、分配和消费的作用。

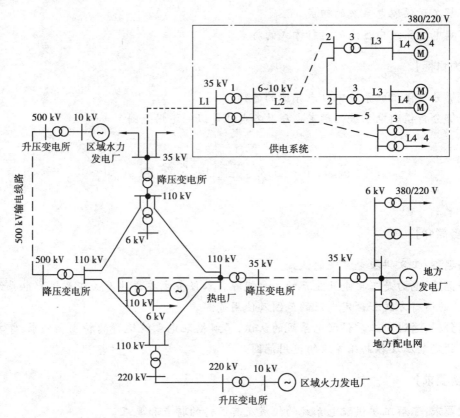

图 1.1 电力系统示意图

1—工矿总降压变电所;2—配电所;3—车间变电所;4—低压用电设备;5—高压用电设备

电力系统的优点如下:

①降低发电厂的造价和运行费用。

②在各发电厂之间起到对负荷进行经济合理的分配作用。

③充分利用当地的动力资源(水利、燃料),减少铁路的运输量。

④构成电力系统,能提高对用户供电的可靠性。

⑤便于集中管理和控制。

电力系统和动力部分构成动力系统。动力部分包括火力或热力发电厂的锅炉、汽轮机、热力网和用热设备,水力发电厂的水库、水轮机以及核能发电厂的核反应堆等。

电力网是电力系统的一部分,包括变电所和不同电压等级的输电线路。它的作用是输送和分配电能。

1.1.2　电力系统运行的特点和要求

1)特点

电力系统的运行与其他工矿生产相比,具有以下明显的特点:

(1)电能不能大量储存

电能的生产、输送、分配和消费,几乎是同时进行的。由于电能具有很高的传输速度,发电机在某一时刻发出的电能,经过输电线路立即输送给用电设备,而用电设备立刻将电能转换成其他形式的能量,一瞬间就完成了从发电—供电的全过程。而且发电量是随着用电量的变化而变化的,生产量和消费量是严格平衡的。

(2)电力系统的暂态过程非常短暂

如开关的切换操作、电网短路等过程,都是在很短的时间内完成的。电力系统由一种运行状态到另一种运行状态的过程非常短暂。

(3)电力系统的运行与国民经济各部门关系密切

电能的生产、输送、分配和消费比较方便,便于大量生产、远距离输送、集中管理和自动控制等。使用电能较其他能量有显著的优点,所以各部门广泛使用电能。电能的供应和中断或减少将影响国民经济各部门的正常生产和工作以及人们的生活。

2)要求

根据电力系统运行的特点,对电力系统有以下要求:

(1)保证电力系统供电的可靠性

供电中断将使生产停顿、生活混乱,甚至危及人身和设备安全,给国民经济造成的损失远超过电力系统本身的损失。因此,电力系统运行首先要满足安全发电、供电的要求。

(2)保证电力系统的电能质量

电力系统的电能质量是指电压、频率和波形的质量。

①电压质量　电压质量是对电力系统运行电压和供电电压值的规范要求,以满足电力传输及负荷供应的要求,是电能质量的一个重要的技术指标。电压偏差过大,不仅影响电力系统本身安全运行,还影响用户产品的产量和质量,特别在无功功率不足的情况下,当某中枢点电压低于某一临界值时,将产生无功功率缺额增多与电力网电压下降的恶性循环,造成"电压崩溃",最终导致电力系统大停电事故。

②频率的质量　电力系统频率是指电力系统中同步发电机产生的交流正弦基波电压的频率,在稳态运行情况下,电气上相连的整个电力系统的频率是相等的,并等于额定频率。我国工频交流电为 50 Hz,频率的允许偏移为 50 Hz ± (0.2 ~ 0.5 Hz)(小系统为 0.5 Hz,大系统为

0.2 Hz)。电力系统必须保持一致的频率运行参数,与频率有关的可能导致电力系统大停电事故使电力系统振荡和频率崩溃。电力系统振荡是常见的系统故障,在系统设计与运行中应高度关注,并做好事前防范和善后处理,防止演变为大面积停电事故。频率崩溃的起因是有功功率严重不足引起频率下降,频率下降又引起发电机功率降低或跳闸,使频率下降更快,造成恶性循环,最终导致频率崩溃事故。

③波形质量　波形质量是指电力系统中电压和电流波形与正弦波形的符合程度。为了保证各种电气设备的正常运行,必须使电压与电流的正弦波形畸变率控制在允许范围内。

(3)保证电力系统运行的经济性

电力系统运行的经济性是指降低生产每一千瓦小时电能所消耗的能源及输送、分配时的电能损耗。应力求电力系统运行经济,使负荷在各发电厂之间合理分配。

此外,还应保证电力系统运行的灵活性和扩建的可能性。

上述要求是相互关联、相互制约而又相互矛盾的。在满足某项要求时,必须兼顾其他,以取得最佳的经济效益。

1.1.3　电力系统的额定电压

电力网额定电压等级是根据国民经济发展的需要、技术经济上的合理性、电机电器制造工业的水平等因素,经全面研究分析,由国家制订颁布的。从电气设备制造的角度和电力工业的发展来看,额定电压等级不宜过多。我国颁布的标准额定电压系列见表1.1。

额定电压是用电设备、发电机和变压器正常工作时具有最好技术经济指标的电压。从表1.1中可知,在同一电压等级下,各种设备的额定电压并不一定完全相等。

(1)发电机

为了使电气设备具有良好的运行性能,国家标准规定各级电网电压在客户处的电压偏差不超过±5%。这就要求线路的始端电压要比线路的额定电压高5%,使其末端电压比负载额定电压不小于5%。当发电机接在线路始端时,发电机额定电压比线路额定电压高5%。

(2)变压器

电力系统中的不同电压等级线路是通过有变压功能的变压器连接起来的,变压器的一次绕组连接在对应于某一级额定电压线路的末端,相当于用电设备,其额定电压与用电设备额定电压相等。如果变压器直接与发电机连接,其额定电压与发电机的额定电压相等,即比线路电压高5%。变压器二次绕组向负载供电,相当于发电机,此时,变压器二次绕组额定电压应高于线路额定电压的5%。变压器二次绕组额定电压是变压器的空载电压,当变压器满载时,约有5%的电压降。如果变压器二次侧供电线路较长,则变压器二次绕组的额定电压,要考虑补偿变压器内部5%的阻抗电压降,还要考虑变压器满载时输出的二次电压要高出线路额定电压的5%,以补偿线路上的电压降,因此它要比线路额定电压高10%。如果变压器二次侧供电线路不太长,则变压器二次绕组的额定电压只需高于线路额定电压5%,只考虑补偿变压器内部电压降。

(3)用电设备

为了使用电设备经济有效地运行,要求在制造用电设备时,用电设备的额定电压应与线路的额定电压相等。

表 1.1　我国交流电力网和电力设备的额定电压(单位:高压为 kV;低压为 V)

电力网和用电设备额定电压	发电机额定电压	电力变压器额定电压	
		一次绕组	二次绕组
低压 380/220 660/380 1 000(1 140)	115 230 400 690	220/127 380/220 660/380	230/133 400/230 690/400
高压 3 6 10 (20) 35 66 110 220 330 500 750 1 000	3.15 6.3 10.5 13.8,15.75,18.20 22,24,26 — — — — — — — —	3 及 3.15 6 及 6.3 10 及 10.5 13.8,15.75,18.20 35 63 110 220 330 500 750 1 000	3.15 及 3.3 6.3 及 6.6 10.5 及 11 — 38.5 69 121 242 363 550 800 1 050

注:1. 表中斜线"/"左边数字为三相电路的线电压,右边数字为相电压。

　　2. 括号里的数值为用户有要求时使用。

1.1.4　各种电压等级的适用范围

在我国电力系统中,220 kV 以上的电压等级多用于大型电力系统的主干线;110 kV 则多用于中、小型电力系统的主干线,也可用于大型电力系统的二次网络;工矿内部多采用 6~10 kV 的高压配电电压。从技术经济指标来看,最好采用 10 kV。如果工矿的设备大部分是 6 kV 用电设备,可考虑采用 6 kV 电压作为工矿配电电压。380/220 V 电压等级多作为工矿的低压配电电压;660/380 V 电压等级主要作为井下矿用低压设备配电电压;1 140/660 V 电压等级主要作为采区移动变电站的配电电压。表 1.2 列出了不同线路额定电压等级与其相适用的输送功率和输送距离的经验数据。

【任务实施】

1. 实施地点

校内 10 kV 变电所,多媒体教室。

2. 实施所需器材

多媒体设备。

表 1.2 各种额定电压等级线路的输送功率和输送距离

额定电压 U_N/kV	输送功率 P/kW	输送距离/km	额定电压 U_N/kV	输送功率 P/kW	输送距离/km
0.22	50	0.15	10	200 ~ 2 000	6 ~ 20
0.38	100	0.6	35	2 000 ~ 10 000	20 ~ 50
3	100 ~ 1 000	1 ~ 3	110	10 000 ~ 50 000	50 ~ 150
6	100 ~ 1 200	4 ~ 15	220	100 000 ~ 500 000	100 ~ 300

3.实施内容与步骤

①学生分组。

②教师布置工作任务。

③教师通过图纸、实物或多媒体展示让学生了解电力系统的构成及相关知识。

【学习小结】

本任务主要介绍了电力系统的组成和电力系统运行的特点和要求。通过学习应当熟悉工矿供配电系统的组成。

【自我评估】

1.何谓电力系统? 何谓电力网? 它们各自的作用是什么?

2.电力系统运行的特点和基本要求是什么?

3.发电机、变压器、用电设备的额定电压与所接线路的额定电压在数值上有无差别? 为什么?

4.我国规定的"工频"是多少? 对其频率偏差有何要求?

任务1.2 电力系统的中性点运行方式

【任务简介】

任务名称:电力系统中性点的运行方式

任务描述:本任务学习电力系统的中性点运行方式,内容包括中性点不接地系统、中性点经阻抗接地系统、中性点直接接地系统。

任务分析:通过对电力系统中性点运行方式的学习,能够具备分析单相接地故障,能够正确选用中性点的接地形式。

【任务要求】

知识要求:了解电力用户的分类。

能力要求:掌握电力系统中性点的运行方式。

【知识准备】

1.2.1　电力用户的分类

电力系统的接线方式主要取决于负荷的重要程度,一般把电力系统的负荷按照其重要性的不同分为 3 级:

①一级负荷　中断供电将造成人身重大事故或设备的严重损坏,且难以修复,给国民经济带来重大损失。由于一级负荷的特殊地位,在正常运行和故障情况下,系统接线方式必须有足够的可靠性和灵活性,保证对用户的连续供电。对一级负荷供电必须要有两个及以上的独立电源供电。

②二级负荷　中断供电将造成大量减产和生产废品,甚至损坏生产设备,在经济上造成重大损失。对二级负荷供电一般情况下采用双回路供电,当用双回路供电有困难时,可采用一回专用线供电。

③三级负荷　不属于一级、二级负荷的用户均属于三级负荷,三级负荷对供电无特殊要求。允许较长时间停电,可用单回线路供电。

1.2.2　电力系统中性点的运行方式

电力系统电源中性点的不同运行方式,对电力系统的运行特别是在系统发生单相接地故障时有明显的影响,而且将影响系统二次侧的继电保护及监测仪表的选择与运行。

(1)中性点不接地(图 1.2)

正常运行:电压、电流对称。

单相接地:另两相对地电压升高为原来的 $\sqrt{3}$ 倍。单相接地电容电流为正常运行时相线对地电容电流的 3 倍。(图 1.3)

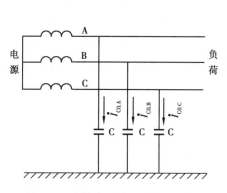

图 1.2　中性点不接地的电力系统

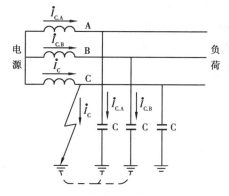

图 1.3　单相接地

单相接地电流经验公式: $I_C = \dfrac{U_N(l_{oh} + 35l_{cab})}{350}$

(2)中性点经消弧线圈接地(图 1.4)

正常运行:三相电压、电流对称。

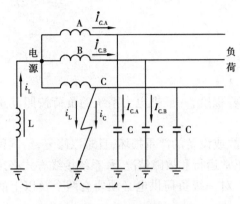

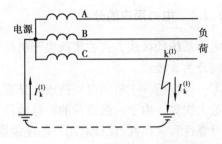

图 1.4 中性点经消弧线圈接地　　　图 1.5 中性点直接接地或低阻接地的电力

单相接地:另两相对地电压升高为原来的 $\sqrt{3}$ 倍,减小了接地电流。在单相接地电容电流大于一定值的电力系统中,电源中性点必须采取经消弧线圈接地的运行方式。

(3)中性点直接接地(图 1.5)

正常运行:三相电压、电流对称。

单相接地:另两相对地电压不变,单相接地后即通过接地中性点形成单相短路。单相短路电流比线路的正常负荷电流大得多,在此系统发生单相短路时,保护装置应动作,切除短路故障。110 kV 及以上系统中广泛采用中性点直接接地方式。

1.2.3　低压配电系统的接地形式

我国 220/380 V 低压配电系统广泛采用中性点直接接地的运行方式,引出有中性线 N、保护线 PE、保护中性线 PEN。

中性线(N 线)的功能:一是用来接额定电压为系统相电压的单相电设备;二是用来传导三相系统中的不平衡电流和单相电流;三是用来减小负荷中性点的电位偏移。

保护线(PE 线)的功能:它是用来保障人身安全、防止发生触电事故用的接地线。系统中所有设备的外露可导电部分(指正常不带电压但故障情况下可能带电压的易被触及的导电部分,如设备的金属外壳、金属构架等)通过保护线接地,可在设备发生接地故障时减少触电危险。

保护中性线(PEN 线)的功能:它兼有中性线(N 线)和保护线(PE 线)的功能。这种保护中性线在我国通称为"零线",俗称"地线"。

低压配电系统按接地形式,分为 TN 系统、TT 系统和 IT 系统。

(1)TN 系统

中性点直接接地,所有设备的外露可导电部分均接公共的保护线(PE 线)或公共的保护中性线(PEN 线)。这种接公共 PE 线或 PEN 线的方式,通称为"接零"。TN 系统包括 TN-C 系统、TN-S 系统和 TN-C-S 系统,如图 1.6 所示。

(2)TT 系统

中性点直接接地,设备外壳单独接地,如图 1.7 所示。

(3)IT 系统

中性点不接地,设备外壳单独接地。主要用于对连续供电要求较高及有易燃易爆危险的场所,如图 1.8 所示。

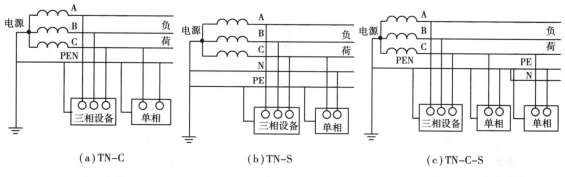

（a）TN-C   （b）TN-S   （c）TN-C-S

图 1.6 TN 系统

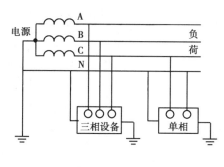

图 1.7 TT 系统

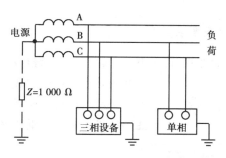

图 1.8 IT 系统

【任务实施】

1.实施地点

实训室,多媒体教室。

2.实施所需器材

多媒体设备,常用接地装置等。

3.实施内容与步骤

①学生分组。

②教师布置工作任务。

③教师通过图纸、实物或多媒体展示让学生了解电力系统电源中性点的不同运行方式。

【学习小结】

通过本任务的学习,应当了解电力用户的分类,掌握电力系统的中性点运行方式,包括中性点不接地系统;中性点经阻抗接地系统、中性点直接接地系统;明确低压配电系统的接地形式。

【自我评估】

1.三相交流电力系统的电源中性点有哪些运行方式? 中性点非直接接地系统与中性点直接接地系统在发生单相接地故障时各有什么特点?

2.低压配电系统中的中性线(N 线)、保护线(PE 线)和保护中性线(PEN 线)各有哪些功能? TN-C 系统、TN-S 系统、TN-C-S 系统、TT 系统和 IT 系统各有哪些特点,各适合于什么场合?

任务 1.3　工矿供配电系统的组成

【任务简介】

任务名称:工矿供配电系统的组成

任务描述:本任务主要学习工厂供电系统的组成和矿山供电系统的组成。

任务分析:工矿供配电系统是电力系统的终端网络,通过任务的学习可以了解工矿供配电系统的组成,为后续的内容学习奠定基础。

【任务要求】

知识要求:1. 了解工厂供电系统的组成。

2. 了解矿山供电系统的组成。

能力要求:1. 能阅读工矿供配电系统图。

2. 能正确选择工矿供配电系统的组成单元。

【知识准备】

1.3.1　工厂供电系统

工厂供配电系统是电力系统的终端网络,如图 1.1 中点画线框内所示。它是由工厂总降压变电所 1、配电所 2、车间变电所 3、低压用电设备 4 和高压用电设备 5 通过线路 L2、L3、L4 连接构成的整体。工厂供配电系统的供电环节不是固定不变的,它是由工厂总负荷量的大小、各个车间的分布、工厂与供电电源之间的距离以及地区电网的供电条件等综合因素决定的。

(1)电源

高压进线的电压等级一般采用 35～110 kV。这种电压等级往往由该地区网络的原有电压所决定。

(2)总降压变电所

根据高压输电降压配电的理论分析,当各个车间分散布置时,总降压变电所应尽可能地靠近各个车间的负荷中心,即总的负荷中心,以使供电的可靠性和电压质量得到提高,而用于网路导线的有色金属和电能损耗得到降低。35～110 kV 的高压进线从高压电源端直接深入理论上的总负荷中心,并与 A、B、C 各车间负荷保持一定距离,避免高压进线跨越车间,其示意图如图 1.9 所示。若总降压变电所设置在远离负荷中心的位置,将会使配电网路的长度和电能损耗增加。

对于生产设备向大型发展,各个车间日益增长集中的大型工业企业,近年来采用了高压进线电压和厂区配电电压合一的供电方式。它是将 35～110 kV 甚至 220 kV 的进线直接深入各个负荷中心,再降压至 6～10 kV,这种做法等于将总降压变电所分散布置,如图 1.10 所示,从而减少了厂区内部 6～10 kV 的配电网,取消了电能中转的环节,其经济效果比图 1.9 所示的供电系统好,同时,便于工厂供电系统的扩建。

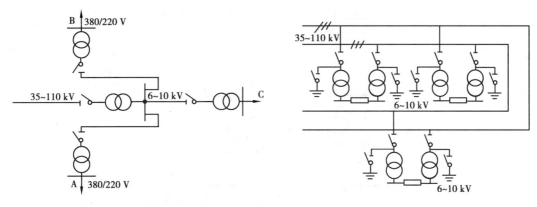

图 1.9　高压深入负荷中心示意图　　　图 1.10　高压进线深入各个负荷中心示意图

上述深入负荷中心的高压进线一般采用架空线路。当受工厂建筑面积的限制和受到建筑物在厂区布置的影响时,可考虑采用电缆作为进线线路。

（3）配电所

对于大中型工厂,由于厂区大、负荷分散,常设置一个或一个以上的配电所。配电所的作用是在靠近负荷中心处集中接受 6 ~ 10 kV 电源提供的电能,并把电能重新分配,给各车间变电所或 6 ~ 10 kV 用电设备使用。

（4）车间变电所

一个生产厂房或车间,根据具体情况可设置一个或几个车间变电所。几个相邻且用电量都不大的车间,也可共用一个车间变电所。车间变电所的作用是将 6 ~ 10 kV 的电源电压降至 380/220 V 电压,由 380/220 V 低压配电盘分送至各个低压用电设备。

（5）高压配电线路和低压配电线路

工厂厂区高压配电线路电压一般为 6 ~ 10 kV。综合比较分析,工厂内选用 10 kV 高压配电优点较多,但并非在所有条件下选用 10 kV 电压等级都是合理的,必须与负荷综合比较来确定合理的配电电压等级。低压配电线路电压为 380/220 V。

1.3.2　矿山供电系统

煤矿地面降压变电所的受电电源,一般来自电力系统的区域变电所或发电厂,经变压器降压后分配给煤矿各个用户,组成煤矿供电系统。

变电所受电电压为 35 ~ 110 kV,视煤矿井型及所在地区电力系统的电压而定。降压后的电压为 3 ~ 10 kV,经架空线或电缆向车间、井下变电所及高压用电设备等供电,组成煤矿的高压供电系统;经车间和井下变电所再次降压为 380 V、660 V、1 140 V 或更高电压后,向低压用电设备供电,又组成了各自的低压供电系统。

根据矿井及井田范围、煤层埋藏深度、矿井年产量、开采方式、井下涌水量,以及开采的机械化和电气化程度等不同,煤矿又分为深井和浅井两大典型供电系统。对于开采煤层深、用电负荷大的矿井,通过井筒将 3 ~ 10 kV 高压电经电缆送入井下,一般称为深井供电。如煤层埋藏深度距地表为 100 ~ 150 m,且电力负荷较小时,可通过井筒或钻孔将低压电经电缆直接送入井下,井下不需要开设专门的变电硐室,这种系统称为浅井供电。根据实际情况,也可采用

11

上述两种方式同时向井下供电。或开采初期采用浅井供电,后期采用深井供电的方式。

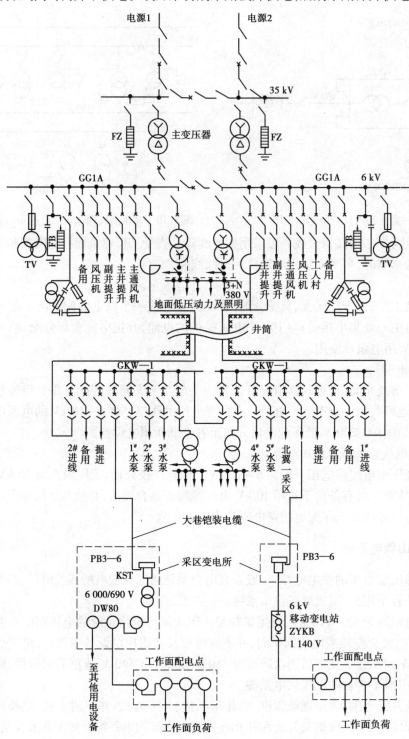

图 1.11　典型的深井供电系统

1)深井供电系统

如图 1.11 所示为一典型深井供电系统,电源取自 35 kV 电力网,经双回输电线路送至矿井地面变电所。为了保证矿井供电可靠,两回输电线路经过两台 35/6 kV 的变压器变压后的电能分别接在 6 kV 母线的两段上,两段母线上的电能再经高压开关柜、电缆(或架空线)分别送至井上高压负荷,如矿井提升设备、压气设备和通风设备等。对于一级负荷供电的两回线路,必须分别连接在母线的两段上,以确保任意一段母线发生故障或检修时,可从另一段母线上获得电能。为了防止雷电对电气设备的危害,各段母线均装有避雷器。为了加强由变电所通过电缆直接供电电动机的防雷保护作用,在避雷器上接有电容器及提高功率因数用的电容器组,并分别接在两段母线上。各段母线上的电压互感器为三相五芯柱式,其二次电压是供测量、监视及保护用的。变电所设有两台低压变压器,二次侧为三相四线制结线,作为地面低压动力及照明用。

井下供电的特征是高压电能经过敷设在井筒中的电缆送至井下中央变电所,再经过配电装置、电缆转送到采区变电所(或移动变电站)、主排水泵站等。由地面变电所引向井下中央变电所的电缆,为了限制井下短路容量,一般需串接电抗器,其根数不得少于两条,当一条出现故障时,其余电缆应能承担井下全部负荷。

为了保证供电可靠,井下中央变电所采用单母线分段,主排水泵应分别连接在母线的两段上。井底车场附近硐室和巷道的低压动力用电,由井下中央变电所内的降压变压器供给。

采掘机械的供电,由采区变电所内的降压变压器供给。井下架线式电机车的直流电源,是由中央变电所提供的 6 kV 交流电经降压整流后转换而成。

2)浅井供电系统

如图 1.12 所示为浅井供电系统图,它的供电特点是井下不设中央变电所,而是把地面变电所的 380 V 或 660 V 低压电能直接通过电缆经井筒送至井底车场配电所,供给车场动力及照明用。

采区供电,由架空线路将高压电能送至采区地面后,再经钻孔(用钢管加固孔壁)中的高压电缆送到采区变电所,降压后再供给采掘动力设备,或在采区地面设变电亭,降压后直接把低压电能经钻孔中的电缆送至采区配电所。

为了防雷,在架空线路两端的电柱上应装设避雷器,并在变压器的进线侧装设跌落式熔断器,以利于保护和检修。

电缆经钻孔直接向井下提供低压电能,不仅能减少硐室的开拓费用,而且不用昂贵的高压电缆和高压设备,也减少了高压触电的危险,既简便又经济。但钻孔后钢管用后不能回收,且地面变电亭在冬季和雨季维护检修困难。在供电设计中,应根据实际情况进行经济技术比较后,才能确定合理的供电系统。

3)矿井各级变电所

(1)地面降压变电所

地面降压变电所是矿井供电的枢纽,担负着向井上、井下配电的任务。

从图 1.11 可知,电源线路为两台 60 kV 架空线路,装有两台 SJ-10000/60 型主变压器,采用内桥式结线,一次侧高压开关为 GN5 型,断路器为少油的 SW2 型;二次测 6 kV 电能分别引入室内两段母线上,母线的分段处设有联络开关。变压器二次侧所有的电气设备都装设在成套高压开关柜内,它们呈两侧排列在高压配电室内。低压配电盘以及控制、信号盘和操作电源

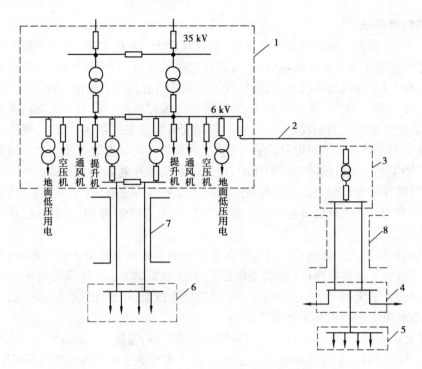

图 1.12　浅井供电系统图
1—矿井地面变电所;2—架空线路;3—变电亭;4—采区变
电所;5—配电所;6—工作面配电点;7—井筒;8—钻孔

等设在另一个房间内。

60 kV 设备均设在室外,除变压器二次侧的引线采用矩形铝母线外,其一次侧设备连接一般采用铝绞线,承受力较大部分采用钢芯铝绞线。

当受电电压为 35 kV 时,采用 GBC-35 型成套配电装置,除变压器设在室外,6 kV 和 35 kV 成套装置分别设于楼上楼下室内。这样布置简洁、紧凑,室外占地面积小,便与管理,并不受气候变化的影响。35 kV 设备如不采用成套装置,仍设在室外,其布置方式同 60 kV 设备。

(2)井下中央变电所

井下中央变电所是全矿井下供电中心,接受从地面变电所送来的高压电能后,分别向采区变电所及主排水泵等高压设备转供电能,并通过变电所内的矿用变压器降压后,再向井底车场附近的低压动力和照明供电。

变电所的位置应设于负荷的中心,且地质条件要好,顶、底板稳定,不淋水,通风良好,便于运输和进、出电缆。为了保证对一级负荷井下排水泵电动机的供电,一般将中央变电所硐室与水泵建在一起,如图 1.13(a)所示。

中央变电所与水泵房地面应在同一水平上,其硐室及硐室入口 5 m 以内的巷道必须用石料或耐火材料建成。为了防水,硐室的入口应比井底车场轨面高出 0.5 m。

中央变电所的长度大于 10 m 时,必须在硐室的两端各设一个独立出口,以便于通风和事故时工作人员退出。出口应设双重门——铁板门和铁栅栏门。铁栅栏门平时关闭而铁板门是打开的,以保持良好的通风,使室内最高温度不超过附近巷道 5 ℃。发生火灾时,关闭铁板门,隔绝通风。两门均向外开,但铁栅栏门敞开时不得妨碍外部铁板门的关闭。

中央变电所内的设备主要有高压开关柜、整流设备、低压配电装置、动力和照明变压器等。配电设备应采用成套配电装置,其平面布置关系如图 1.13(b)所示,布置原则为:

①变电与配电部分应用防火门或防火墙分成两个间隔,带油设备不设集油坑。

②高压与低压配电装置应分开布置,高压集中在一侧,低压布置在高压的对侧或一侧的另一端,但它们之间应留有 0.8 m 以上的通道;设备和设备与墙壁之间应留 0.5 m 以上的通道,如果设备不需要从两侧或后面进行检修时,设备之间与墙壁之间可不留通道;变电所中间的通道或装有运输轨道的通道,其宽度应不小于 1.5 m。

③考虑负荷的增加,变电所内设备的布置应留有 20% 的备用位置。

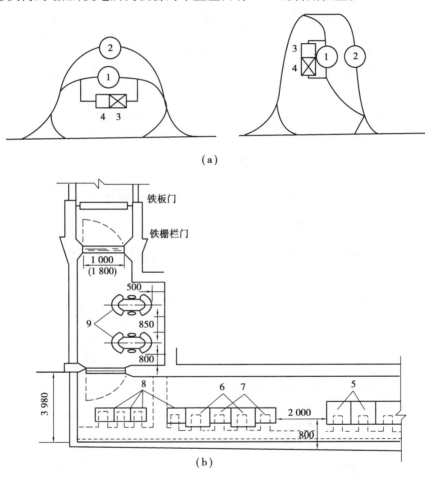

图 1.13　井下中央变电所的位置及平面布置图

1—副井井筒;2—主井井筒;3—中央变电所;4—水泵房;5—高压开关柜;
6—硅整流柜;7—直流配电箱;8—低压配电装置;9—矿用变压器

（3）采区变电所

采区变电所是采区供电中心,其任务是将中央变电所送来的高压电能变为低压电能,并将电能配送到采掘工作面配电点或用电设备。

采区变电所的位置选择是否合理,对于供电安全和供电质量有直接影响,一般由供电电压等级、供电距离、采煤方法及采区巷道布置方式、机械化程度、采煤机组容量大小等因素决定。

选址的原则应满足以下要求：

①设于能向最多生产机械供电的负荷中心,使低压供电距离合理,并力求减少变电所的移动次数。

②顶底板坚固、无淋水及通风良好的地方,以保证变电所硐室内的温度不超过附近巷道温度5 ℃。

③便于变电所设备运输。

此外,采区变电所不能设在工作面的顺槽中,一般设于采区运输斜巷与轨道斜巷之间的联络巷内,如图1.14(a)所示。掘进工作面的供电一般由采区变电所担任,不另设掘进变电所。但掘进大巷时,根据启动电压的要求,可利用联络巷作变电所或采用防爆移动变电站供电,也

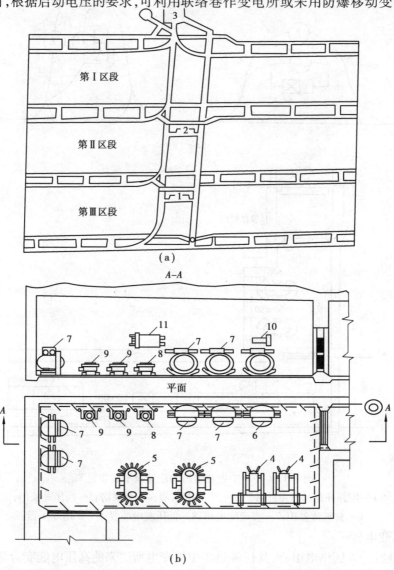

图 1.14　采区变电所的位置及设备布置图

1、2—采区变电所;3—采区绞车房;4—隔爆开关柜;5—矿用动力变压器;

6、7—隔爆自动开关;8、9—隔爆手动开关;10—检漏继电器;11—照明变压器

可在大巷的一侧加宽巷道设临时掘进变电所。

如图1.14（b）所示为采区变电所的设备布置图,对其硐室防火、设备的布置及相互间的距离要求,同井下中央变电所。

（4）移动变电站

对于机械化程度较高的采区,特别是综采工作面,它设备多,用电容量大,采区范围广,回采速度快,使用固定变电所既不经济,又满足不了技术上的要求时,应采用移动变电站。

【任务实施】

1.实施地点

多媒体教室。

2.实施所需器材

多媒体设备。

3.实施内容与步骤

教师通过图纸、照片或多媒体展示让学生了解工矿供配电系统的组成。

【学习小结】

通过本任务的学习,学生应当能够根据图纸分析工矿供配电系统的组成,了解变电所和配电所任务的区别,了解采用高压深入负荷中心的供电方式。

【自我评估】

1.试述工矿供配电系统的组成? 变电所和配电所的任务有什么不同? 什么情况下可采用高压深入负荷中心的供电方式?

2.矿井有哪两种典型的供电系统? 各自的使用范围及特点是什么?

3.矿井地面变电所、井下中央变电所、采区变电所和移动变电站的作用是什么? 各有哪些主要设备?

学习情境 **2**

电力负荷与短路电流的计算

【知识目标】

1. 了解电力用户的分类。
2. 了解负荷曲线的概念。
3. 了解短路的原因、后果及其形式。
4. 掌握短路电流的常用计算方法。

【能力目标】

1. 能够完成负荷曲线的识读。
2. 能对工厂电气设备进行负荷计算。
3. 能够说明工矿供电系统短路故障的危害及其分类。
4. 能够对工矿电气设备进行短路计算。

任务 2.1 电力负荷的计算

【任务简介】

任务名称:电力负荷的计算

任务描述:本次任务要完成对工矿 6～10 kV 系统负荷的计算,通过负荷计算掌握需用系数法和二项式系数法。

任务分析:本任务学习负荷曲线的基本概念,并通过两种方法完成工矿 6～10 kV 电力系统负荷的计算。

【任务要求】

知识要求:了解负荷曲线的概念。

能力要求:能对工矿电力系统进行负荷计算。

【知识准备】

2.1.1　负荷曲线的概念

负荷曲线是指在某一时间段内描绘负荷随时间的推移而变化的曲线。按负荷性质可绘制有功和无功的负荷曲线;按负荷持续时间可绘制日和年的负荷曲线;按负荷在电力系统内的地点可绘制用户、变电所、发电厂和电力系统的负荷曲线。将这几方面负荷曲线综合在一起就可表明负荷曲线发与供的全部特性。如图 2.1 所示为日有功负荷曲线,是按每小时为间隔绘制出来的。但是逐点描绘的负荷曲线为依次连续的折线,不适于实际应用。为了计算简单,往往将逐点描绘的负荷曲线用等效的阶梯曲线来代替,如图 2.2 所示。

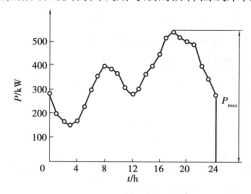

图 2.1　逐点描绘的日有功负荷曲线

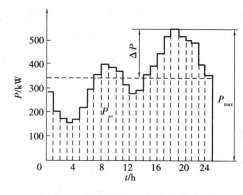

图 2.2　阶梯形的日有功负荷曲线

根据日有功负荷曲线可以作出年有功负荷曲线,制作时必须利用一年中具有代表性的冬、夏季负荷曲线进行转换。如图 2.3 所示表示制作这种负荷曲线的方法,图 2.3(c)中横坐标是一年从 0 到 8 760 小时数,纵坐标是负荷的千瓦数,用电时间冬季取 213 日,夏季取 152 日。这一时间是根据本地区的地理位置而定的。

绘制时从功率最大值开始,按功率递减的次序进行。经两条全日负荷曲线作出若干水平线,其间距离由所需准确度决定。如图 2.3 所示,当功率为 P_1 时,在冬日曲线上所占的时数为 $t_1 + t_1'$,在夏日曲线上为零。该时数乘以 213,得 $T_1 = (t_1 + t_1') \times 213$,将 T_1 值按一定比例标于全年曲线的横坐标上,得 a 点。同样,功率 $P_2 = (t_1 + t_1') \times 213 + t'' \times 152$,对应于全年曲线的 b 点。依此类推,逐点换算、标定,则得到如图 2.3(c)所示的阶梯式有功负荷曲线。

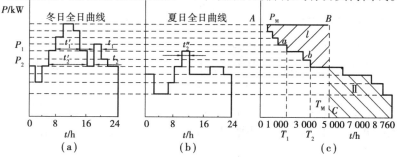

图 2.3　日—年负荷曲线的转换

(a)冬季代表日负荷曲线;(b)夏季代表日负荷曲线;(c)全年时间负荷曲线

曲线包围的面积就是年电能消耗量,除以 8 760 h,就是年平均负荷。如果由最大负荷 P_M 引出与横坐标平行的直线 AB,与由时间坐标 T_M 引出与纵坐标平行的直线 CB 相交而形成的 $ABCO$ 矩形面积,使其面积与阶梯式面积相等,则对应于 C 点的 T_M 称为年最大有功负荷利用小时数。T_M 是衡量年有功负荷均匀程度的一个重要指标。

类似运用制作有功负荷曲线的方法,也可绘制无功负荷曲线,并得到上述类似的指标和概念。

负荷曲线对电力系统中的各个组成部分的运行与设计有着密切的关系。发电厂负荷曲线表示某一发电厂所有发电机出线端上的负荷随时间变化的规律。用它可确定发电厂机组的启动和停止运行的时间,以保证对用户不间断地供电和发电厂的经济运行。用户负荷曲线用来表示某一用户负荷随时间变化的规律。

根据长期观察所测得的负荷曲线可以发现:对于同一类型的用电设备组、同一类型车间或同一类企业,其负荷曲线具有相似的形状。因此,典型负荷曲线可作为负荷计算时各种必要系数的基本依据。利用这种系数,根据工厂所提供的用电设备容量,将其变换成电力设备所需要的假想负荷——计算负荷。用此计算负荷选择供电系统中的导线和电缆截面积,确定变压器容量,为选择电气设备参数、整定保护装置动作值以及制订提高功率因数措施等提供了依据。

2.1.2 计算负荷的方法

确定计算负荷各项系数所使用的负荷曲线是负荷最大工作班的负荷曲线。一般规定,负荷最大工作班在一个月内最低应当出现 2~3 次,而不是偶然出现的。

目前,规定在最大工作班的负荷曲线中连续 30 min 出现的平均最大负荷 P_{30}、Q_{30}、S_{30} 称为计算负荷。计算负荷符号为 P_C、Q_C、S_C,它是根据负荷曲线所确定的各种系数求得的,而 P_{30} 是从负荷曲线上直接量得的,两者本应是一个数值,只不过 P_C 来源于 P_{30} 的统计值而已。有时在计算过程中把 P_C 写成 P_M,这是从"最大"的观点出发,并没有什么本质上的差别。

1)按需用系数法确定计算负荷

(1)单台用电设备的计算负荷

就单台电动机而言,设备容量就是电动机的额定容量,线路在 30 min 内出现的计算负荷为

$$P_C = \frac{P_N}{\eta_N} \approx P_N \tag{2.1}$$

式中　P_N——电动机的额定功率;

　　　η_N——电动机在额定负荷时的效率。

对单个白炽灯、单台电热设备和电炉等,设备额定容量作为计算负荷,即

$$P_C = P_N \tag{2.2}$$

上述用电设备是按持续运行工作制得出的计算负荷。但有些设备是属于断续周期工作制。所谓断续周期工作制,是指有规律地时而工作时而停歇反复运行的用电设备工作状态,如起重设备、电焊设备等。

为了表征断续周期的特点,用整个工作周期里的工作时间与全周期时间之比,即用负荷持续率(FC)表示,即

$$FC = \frac{t_g}{t_g + t_N} \times 100\%　　　　(2.3)$$

式中　t_g——工作时间；

　　　t_N——停歇时间。

对于起重设备,统一规定换算到负荷持续率 PC 为 25% 时的功率

$$P_N = \sqrt{\frac{FC_N}{FC_{25}}}P'_N = 2\sqrt{FC_N}P'_N　　　　(2.4)$$

对于电焊设备,统一规定换算到负荷持续率 PC 为 100% 时的功率

$$P_N = \sqrt{\frac{FC_N}{FC_{100}}}P'_N = \sqrt{FC_N}P'_N　　　　(2.5)$$

式中　P_N——换算后设备功率,kW；

　　　FC_{25}、FC_{100}——起重和电焊设备的负荷持续为 25% 和 100%；

　　　FC_N——铭牌负荷持续率；

　　　P'_N——换算前铭牌额定功率,kW。

（2）用电设备组的计算负荷

一组中的用电设备并不同时工作,参与工作的设备也未必满负荷,同时考虑供电线路的效率、用电设备本身的效率等因素,计算负荷表达式为

$$P_C = \frac{K_t K_1}{\eta_1 \eta_{rl}}p_N = K_d P_N　　　　(2.6)$$

式中　K_t——同时使用系数,为在最大负荷工作班某组工作着的用电设备容量与接于线路中全部用电设备总容量之比；

　　　K_1——负荷系数,表示工作着的用电设备实际所需功率与全部用电设备投入容量之比；

　　　η_1——线路效率；

　　　η_{rl}——用电设备在实际运行功率时的效率。

式（2.6）中 K_d 为需要系数,表 2.1 中列出了我国设计部门通过长期实践和调查研究统计出的一些典型需要系数值。显然,在设备额定功率 P_N 已知的条件下,只要测出或统计出用电设备组的计算负荷 P_C,即在典型的用电设备组负荷曲线上出现 30 min 的最大负荷 P_{30},就可确定需要系数 K_d。用相似的方法可以确定出车间和全厂的需要系数,见表 2.1、表 2.2 和表 2.3。

表 2.1　各用电设备组的需用 K_d 系数及功率因数

用电设备组名称	K_d	$\cos\phi$	$\tan\phi$
传统的金属加工机床：			
1. 冷加工车间	0.14 ~ 0.16	0.50	1.73
2. 热加工车间	0.20 ~ 0.25	0.55 ~ 0.6	1.52 ~ 1.33
压床、锻锤、剪床及其他锻工机械	0.25	0.60	1.33
连续运输机械：			
1. 连锁的	0.65	0.75	0.88
2. 非连锁的	0.60	0.75	0.88

续表

用电设备组名称	K_d	cos ϕ	tan ϕ
轧钢车间反复短时工作制的机械	0.3～0.4	0.5～0.6	1.73～1.33
通风机： 1. 生产用 2. 卫生用	 0.75～0.85 0.65～0.7	 0.8～0.85 0.80	 0.75～0.62 0.75
泵、活塞式压缩机、鼓风机、电动发电机组、排风机等	0.75～0.85	0.80	0.75
破碎机、筛选机、碾砂机等	0.75～0.80	0.80	0.75
磨碎机	0.80～0.85	0.80～0.85	0.75～0.62
铸铁车间造型机	0.70	0.75	0.88
搅拌机、凝结器、分级器等	0.75	0.75	0.88
水银整流机组（在变压器一次侧）： 1. 电解车间用 2. 起重机负荷 3. 电器牵引用	 0.90～0.96 0.30～0.50 0.40～0.50	 0.82～0.90 0.87～0.90 0.92～0.94	 0.70～0.48 0.57～0.48 0.43～0.36
感应电炉（不带功率因数补偿装置）： 1. 高频 2. 低频	 0.80 0.80	 0.10 0.35	 10.05 2.67
电阻炉： 1. 自动装料 2. 非自动转换料	 0.7～0.8 0.6～0.7	 0.98 0.98	 0.2 0.2
小容量实验设备和实验台： 1. 带电动发电机组 2. 带试验变压器	 0.15～0.4 0.1～0.25	 0.72 0.2	 1.02 4.91
起重机： 1. 锅炉房、修理、金工、装配车间 2. 铸铁车间、品炉车间 3. 轧钢车间、脱锭工序等	 0.05～0.15 0.15～0.30 0.25～0.35	 0.5 0.5 0.5	 1.73 1.73 1.73
电焊机： 1. 点焊与缝焊用 2. 对焊用	 0.35 0.35	 0.60 0.70	 1.38 1.02
电焊变压器： 1. 自动焊接用 2. 单头手动焊接用 3. 多头手动焊接用	 0.50 0.35 0.40	 0.40 0.35 0.35	 2.29 2.68 2.68
焊接用电动发电机组 1. 单头焊接用 2. 多头焊接用	 0.35 0.70	 0.60 0.70	 1.33 0.80

续表

用电设备组名称	K_d	$\cos\phi$	$\tan\phi$
电弧炼钢炉变压器	0.90	0.87	0.57
煤气电气滤清机组	0.80	0.78	0.80

表 2.2　车间低压负荷的需用系数及功率因数

车间类别	K_d	$\cos\phi$	$\tan\phi$	车间类别	K_d	$\cos\phi$	$\tan\phi$
铸钢车间（不包括电弧炉）	0.3 ~ 0.4	0.63	1.17	修理车间	0.2 ~ 0.25	0.65	1.17
锻压车间（不包括高压水泵）	0.2 ~ 0.3	0.55 ~ 0.65	1.52 ~ 1.17	电镀车间	0.4 ~ 0.62	0.85	0.62
热处理车间	0.4 ~ 0.6	0.65 ~ 0.7	1.17 ~ 1.02	充气站	0.6 ~ 0.7	0.8	0.75
焊接车间	0.25 ~ 0.3	0.45 ~ 0.5	1.98 ~ 1.73	氧气站	0.75 ~ 0.85	0.8	0.75
金工车间	0.2 ~ 0.3	0.55 ~ 0.65	1.52 ~ 1.17	冷冻站	0.7	0.75	0.88
水工车间	0.28 ~ 0.35	0.6	1.33	锅炉房	0.65 ~ 0.75	0.8	0.75
工具车间	0.3	0.65	1.17	压缩空气站	0.7 ~ 0.85	0.75	0.88

表 2.3　全厂负荷的需用系数及功率因数

工厂类别	需用系数		最大负荷时功率因数	
	变动范围	建议采用	变动范围	建议采用
汽轮机制造厂	0.38 ~ 0.49	0.38	—	0.88
锅炉制造厂	0.26 ~ 0.33	0.27	0.73 ~ 0.75	0.73
柴油机制造厂	0.32 ~ 0.34	0.32	0.74 ~ 0.84	0.74
重型机床制造厂	0.32	0.32	—	0.71
仪器仪表制造厂	0.31 ~ 0.42	0.37	0.8 ~ 0.82	0.81
电机制造厂	0.25 ~ 0.38	0.33	—	0.81
石油机械制造厂	0.45 ~ 0.5	0.45	—	0.78
电线电缆制造厂	0.35 ~ 0.36	0.35	0.65 ~ 0.8	0.73
电器开关制造厂	0.3 ~ 0.6	0.35	—	0.75
橡胶厂	0.5	0.5	—	0.72
通用机器厂	0.34 ~ 0.43	0.4	—	0.72

由表 2.1 可求出该组的无功计算负荷 Q_C 及视在计算负荷 S_C 为

$$Q_C = P_C\tan\phi$$

$$(2.7)$$

$$S_{\mathrm{C}} = \sqrt{P_{\mathrm{C}}^2 + Q_{\mathrm{C}}^2} \tag{2.8}$$

式中 $\tan \phi$——该组用电设备的功率因数的正切值。

（3）多组用电设备的计算负荷

多组用电设备（m 组）由于各组的需用系数互不相同，各组最大负荷出现的时间也有差异，因此，除了将各组计算负荷累加外，还必须乘一个同期系数 K_Σ，即

$$P_{\mathrm{C}\Sigma} = K_\Sigma \sum_{i=1}^{m} P_{\mathrm{C}i} \tag{2.9}$$

$$Q_{\mathrm{C}\Sigma} = K_\Sigma \sum_{i=1}^{m} Q_{\mathrm{C}i} \tag{2.10}$$

$$S_{\mathrm{C}\Sigma} = K_\Sigma \sum_{i=1}^{m} S_{\mathrm{C}i} \tag{2.11}$$

式中 K_Σ——同期系数，见表2.4。

【例2.1】 机械制造厂某车间有一供电线路，接有下列用电设备：

（1）10 台金属冷加工机床，其中：

容量为 5 kW 的电动机 2 台；

容量为 10 kW 的电动机 3 台；

容量为 14 kW 的电动机 5 台。

（2）20 台水泵和通风机，其中：

容量为 10 kW 的电动机 5 台；

容量为 14 kW 的电动机 7 台；

容量为 28 kW 的电动机 8 台。

（3）4 台运输机，每台电动机的容量为 7 kW。

上述所有用电设备都为长期运行，求计算负荷。

解：首先将工艺性质相同的或需要系数相似的设备合并成组，如上面所示（1）、（2）、（3）组。由表 2.1 查得各用电设备组的需要系数及功率因数。

（1）金属冷加工机床（大批生产的）

$K_{\mathrm{d}1} = 0.15$　　　　$\cos \phi_1 = 0.5$　　　　$\tan \phi_1 = 1.73$

$P_{\mathrm{C}1} = K_{\mathrm{d}1} P_{\mathrm{N}1} = 0.15 \times 110 = 16.5$ kW

$Q_{\mathrm{C}1} = P_{\mathrm{C}1} \tan \phi = 16.5 \times 1.73 = 28.55$ kvar

（2）水泵和通风机

$K_{\mathrm{d}2} = 0.75$　　　　$\cos \phi_2 = 0.8$　　　　$\tan \phi_2 = 0.75$

$P_{\mathrm{C}2} = K_{\mathrm{d}2} P_{\mathrm{N}2} = 0.75 \times 372 = 279$ kW

$Q_{\mathrm{C}2} = P_{\mathrm{C}2} \tan \phi_2 = 279 \times 0.75 = 209$ kvar

（3）运输机（联锁）

$K_{\mathrm{d}3} = 0.65$　　　　$\cos \phi_3 = 0.75$　　　　$\tan \phi_3 = 0.88$

$P_{\mathrm{C}3} = K_{\mathrm{d}3} P_{\mathrm{N}3} = 0.65 \times 28 = 18$ kW

$Q_{\mathrm{C}3} = P_{\mathrm{C}3} \tan \phi_3 = 18 \times 0.88 = 16$ kvar

由于负荷小于 5 000 kW，同期系数取 $K_\Sigma = 1$，则总负荷为

$$P_{\mathrm{C}\Sigma} = k_\Sigma \sum_{i=1}^{m} P_{\mathrm{C}i} = 313.5 \text{ kW}$$

$$Q_{C\Sigma} = k_\Sigma \sum_{i=1}^{m} Q_{Ci} = 253.55 \text{ kvar}$$

$$S_{C\Sigma} = \sqrt{P_{C\Sigma}^2 + Q_{C\Sigma}^2} = \sqrt{313.5^2 + 253.55^2} \approx 403.2 \text{ kVA}$$

（4）全厂的计算负荷

以图 2.4 为例,求全厂的计算负荷,从负荷端向全厂电源端将其逐级相加,只要分别乘以各级配电点的各自同期系数就可求得。

a 级线路 1 的计算负荷 P_{ca1}、Q_{ca1} 是由低压负荷端线路 1 的计算负荷 P_{cf1}、Q_{cf1} 加变压器的功率损耗 ΔP_{T2}、ΔQ_{T2} 求得。

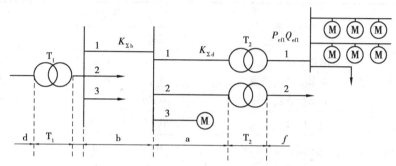

图 2.4　全厂最大负荷计算示意图

b 级线路 1 的计算负荷 P_{cb1}、Q_{cb1} 是由 a 级线路 1、2 计算负荷之和 $\sum_{i=1}^{2} p_{cai}$、$\sum_{i=1}^{2} Q_{cai}$,乘以同期系数 $K_{\Sigma a}$ 加上高压电动机的计算负荷 P_{CM}、Q_{CM} 求得。

c 级的计算负荷 P_{CC}、Q_{CC} 是由 b 级 3 条线路计算负荷之和 $\sum_{i=1}^{3} p_{cbi}$ $\sum_{i=1}^{3} Q_{cbi}$,乘以同期系数 $K_{\Sigma h}$ 求得。

表 2.4　需用系数法的同期系数 K_Σ 值

应用范围	K_Σ
一、确定车间变电所低压母线最大负载时,所采用的有功负荷或无功负荷的同期系数	
冷加工车间	0.7 ~ 0.8
热加工车间	0.7 ~ 0.9
动力站	0.8 ~ 1.0
二、确定配电所母线最大负荷时,所采用的有功负荷或无功负荷的同期系数	
计算负荷小于 5 000 kW	0.9 ~ 1.0
计算负荷为 5 000 ~ 10 000 kW	0.85
计算负荷超过 10 000 kW	0.8

d 级为供给全厂电能的总供电线路,其计算负荷 P_{Cd}、Q_{Cd} 是由 P_{CC}、Q_{CC} 加上总变压器 $T1$ 的功率损耗 ΔP_{T1}、ΔQ_{T2} 求得。

2）按二项式系数法确定计算负荷

需用系数法是将需要系数看作与用电设备台数及容量无关的常数,这对确定用电设备台数多,总容量大的企业或具有一定规模车间变电所的计算负荷是可以的。但在确定连接设备台数不多的车间干线或支干线的计算负荷时,由于其中大容量用电设备运行状态的改变,对电力负荷的变化影响很大,需用系数法则不能描述这种变化,因此提出二项式法,它是用两个系数表征负荷变化规律的方法。计算负荷基本公式为

$$P_C = cP_x + bP_N \tag{2.12}$$

式中　c、b——系数,见表 2.5;

　　　P_x——组中 x 台容量最大的用电设备的总额定容量,kW;

　　　P_N——该组所有用电设备的总额定容量,kW。

表 2.5　二项式计算系数

负荷种类	用电设备组名称	二项式系数			$\cos \phi$	$\tan \phi$
		b	c	x		
金属切削机床	小批及单件金属冷加工	0.14	0.4	5	0.5	1.73
	大批及流水生产的金属冷加工	0.14	0.5	5	0.5	1.73
	大批及流水生产的金属热加工	0.26	0.5	5	0.65	1.16
长期运转机械	通风机、泵、电动发电机	0.65	0.25	5	0.8	0.75
铸工车间连续运输及整砂机械	非连锁连续运输机整砂机械	0.4	0.4	5	0.75	0.88
	连锁连续运输机整砂机械	0.6	0.2	5	0.75	0.88
反复短时运输	锅炉、装配、机修的起重机	0.06	0.2	3	0.5	1.73
	铸造车间的起重机	0.09	0.3	3	0.5	1.73
	平炉车间的起重机	0.11	0.3	3	0.5	1.73
	压延、脱模、修正间的起重机	0.18	0.3	3	0.5	1.73
电热设备	定期装料电阻炉	0.5	0.5	1	1	0
	自动连续装料电阻炉	0.7	0.3	2	1	0
	实验室小型干燥箱、加热器	0.7			1	0
	熔炼炉	0.9			0.87	0.56
	工频感应路	0.8			0.35	0.67
	高频感应路	0.8			0.6	1.33
焊接设备	单头手动弧焊变压器	0.35			0.35	2.67
	多头手动弧焊变压器	0.7 ~ 0.9			0.75	0.88
	自动弧焊变压器	0.5			0.5	1.73
	电焊机及缝焊机	0.35			0.6	1.33
	对焊机	0.35			0.7	1.02
	平焊机	0.35			0.7	1.02
	铆钉加热器	0.7			0.65	1.17
	单头直流弧焊变压器	0.35			0.6	1.33
	多头直流弧焊变压器	0.9 ~ 0.9			0.65	1.17
电镀	硅整流装置	0.5	0.75	3	0.75	0.88

对于不同种类的用电设备组(m 组),其二项式的表达式为

$$(P_c)_m = (cP_x)_{max} + \sum_{i=1}^{m} b_i p_{ni} \tag{2.13}$$

式中　$(cP_x)_{max}$——各用电设备组算式第一项 cP_x 中的最大值；

　　　$\sum_{i=1}^{m} b_i p_{ni}$——所有用电设备组算式中第二项的总合。

无功功率的计算负荷可用类似方法求得，即

$$(Q_c)_m = (cP_x)_{max} \tan\phi_{max} + \sum_{i=1}^{m} b_i p_{Ni} \tan\phi_i \tag{2.14}$$

式中　$\tan\phi_{max}$——与 $(cP_x)_{max}$ 相对应的功率因数角正切值；

　　　$\tan\phi_i$——各组用电设备 $b_i P_{Ni}$ 相应的功率因数角正切值。

【例 2.2】　用二项式法求[例 2.1]中的计算负荷。

解：由表 2.5 查得各用电设备组的计算系数，则

（1）金属冷加工机床（大批生产）

$$P_{C1} = c_1 P_{x1} + b_1 P_{N1} = [0.5 \times (5 \times 14) + 0.14 \times 110]$$
$$= (35 + 15) = 50(kW)$$
$$Q_{C1} = P_{C1} \tan\phi_1 = 50 \times 1.73 = 87(kvar)$$

（2）水泵和通风机

$$P_{C2} = c_2 P_{x2} + b_2 P_{N2} = [0.25 \times (5 \times 28) + 0.65 \times 372]$$
$$= (35 + 245) = 280(kW)$$
$$Q_{C2} = P_{C2} \tan\phi_2 = 280 \times 0.75 = 210(kvar)$$

（3）运输机

$$P_{C3} = c_3 P_{x3} + b_3 P_{N3} = (0.2 \times 28 + 0.6 \times 28)$$
$$= (5.6 + 16.8) = 22(kW)$$
$$Q_{C3} = P_{C3} \tan\phi_3 = 22 \times 0.88 = 19(kvar)$$

于是 3 组用电设备的计算负荷为

$$(P_C)_m = (cP_x)_{max} + \sum_{i=1}^{m} b_i p_{ni} = (35 + 15 + 245 + 16.8) = 312(kW)$$

$$(Q_C)_m = (cP_x)_{max} \tan\phi_{max} + \sum_{i=1}^{m} b_i p_{ni} \tan\phi_i$$

$$= (35 \times 1.73 + 15 \times 1.73 + 245 \times 0.75 + 16.8 \times 0.88)$$

$$= (61 + 26 + 184 + 15) = 286(kvar)$$

$$(S_c)_m = \sqrt{(P_c^2)_m + (Q_c^2)_m} = \sqrt{312^2 + 286^2} \approx 423(kVA)$$

【任务实施】

1. 实施地点

专业实训室，多媒体教室。

2. 实施所需器材

多媒体设备，某工厂负荷统计资料。

3. 实施内容与步骤

① 学生分组。

② 教师布置工作任务。

③ 教师通过图纸、实物或多媒体展示让学生掌握负荷计算的方法。

④ 要求学生通过某工厂负荷统计资料,完成该厂的计算负荷。

【学习小结】

1. 了解负荷曲线的基本概念、类别及有关物理量,确定负荷计算的方法有需用系数法、二项式系数法。

2. 需用系数法适用于求多组三相用电设备的计算负荷;二项式系数法适用于确定设备台数较少而容量差别悬殊的分支干线的计算负荷。

【自我评估】

1. 某机修车间分别对热加工机床和联锁的运输机两组负荷供电,其中,热加工机床有5 kW电动机6台、10 kW 电动机4台;联锁的运输机10 kW电动机5台。试用需用系数法计算各组计算负荷及总的计算负荷。

2. 某380 V 线路上,接有冷加工机床电动机20台,共50 kW,其中,较大容量电动机有7 kW电动机1台、4.5 kW 电动机2台、2.8 kW 电动机7台;通风机2台,共5.6 kW。试用二项式系数法确定此线路上的计算负荷。

任务2.2 "无穷大"容量系统短路电流分析

【任务简介】

任务名称:"无穷大"容量系统短路电流分析

任务描述:本任务主要讲述无穷大容量系统的基本概念和无穷大容量系统中的电流分析、计算。在工矿供电系统的设计中,必须对系统进行短路分析。

任务分析:本任务根据短路的原因、后果及其形式分析"无穷大"容量系统发生短路时的物理过程及有关的物理量。

【任务要求】

知识要求:了解短路的原因、后果及其形式。

能力要求:掌握工矿供电系统短路故障的危害及其分类。

【知识准备】

为了保证电力系统及工矿供配电系统的安全、可靠运行,在其设计中,不仅要考虑系统的正常运行情况,而且要考虑故障状态下的运行情况,尤其是系统的短路故障情况。所谓短路故障是指系统中不同相的导线或相对地发生金属性的连接或经较小阻抗的连接。短路类型有单相短路、两相短路、两相接地短路和三相短路等。如图2.5所示列出了它们的示意图及代表符号。

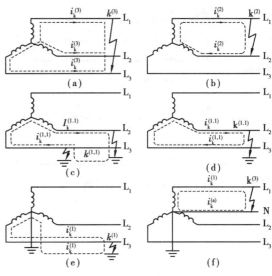

图2.5 短路的类型

当线路发生三相短路时,由于短路的三相阻抗相等,因此,三相电流和电压仍然是对称的,故三相短路又称为对称短路。其他类型的短路不仅相电流和相电压各相数值不等,而且各相之间的相位也不相等,这些类型的短路统称为不对称短路。

短路产生的原因主要是系统中电气绝缘的破坏。引起这种破坏的原因有过电压、雷击、绝缘材料的陈旧、设备维护不周、运行人员误操作,还有鸟害、鼠害、施工机械的直接损害等都可能造成短路。

短路的发生,使得电力系统中各工作点的电压降低,电流增大,而且距离短路点越近,电压越低。短路引起的不良后果有以下5个方面:

①短路电流引起的热效应。虽然短路电流通过电路的时间很短,但它往往超过额定电流的几倍到几十倍,巨大的短路电流将使导体和电气设备产生过热,造成导体熔化或绝缘损坏。

②短路电流引起的电动力效应。短路电流作用于设备上,使其相间产生很大的电动力,导致设备变形或损坏。

③短路使网路电压降低。

④短路可能造成电力系统稳定性的破坏。

⑤短路可能干扰附近通信线路和信号系统,使其不能正常工作或发生误动作。

综上所述,短路后果是严重的,但只要正确地选择和校验电气设备、选用限制短路电流的电器和整定继电保护的动作值,就可以消除或减轻短路的影响。为此,必须对短路电流进行分析和计算,作为采取措施的依据。

任何电力系统的容量与内阻抗都有一定的数值。当电力系统供电网络内电流变化时,系统电压将有相应的变化。只有在网络容量比系统容量小得多,网络阻抗比系统阻抗大得多的情况下,电流的变化对电力系统电压影响才会很小。在实际计算中,为使问题简化,对于系统中电压的微变可不予考虑,而认为系统电压保持不变,即 U_s =常数。对这样的系统称为无穷大系统,其参数是:$S_s = \infty$、$Z_s = 0(R_s = 0$、$X_s = 0)$。

在选择电气设备的短路电流计算中,若系统内阻抗不超过短路回路总阻抗的5% ~10%,便可认为该系统内阻抗 $X_s = 0$,这种假设在计算电路中虽然使回路计算总阻抗偏小,短路电流计算值较实际电流偏大些,但误差不大,不会影响电气设备的正确选择。

设有无穷大系统如图2.6所示,其端电压为一振幅恒定的正弦波。在正常运行时电路中通过负载电流,若突然在 $k^{(3)}$ 发生短路,此时电路被短路点分成两个独立回路,右边电路中的电流由原来的值逐渐衰减,直到电感中储存的能量在电阻中转变为热能消耗尽为止。左边电路由于存在电源而提供能量,电流将由于总阻抗的减少而增大,同时,电流与电压间的相角也发生变化,在短路瞬间出现过渡过程。

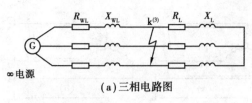

(a)三相电路图

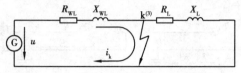

(b)短路时的单相等值电路

图 2.6 短路电流分析

由于三相短路前后均为对称电路,故只讨论其中一相。

设单相短路前电压 $u = U_m\sin(\omega t + \alpha)$

则此时电流

$$i = \frac{U_m}{Z + Z'}\sin(\omega t + \alpha) = I_m\sin(\omega t + \alpha - \varphi) \tag{2.15}$$

式中 φ——发生短路以前的阻抗角,

$$\varphi = \arctan\frac{\omega(L + L')}{R + R'}$$

单相短路发生后,列电压方程可得

$$Ri_k + L\frac{di_k}{dt} = U_m\sin(\omega t + \alpha) \tag{2.16}$$

解微分方程可得

$$i_k = \frac{U_m}{Z}\sin(\omega t + \alpha - \varphi_k) + ce^{-\frac{R}{L}t} = I_{k.m}\sin(\omega t + \alpha - \phi_k) + ce^{-\frac{R}{L}t}$$

$$= i_p + i_{np} \tag{2.17}$$

式中 α——电源电压的初相角;

φ_k——短路电流与电压的相位角,$\varphi_k = \arctan\dfrac{\omega L}{R}$;

c——常数,其值由起始条件决定;

I_m——三相短路电流的周期分量的幅值;

i_p——三相短路电流的周期分量;

i_{np}——三相短路电流的非周期分量。

显然,短路电流由两个分量组成,第一项为短路电流的周期分量 i_p,它是按正弦规律变化的振幅不变的电流;第二项为短路电流的非周期分量 i_{np},它是按指数规律衰减的电流,起始值取决于初始条件,衰减速度取决于电路参数 R/L 的比值。常数 c 由电路的起始条件确定,由于电路中存在电感,因此电流不会发生突变,即短路前瞬间电流的瞬时值必然与短路后瞬间电流的瞬时值相等。

短路前瞬间电流的瞬时值为

$$i_{0-} = I_m\sin(\alpha - \phi) \tag{2.18}$$

短路后瞬间电流的瞬时值为

$$i_{0+} = I_{k.m}\sin(\alpha - \varphi_k) + c \tag{2.19}$$

由于存在感性元件,短路前后电流不能突变,即 $i_{0-} = i_{0+}$,则有

$$I_m\sin(\alpha - \phi) = I_{k.m}\sin(\alpha - \varphi_k) + c \tag{2.20}$$

解得

$$c = I_m\sin(\alpha - \phi) - I_{k.m}\sin(\alpha - \varphi_k) \tag{2.21}$$

短路后的短路全电流为

$$i_k = I_{k.m}\sin(\omega t + \alpha - \varphi_k) + [I_m\sin(\alpha - \varphi) - I_{k.m}\sin(\alpha - \varphi_k)]e^{-\frac{R}{L}t} \tag{2.22}$$

在电源电压及短路地点不变的情况下,要使短路全电流达到最大值,必须具备以下的条件:

①短路前为空载,即 $I_m = 0$。

②设电路的感抗比电阻大得多,即短路阻抗角 $\varphi_k = 90°$。

③短路发生于电压瞬时值过零时,即 $t = 0$ 时,初相角 $\alpha = 0$。

将 $I_m = 0$、$\varphi_k = 90°$、$\alpha = 0$ 代入式(2.22),则得

$$i_k = -I_{k.m}\cos \omega t + I_{k.m} e^{-\frac{R}{L}t} = -I_{k.m}\cos \omega t + I_{k.m} e^{-\frac{t}{\tau}} \tag{2.23}$$

式中　τ——短路电流非周期分量的时间常数,$\tau = \dfrac{L}{R}$。

短路全电流为最大值时的波形图如图2.7所示。由图可知,由于非周期分量的出现,短路电流不再和时间参照轴对称,实际上非周期分量曲线本身就是短路电流曲线的对称轴。

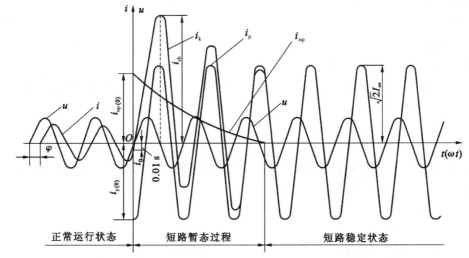

图2.7　"无穷大"容量系统发生三相短路时的电压与电流曲线

短路电流的最大值出现在短路后半个周期,即 $t = 0.01$ s,则短路冲击电流为

$$i_{sh} = I_{k.m} + I_{k.m} e^{-\frac{t}{\tau}} = I_{k.m}(1 + e^{-\frac{t}{\tau}}) \tag{2.24}$$

令冲击系数 k_{sh} 为

$$k_{sh} = 1 + e^{-\frac{t}{\tau}} \tag{2.25}$$

短路电流的冲击系数 k_{sh} 只与电路中元件参数有关。若短路回路中只有电抗($X = 0$),则 $k_{sh} = 2$;若短路回路中只有电阻($R = 0$),则 $k_{sh} = 1$。故 k_{sh} 的大致范围为

$$1 \leqslant k_{sh} \leqslant 2 \tag{2.26}$$

把 k_{sh} 代入式(2.24),可得冲击电流

$$i_{sh} = k_{sh}I_{k.m} = \sqrt{2} k_{sh}I_k \tag{2.27}$$

短路全电流的最大有效值是短路后第一个周期的短路电流有效值,用 I_{sh} 表示,也可称为短路冲击电流有效值,用下式计算为

$$I_{sh} = \sqrt{I_{p(0.01)}^2 + i_{np(0.01)}^2} \approx \sqrt{I_k^2 + (\sqrt{2}I_k e^{-\frac{0.01}{\tau}})^2}$$

或

$$I_{sh} \approx \sqrt{1 + 2(k_{sh} - 1)^2}\, I_k \tag{2.28}$$

在一般高压电力系统中,$X \gg R, \tau \approx 0.05, k_{sh} = 1.8$,则冲击电流为

$$i_{sh} = 2.55 I_k \qquad (2.29)$$
$$I_{sh} = 1.51 I_k \qquad (2.30)$$

在低压供电系统中,由于电阻较大,是 k_{sh} 一般可取 1.3,此时冲击电流为

$$i_{sh} = 1.84 I_k \qquad (2.31)$$
$$I_{sh} = 1.09 I_k \qquad (2.32)$$

【任务实施】

1. 实施地点
多媒体教室。
2. 实施所需器材
多媒体设备。
3. 实施内容与步骤
①学生分组。
②教师布置工作任务。
③教师通过图纸、实物或多媒体展示让学生了解短路的原因、后果及其形式,使学生掌握"无穷大"容量系统短路电流的分析方法。

【学习小结】

本任务了解和认识短路的类型和危害,主要学习在"无穷大"概念之下进行短路电流的分析和计算。

【自我评估】

1. 何谓短路故障?有哪些短路类型?短路对电力系统有哪些危害?
2. 什么是"无穷大"容量系统?它有何特点?
3. 短路电流的周期分量与非周期分量有何不同?

任务2.3　短路电流计算的基本方法

【任务简介】

任务名称:短路电流计算的基本方法
任务描述:本任务通过实例使用短路电流常用的计算方法"标幺值"法和"有名值"法完成短路电流的计算,并完成两相短路电流的估算。掌握短路电流的动热稳定性的计算。
任务分析:由于短路导致系统阻抗发生变化,因此在进行短路电流计算时,应对各电气设备的参数先进行计算,才能求得短路电流的数值。

【任务要求】

知识要求:1. 掌握短路电流常用的计算方法。

　　2.掌握短路电流的动热稳定性的计算。

能力要求：1.能够对工矿电气设备进行短路计算。

　　　　　　2.能够完成动热稳定性的相关计算。

【知识准备】

当网路中某处发生短路时,其中一部分阻抗被短接,网路阻抗发生变化,在进行短路电流计算时,应对各电气设备的参数(电阻及电抗)先进行计算,才能求得短路电流的数值。

短路电流的计算方法一般有欧姆法(又称有名单位制法)和标幺值法(又称相对单位制法)。在计算短路电流时,电气设备各元件的阻抗及电气参数用有名单位(Ω、A、V)来计算,称为欧姆法;用相对值来计算,称为标幺值法。标幺值是指任意一个物理量对其基准值的比值,故标幺值没有单位。在计算高压网路短路电流时,采用标幺值法非常简便,不用考虑变压器的变比和电气设备参数的归算问题。

2.3.1　欧姆法计算三相短路电流

欧姆法也称有名单位制法,因其短路计算中的阻抗都采用有名单位欧姆而得名。在"无穷大"容量系统中发生三相短路时,其三相短路电流周期分量有效值按下列公式计算为

$$I_k^{(3)} = \frac{U_c}{\sqrt{3}\,|Z_\Sigma|} = \frac{U_c}{\sqrt{3}\sqrt{R_\Sigma^2 + X_\Sigma^2}} \tag{2.33}$$

式中　U_c——短路点的短路计算电压(或称为平均额定电压)。由于线路首端短路时其短路最为严重,因此按线路首端电压考虑,即短路计算电压取为比线路额定电压 U_N 高5%,按我国电压标准,U_c 有0.4 kV、0.69 kV、3.15 kV、6.3 kV、10.5 kV 等;

　　　　$|Z_\Sigma|$、R_Σ、X_Σ——短路电路的总阻抗、总电阻和总电抗值。

在高压电路的短路计算中,通常总电抗比总电阻大得多,一般可以只计算电抗,不计算电阻。在计算低压侧短路时,当短路电路的 $R_\Sigma > X_\Sigma/3$ 时才需计算电阻。如果不计算电阻,则三相短路电流的周期分量有效值为

$$I_k^{(3)} = \frac{U_c}{\sqrt{3}\,X_\Sigma} \tag{2.34}$$

三相短路容量为

$$S_k^{(3)} = \sqrt{3}\,U_c I_k^{(3)} \tag{2.35}$$

在供配电系统中的母线、线圈型电流互感器的一次绕组、低压断路器的过电流脱扣线圈及开关的触头等的阻抗,一般很小,在短路计算中可忽略不计。在忽略上述的阻抗后,计算所得的短路电流稍微偏大,用稍偏大的短路电流来校验电气设备,可以更好地保证运行的安全性。

　　(1)电力系统的电抗 X_s 计算

电力系统的电阻相对于电抗来说,很小,一般可以忽略。电力系统的电抗,可由电力系统变电所高压馈电线出口断路器的断流容量 S_{oc} 来估算,S_{oc} 看作电力系统的极限短路容量 S_k。电力系统的电抗为

$$X_s = \frac{U_c^2}{S_{oc}} \tag{2.36}$$

33

式中 U_c——高压馈电线的短路计算电压，$U_c = 1.05 U_N$；

S_{oc}——系统出口断路器的断流容量，可查有关手册或产品样本。

（2）电力变压器的电阻 R_T 及电抗 X_T 计算

电力变压器的电阻 R_T 可由变压器的短路损耗 ΔP_k 近似计算，

因
$$\Delta P_k \approx 3 I_N^2 R_T \approx 3 \left(\frac{S_N}{\sqrt{3} U_c} \right)^2 R_T = \left(\frac{S_N}{U_c} \right)^2 R_T$$

故
$$R_T \approx \Delta P_k \left(\frac{U_c}{S_N} \right)^2 \tag{2.37}$$

式中 U_c——短路点的计算电压；

S_N——变压器的容量；

ΔP_k——变压器的短路损耗，可查有关手册或产品样本。

电力变压器的电抗 X_T 可由变压器的短路电压（即阻抗电压）近似地计算，

因
$$\Delta U_k \% \approx \frac{\sqrt{3} I_N X_T}{U_c} \times 100 \approx \frac{S_N X_T}{U_c^2} \times 100$$

故
$$X_T \approx \frac{\Delta U_k \%}{100} \times \frac{U_c^2}{S_N} \tag{2.38}$$

式中 $\Delta U_k \%$——变压器的短路电压百分值，可查有关手册或产品样本。

（3）电力线路的阻抗的计算

电力线路的电阻 R_{WL} 可由导线电缆的单位长度电阻值 R_0 求得，即
$$R_{WL} = R_0 l \tag{2.39}$$

式中 R_0——导线电缆单位长度的电阻，Ω/km，可查有关手册或产品样本；

l——线路长度，km。

电力线路的电抗 X_{WL} 可由导线电缆的单位长度电抗 X_0 值求得，即
$$X_{WL} = X_0 l \tag{2.40}$$

式中 X_0——导线电缆单位长度的电抗，Ω/km，可查有关手册或产品样本；

l——线路长度，km。

如果线路的结构数据不详时，X_0 可按表 2.6 取其电抗平均值，因为同一电压的同类线路的电抗值变动幅度一般不大。

表2.6 电力线路每相的单位长度电抗平均值

线路结构	线路电压	
	6 ~ 10 kV	220/380 V
架空线路	0.38	0.32
电缆线路	0.08	0.066

必须注意：在计算短路电路的阻抗时，如果电路内含有电力变压器，则电路内各元件的阻抗都应统一换算到短路点的短路计算电压中去。阻抗等效换算的条件是元件的功率损耗不变。

电抗换算的公式为

$$R' = R\left(\frac{U'_c}{U_c}\right)^2 \tag{2.41}$$

$$X' = X\left(\frac{U'_c}{U_c}\right)^2 \tag{2.42}$$

式中　R、X、U_c——换算前元件电阻、电抗和元件所在的处短路点的短路计算电压；

　　　R'、X'、U'_c——换算后元件电阻、电抗和短路点的短路计算电压。

对短路计算中要考虑的几个主要元件的阻抗来说，只有电力线路的阻抗有时需要换算，例如，计算低压侧的短路电流时，高压侧的线路阻抗就需要换算到低压侧。而电力系统和电力变压器的阻抗，由于它们的计算公式中均含有 U_c，因此计算阻抗时，公式中 U_c 直接代以短路点的计算电压，就相当于阻抗已经换算到短路点一侧了。

计算出系统中各元件的阻抗后，绘制等效电路图如图 2.8 所示。等效图中需包括电源及电路中全部电气元件，这些元件均用电抗（或阻抗）图形符号表示，并表明相互间的连接及与短路点的连接。电源和电气元件的参数均需一一标出，并对每个元件规定一个顺序号。元件顺序号和参数标注通常以分数形式表示，分子为顺序号，分母为该元件的电抗（或阻抗）参数。

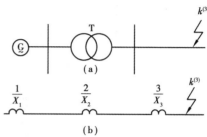

图 2.8　等效电路

【例 2.3】　求如图 2.8 所示车间变电所中 $k^{(3)}$ 点的短路电流及短路容量。

解：（1）考虑车间变电所电源为无穷大容量，则系统电阻 $R_s=0$，系统电抗 $X_s=0$。

（2）变压器阻抗

$$R_T = \frac{\Delta P_{N.T} U_{N.T2}^2}{S_{N.T}^2} = \frac{9.4 \times 400^2}{560} = 4.8 (m\Omega)$$

$$Z_T \approx \frac{\Delta U_k\%}{100} \times \frac{U_{N.T2}^2}{S_N} = \frac{5.5}{100} \times \frac{400^2}{560} = 15.7 (m\Omega)$$

$$X_T = \sqrt{Z_T^2 - R_T^2} = \sqrt{15.7^2 - 4.8^2} = 15 (m\Omega)$$

（3）母线阻抗查资料得

　　TMY50×60 mm　$R_{01} = 0.067$ mΩ/m　$X_{01} = 0.20$ mΩ/m

　　TMY40×4 mm　$R_{02} = 0.125$ mΩ/m　$X_{02} = 0.214$ mΩ/m

　　TMY30×30 mm　$R_{03} = 0.223$ mΩ/m　$X_{03} = 0.189$ mΩ/m

故各断母线阻抗为

$$R_{B1} = R_{01}L_1 = 0.067 \times 6 = 0.402 (m\Omega)$$

$$X_{B1} = X_{01}L_1 = 0.20 \times 6 = 1.2 (m\Omega)$$

$$R_{B2} = R_{02}L_2 = 0.125 \times 0.5 \times 2 = 0.125 (m\Omega)$$

$$X_{B2} = X_{02}L_2 = 0.214 \times 0.5 \times 2 = 0.214 (m\Omega)$$

$$R_{B3} = R_{03}L_3 = 0.223 \times 1.7 = 0.38 (m\Omega)$$

$$X_{B3} = X_{03}L_3 = 0.189 \times 1.7 = 0.321 (m\Omega)$$

（4）隔离开关的 $I_{N.QS}=1\,000$ A 时，接触电阻值为 $R_{QS}=0.08 (m\Omega)$

（5）自动开关的 $I_{N.QS}=200$ A 时，查得

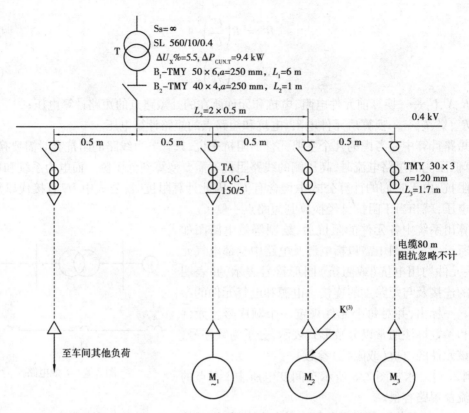

图 2.9 供电系统图

接触电阻 $R_{kk} = 0.6 \text{ m}\Omega$

接触电阻 $R_{QA} = 0.36 \text{ m}\Omega$

线圈电抗 $X_{QA} = 0.28 \text{ m}\Omega$

（6）电流互感器阻抗

$$R_{TA} = 0.75 \text{ m}\Omega \qquad X_{TA} = 1.2 \text{ m}\Omega$$

（7）总阻抗为

$$
\begin{aligned}
R_\Sigma &= R_S + R_T + R_{B1} + R_{B2} + R_{B3} + R_{QA} + R_{TA} \\
&= 0 + 4.8 + 0.402 + 0.125 + 0.38 + 0.08 + 0.6 + 0.36 + 0.75 \\
&= 7.5(\text{m}\Omega)
\end{aligned}
$$

$$
\begin{aligned}
X_\Sigma &= X_S + X_T + X_{B1} + X_{B2} + X_{B3} + X_{QA} + X_{TA} \\
&= 0 + 15 + 1.2 + 0.214 + 0.321 + 0.28 + 1.2 \\
&= 18.22(\text{m}\Omega)
\end{aligned}
$$

$$Z_\Sigma = \sqrt{R_\Sigma^2 + X_\Sigma^2} = \sqrt{7.5^2 + 18.22^2} = 19.7(\text{m}\Omega)$$

（8）短路电流及短路容量

①三相短路电流周期分量有效值

$$I_k^{(3)} = \frac{U_N}{\sqrt{3}\,Z_\Sigma} = \frac{400}{\sqrt{3} \times 19.7} = 11.7(\text{kA})$$

②其他三相短路电流

$$I'' = I_\infty = I_k^{(2)} = 11.7 \text{ kA}$$

$$i_{sh}^{(3)} = 1.84 I_k^{(3)} = 1.84 \times 11.7 \text{ kA} = 21.53 \text{ kA}$$

$$I_{sh}^{(3)} = 1.09 I_k^{(3)} = 1.09 \times 11.7 \text{ kA} = 12.75 \text{ kA}$$

③三相短路容量

$$S_k^{(3)} = \sqrt{3} U_c I_k^{(3)} = \sqrt{3} \times 0.4 \text{ kA} \times 11.7 \text{ kV} = 8.1 \text{MVA}$$

2.3.2　标幺值法计算三相短路电流

标幺值法又称为相对单位制法。计算中的物理量采用标幺值(相对值)。任一物理量的标幺值 A_d^*，等于该物理量的实际值 A 与所选定的基准值的比值 A_d，即

$$A_d^* = \frac{A}{A_d} \tag{2.43}$$

按标幺值法进行短路计算，一般先选定基准容量 S_d 和基准电压 U_d。在工程设计中，通常取基准容量 $S_d = 100$ MVA；基准电压通常取元件所在处的短路电压，即 $U_d = U_c = 1.05 U_N$。

根据所选定的基准容量 S_d 和基准电压 U_d，基准电流则按下式计算为

$$I_d^* = \frac{S_d}{\sqrt{3} U_d} = \frac{S_d}{\sqrt{3} U_c} \tag{2.44}$$

基准电抗 X_d 则按下式计算为

$$X_d = \frac{U_d}{\sqrt{3} I_d} = \frac{U_c^2}{S_d} \tag{2.45}$$

供电系统中各主要元件的电抗标幺值计算如下(取 $S_d = 100$ MVA，$U_d = U_c$)：

(1)电力系统电抗标幺值

$$X_S^* = \frac{X_S}{X_d} = \frac{U_c^2/S_{oc}}{U_c^2/S_d} = \frac{S_d}{S_{oc}} \tag{2.46}$$

(2)电力变压器电抗标幺值

$$X_T^* = \frac{X_T}{X_d} = \frac{U_k\%}{100} \cdot \frac{U_c^2}{S_N} / \frac{U_c^2}{S_d} = \frac{U_k\% S_d}{100 S_N} \tag{2.47}$$

(3)电力线路电抗标幺值

$$X_{WL}^* = \frac{X_{WL}}{X_d} = \frac{X_0 l}{U_c^2/S_d} = X_0 l \frac{S_d}{U_c^2} \tag{2.48}$$

短路电路中各主要元件的电抗标幺值求出之后，即可利用其等效电路(见图 2.10)进行电路简化，求出总的电抗标幺值 X_Σ^*。由于各元件均采用相对值，与短路计算点的电压无关，因此，电抗标幺值无须进行电压换算。

"无穷大"容量系统三相短路电流周期分量有效值的标幺值按下式计算为

$$I_k^{(3)*} = \frac{I_k^{(3)}}{I_d} = \frac{U_c/\sqrt{3} X_\Sigma}{S_d/\sqrt{3} U_c} = \frac{U_c^2}{S_d X_\Sigma} = \frac{1}{X_\Sigma^*} \tag{2.49}$$

由此可得三相短路电流周期分量有效值为

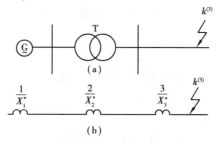

图 2.10　等效电路图

$$I_k^{(3)} = I_k^{(3)*} I_d = \frac{I_d}{X_\Sigma}$$ （2.50）

求出 $I_k^{(3)}$ 后，即可利用欧姆法的公式求出 $I_k''^{(3)}$、$I_\infty^{(3)}$、$i_{sh}^{(3)}$、$I_{sh}^{(3)}$ 等。

三相短路容量的计算公式为

$$S_k^{(3)} = \sqrt{3} U_c I_k^{(3)} = \frac{\sqrt{3} I_d U_c}{X_\Sigma^*} = \frac{S_d}{X_\Sigma^*}$$ （2.51）

短路回路中各电气元件按以上各式计算的基准标幺值，无须再考虑短路回路中变压器的变比进行电抗的归算，可直接用电抗基准标幺值进行串并联计算，求得总电抗基准标幺值。这是因为采用标幺值的计算方法实质已将变压器变比归算在标幺值之中，从而使计算工作大为简化。

【例2.4】 某电力系统如图2.11所示，试求 $k^{(3)}$ 处的三相短路电流及短路容量，并画出短路回路等效电路图，标出各元件顺序号及参数。

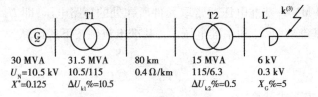

图 2.11　电力系统图

解：（1）确定基准值

取 $S_d = 100$ MVA；$U_d = 6.3$ kVA

而

$$I_d = \frac{S_d}{\sqrt{3} U_d} = \frac{100 \text{ MVA}}{\sqrt{3} \times 6.3 \text{ kVA}} = 9.16$$

（2）计算短路电路中各主要元件的电抗标幺值

①电力系统的电抗标幺值

$$X_1^* = X_N^* \frac{S_d}{S_N} = 0.125 \times \frac{100}{30} = 0.41$$

②电力变压器 T1 的电抗标幺值

$$X_2^* = \frac{\Delta U_{k1}\%}{100} \times \frac{S_d}{S_{N.T1}} = \frac{10.5}{100} \times \frac{100}{31.5} = 0.33$$

③电力线路的电抗标幺值

$$X_3^* = X_0 \frac{S_d}{U_c^2} = 0.4 \times 80 \times \frac{100}{115^2} = 0.24$$

④电力变压器 T2 的电抗标幺值

$$X_4^* = \frac{\Delta U_{k2}\%}{100} \times \frac{S_d}{S_{N.T2}} = \frac{0.5}{100} \times \frac{100}{15} = 0.033$$

⑤电抗器 L 的电抗标幺值

$$X_4^* = \frac{X_G\%}{100} \times \frac{I_d}{I_N} \times \frac{U_N}{U_c} = \frac{5}{100} \times \frac{9.16}{0.3} \times \frac{6}{6.3} = 1.45$$

⑥画出短路电路的等效电路如图2.12所示，计算总电抗标幺值

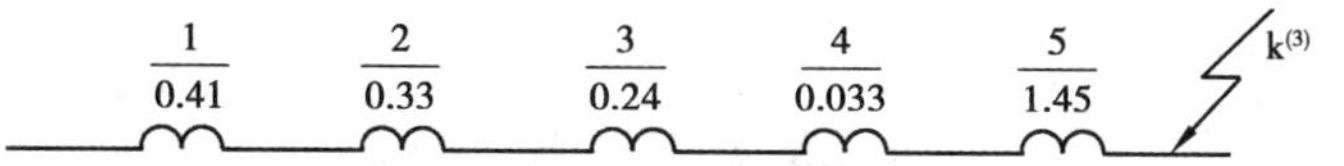

$$\begin{array}{ccccc} \underline{1} & \underline{2} & \underline{3} & \underline{4} & \underline{5} \\ 0.41 & 0.33 & 0.24 & 0.033 & 1.45 \end{array} \quad k^{(3)}$$

图 2.12　例 2.2 的等效电路图

$$X_\Sigma^* = X_1^* + X_2^* + X_3^* + X_4^* + X_5^* = 0.41 + 0.33 + 0.24 + 0.033 + 1.15 = 2.463$$

（3）短路点的三相短路电流及短路容量

①三相短路电流周期分量有效值

$$I_k^{(3)} = \frac{I_d}{X_\Sigma^*} = \frac{9.16\ \text{kA}}{2.463} = 3.72\ \text{kA}$$

②其他三相短路电流

$$I'' = I_\infty = I_k^{(3)} = 3.72\ \text{kA}$$

$$i_{sh}^{(3)} = 2.55 I_k^{(3)} = 2.55 \times 3.72\ \text{kA} = 9.47\ \text{kA}$$

$$I_{sh}^{(3)} = 1.51 I_k^{(3)} = 1.51 \times 3.72\ \text{kA} = 5.62\ \text{kA}$$

③三相短路容量

$$S_k^{(3)} = \frac{S_d}{X_\Sigma^*} = \frac{100\ \text{MVA}}{2.463} = 40.6\ \text{MVA}$$

2.3.3　两相短路电流的估算

"无穷大"容量系统中,三相短路电流一般比两相短路电流大,在校验电气设备的动热稳定时需计算三相短路电流。但在对继电保护作相间短路灵敏度校验时,需要计算两相短路电流。

在"无穷大"容量系统中发生两相短路时,如图 2.13 所示,两相短路电流可由下式求出

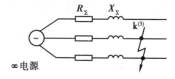

图 2.13　两相短路

$$I_k^{(2)} = \frac{U_c}{2Z_\Sigma} = \frac{U_c}{2\sqrt{R_\Sigma^2 + X_\Sigma^2}} \tag{2.52}$$

式中　$I_k^{(2)}$——两相短路电流周期分量有效值,kA；

　　　U_c——短路点处线路的平均额定电压,V；

　　　Z_Σ、R_Σ、X_Σ——电源到短路点的总阻抗、总电阻、总电抗,MΩ。

因为

$$I_k^{(3)} = \frac{U_c}{\sqrt{3}\,|Z_\Sigma|} = \frac{U_c}{\sqrt{3}\sqrt{R_\Sigma^2 + X_\Sigma^2}}$$

比较两相短路电流与三相短路电流的计算式得

$$\frac{I_k^{(2)}}{I_k^{(3)}} = \frac{\sqrt{3}}{2}$$

$$I_k^{(2)} = \frac{\sqrt{3}}{2} I_k^{(3)} = 0.866 I_k^{(3)} \tag{2.53}$$

2.3.4　短路电流的电动力效应和动稳定度校验

1）短路时的最大电动力

对于任意截面的两根平行导体,当通过的电流分别为 i_1 和 i_2 时,它们之间相互的作用

力为

$$F = 2K i_1 i_2 \frac{L}{a} \times 10^{-7} (\text{N}) \tag{2.54}$$

式中　i_1、i_2——载流导体中电流的瞬时值,A;

　　　　L——导体的两相邻支持点间距离,m;

　　　　a——平行导体中心轴线之间的距离,m;

　　　　K——形状系数。

形状系数 K 取决于载流导体的形状和导体间的相互位置。对于圆形、管形导体,$K = 1$;对于其他截面的导体需查曲线确定。如图 2.14 所示为矩形截面导体的形状系数,这些曲线表示形状系数 K 与比值 $(a - b)/(h + b)$ 和 $m = b/h$ 的关系,其中,b 和 h 是导体的尺寸,a 是导体中心轴线间的距离。

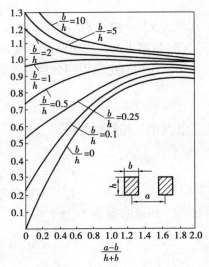

图 2.14　矩形截面导体形状系数

在三相系统中,可能出现的最大电动力是在短路冲击电流 i_{sh} 通过导体时所产生的电动力,在电力系统中经常遇到的是三相导体平行布置在同一平面内,在这种情况下,若发生三相短路,在冲击电流 i_{sh} 作用下,中间相受到最大作用力,其表达式为

$$F_{\max} = F_{AB} + F_{CB} = 2K(i_{shA} \cdot i_{shB}) \frac{L}{a} \times 10^{-7} + 2K(i_{shC} \cdot i_{shB}) \frac{L}{a} \times 10^{-7}$$

$$= 2K(i_{shA} + i_{shC}) i_{shB} \frac{L}{a} \times 10^{-7} \tag{2.55}$$

式中　i_{shA}、i_{shB}、i_{shC}——各相短路电流冲击值,冲击电流的最大值只可能出现在一相中,而另外

　　　　两相冲击电流的合成值将比最大值小,取系数 $\sqrt{3}/2$ 来估计,则

$$F^{(3)} = 2K i_{sh}^{(3)} \frac{\sqrt{3}}{2} i_{sh}^{(3)} \frac{L}{a} \times 10^{-7} = \sqrt{3} K i_{sh}^{(3)2} \frac{L}{a} \times 10^{-7} \text{N} \tag{2.56}$$

如果三相线路中发生两相短路,则两相短路冲击电流 $i_{sh}^{(2)}$ 通过导体时产生的电动力最大,其值为

$$F^{(2)} = 2K i_{sh}^{(2)2} \frac{L}{a} \times 10^{-7} \text{ N} \tag{2.57}$$

由于两相短路冲击电流 $i_{sh}^{(2)}$ 与三相短路冲击电流 $i_{sh}^{(3)}$ 有下列关系

$$i_{sh}^{(3)} / i_{sh}^{(2)} = 2 / \sqrt{3} \tag{2.58}$$

因此,三相短路与两相短路产生的最大电动力之比为

$$F^{(3)} / F^{(2)} = 2 / \sqrt{3} = 1.15 \tag{2.59}$$

由于三相短路时其中间相所受到的电动力比两相短路时大,因此,校验电器和载流部分的动稳定度一般采用三相短路冲击电流。所谓动稳定度,是指在三相短路冲击电流产生的电动力作用下,其机械强度没有遭到破坏。

2）短路动稳定度的校验

（1）一般电器的动稳定度校验条件

按下列公式校验

$$i_{\max} \geq i_{sh}^{(3)} \qquad (2.60)$$

或

$$I_{\max} \geq I_{sh}^{(3)} \qquad (2.61)$$

式中　$i_{\max}$——电器的极限通过电流（动稳定电流）峰值；

$\quad\quad I_{\max}$——电器的极限通过电流（动稳定电流）有效值。

以上 $i_{\max}$ 和 $I_{\max}$，可由有关手册或产品样本查得。

（2）硬母线的动稳定度校验条件

短路时母线承受很大的电动力，必须根据母线的机械强度校验其动稳定度，即

$$\sigma_{al} \geq \sigma_c \qquad (2.62)$$

式中　σ_{al}——母线材料最大允许应力，Pa，硬铝母线（LMY）$\sigma_{al} = 70$ MPa，硬铜母线（TMY）

$\quad\quad\quad \sigma_{al} = 140$ MPa；

$\quad\quad \sigma_c$——母线短路时冲击电流 $i_{sh}^{(3)}$ 产生的最大计算应力，计算公式为

$$\sigma_c = \frac{M}{W} \qquad (2.63)$$

式中　M——母线通过 $i_{sh}^{(3)}$ 时受到的弯曲力矩；当母线挡

数为 1 ~ 2 挡时，$M = F^{(3)} l/8$；当母线挡

数大于 2 时，$M = F^{(3)} l/10$，l 为母线的挡距；

$\quad\quad W$——母线截面系数，m^2，当母线水平放置时，如

图 2.15 所示，$W = b^2 \times h/6$，b 为母线的水

平宽度，h 为母线截面的垂直高度。

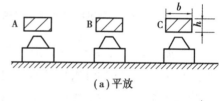

(a)平放

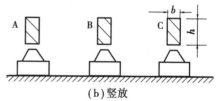

(b)竖放

图 2.15　水平放置的母线

（3）支柱绝缘子动稳定度校验

为了保证支持绝缘子承受足够大的电动力而不致

受到机械破坏，支柱绝缘子受到的短路时冲击电流作用

在绝缘子上的计算力应满足

$$F_c^{(3)} \leq K F_{al} \qquad (2.64)$$

式中　F_{al}——支柱绝缘子最大允许机械破坏负荷；

$\quad\quad K$——按弯曲破坏负荷计算时，$K = 0.6$，按拉伸破坏负荷计算时，$K = 1$；

$\quad\quad F_c^{(3)}$——短路时冲击电流作用在绝缘子上的计算力，母线在绝缘子上平放时，按 $F_c^{(3)} = F^{(3)}$ 计算，母线竖放时，则 $F_c^{(3)} = 1.4 F^{(3)}$。

（4）套管绝缘子动稳定度校验

套管绝缘子动稳定校验条件

$$F_c \leq 0.6 F_{al} \qquad (2.65)$$

式中　F_{al}——穿墙套管允许的最大抗弯破坏负荷，N；

$\quad\quad F_c$——三相短路冲击电流作用于穿墙套管上的计算力，N，F_c 的计算公式为

$$F_C = \frac{K(l_1 + l_2)}{a} \times i_{sh}^{(3)2} \times 10^{-7} \qquad (2.66)$$

式中　l_1——穿墙套管与最近一个支柱绝缘子间的距离，m；

l_2——套管本身的长度,m;

a——相间距离;

$K = 0.862$。

2.3.5 短路电流的热效应和热稳定度校验

1)短路时导体的发热过程和发热计算

当短路电流通过导体时,将使导体温度迅速升高。由于短路电流在导体中存在时间很短,产生的热量来不及散失到周围介质中去。因此,可认为短路电流产生的热量全部用以升高导体的温度。

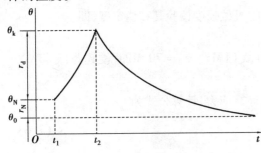

图 2.16 短路电流温度变化曲线

如图 2.16 所示表示短路电流通过导体时,导体温度的变化过程。短路前导体为正常发热温度 θ_N,在 t_1 时刻发生短路,导体温度迅速上升,直到 t_2 时刻短路点切除,导体温度达到最高值 θ_k,此后导体不再产生热量,而只向周围介质散热,直到达到周围介质温度 θ_0。

为了计算短路后导体的最高温度 θ_k,必须计算短路过程中实际短路电流 i_k 在导体中产生的热量,但 i_k 是一个峰值变动的电流,要根据它来计算 θ_k 是相当复杂的,常采用稳态短路电流来计算短路过程产生的热量。此时,还需要一个假定时间,在此时间内,稳态短路电流 I_∞ 通过导体所产生的热量正好等于实际短路电流 i_k 在实际短路时间内所产生的热量。这个假定时间称为假想时间,用 t_{ima} 表示。

由于认为短路过程是个绝热过程,因此,短路过程中导体产生的热量与导体吸收的热量相等,表达式为

$$I_\infty^2 R t_{ima} = AL\gamma c(\theta_k - \theta_N) \tag{2.67}$$

式中 A——导体的截面;

L——导体的长度;

γ——导体的密度;

c——导体的比热;

R——导体的电阻,$R = \rho L/A$,其中 ρ 为电阻率。

经整理得导体温升为

$$\theta_k - \theta_N = \frac{\rho}{\gamma c}\left(\frac{I_\infty}{A}\right)^2 t_{ima} \tag{2.68}$$

式中的假象时间 t_{ima} 在工程上可由下式近似计算

$$t_{ima} = t_k + 0.05\left(\frac{I''}{I_\infty}\right)^2 \text{s} \tag{2.69}$$

在"无穷大"容量系统中发生短路时,由于 $I'' = I_\infty$,因此

$$t_{ima} = t_k + 0.05 \text{ s} \tag{2.70}$$

当 $t_k > 1$ s 时,可认为 $t_{ima} = t_k$。

短路时间 t_k 为继电保护整定的动作时间 t_{op} 和断路器的断路时间 t_{oc} 之和,即

$$t_k = t_{op} + t_{oc} \qquad (2.71)$$

对于一般低速断路器断路时间可取0.2 s;对于高速断路器,断路时间可取为0.1 s。

2)短路热稳定度的校验

短路后导体所达到的最高温度不能超过导体短路时最高的允许温度,即

$$\theta_{k.max} \geqslant \theta_k \qquad (2.72)$$

由于短路时间是短暂的,因此,导体短路允许的最高温度比正常运行时允许的最高温度高得多。计算出导体最高温度θ_k,将其与表2.7中所规定的导体允许最高温度比较,若θ_k不超过规定值,则认为满足热稳定性。

表2.7　常用导体和电缆的最高允许温度

导体的材料与种类	最高允许温度/℃	
	正常时	短路时
1. 硬导体　　铜	70	300
铜(镀锡)	85	200
铝	70	200
钢	70	300
2. 油浸纸绝缘电缆		
铜芯(10 kV)	60	250
铝芯(10 kV)	60	200
铜芯(35 kV)	50	170
3. 交联聚乙烯绝缘电缆		
铜芯	80	230
铝芯	80	200

(1)一般电器的热稳定度校验条件

$$I_t^2 t \geqslant I_\infty^{(2)} t_{ima} \qquad (2.73)$$

式中　I_t——电器的热稳定电流;

　　　t——电器的热稳定试验时间。

以上的I_t和t可由有关手册或产品样本查得。

(2)母线及绝缘导线和电缆热稳定度校验条件

工程上为简化计算,常采用短路时发热满足最高允许温度的条件,当所选截面大于或等于S_{min}时便是热稳定的;反之则不稳定。S_{min}按下式计算

$$S \geqslant S_{min} = I_\infty \frac{\sqrt{t_{ima}}}{C} \qquad (2.74)$$

式中　t_{ima}——假想时间;

　　　C——热稳定系数;

　　　S_{min}——导体的最小热稳定截面;

　　　S——满足短路热稳定的导体实际截面。

【任务实施】

1.实施地点

多媒体教室。

2.实施所需器材

多媒体设备。

3.实施内容与步骤

①学生分组。

②教师布置工作任务。

③要求学生根据教师所提供的资料完成相关任务短路电流的计算(使用任务介绍的两种基本方法并对结果进行比较分析)。

【学习小结】

通过本任务的学习与实践,学生应当学会根据实际情况选择欧姆法或标幺值法完成短路电流的计算,并且完成两相短路电流的估算。掌握电气设备短路发生时动稳定性和热稳定性的分析和校验。

【自我评估】

1.试说明采用欧姆法和标幺值法计算短路电流各有什么特点? 这两种方法适用于什么场合?

2.短路电流的电动力效应为什么要用短路冲击电流来计算?

3.某电力系统如图 2.17 所示,求出 $k^{(3)}$ 点的三相短路电流及短路功率,并画出短路回路等效线路图,标出各元件顺序号及参数。

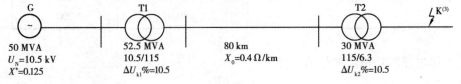

图 2.17　题 3 图

4.某供电系统如图 2.18 所示,已知电力系统出口断路器为 SN10-10 Ⅱ 型,试求变电所高压 10 kV 母线上 K-1 点短路和低压 380 V 母线上 K-2 点短路的三相短路电流和短路容量(已知图中 SN10-10 Ⅱ 型断路器的断流容量 $S_{oc} = 500$ MVA,架空电力线路单位长度电抗值 $X_0 = 0.35$ Ω/km,变压器的短路电压百分数 $\Delta U_k\% = 5$)。

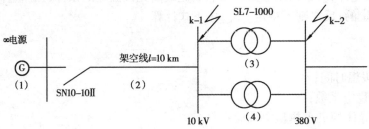

图 2.18　题 4 图

学习情境 **3**
高、低压配电装置的运行与维护

【知识目标】

1. 了解电弧的危害,掌握灭弧方法。
2. 掌握高压配电装置的结构、工作原理、图形及文字符号。
3. 掌握电流、电压互感器的接线方式及使用注意事项。
4. 掌握矿山地面高压隔离开关与断路器的区别。
5. 掌握高压隔离开关、高压负荷开关、高压熔断器和高压断路的选择条件。

【能力目标】

1. 能根据工矿企业的负荷对高压配电装置进行选择与校验。
2. 会操作各种高压配电装置。
3. 会编制高压配电装置的操作规程、安全技术措施。
4. 能对固定式和手车式高压开关柜进行操作与维护。

任务 3.1　高压开关电气设备的选择

【任务简介】

任务名称:高压开关电气设备的选择

任务描述:本任务首先选择电气设备的类型,然后按电路的实际工作条件选择和校验电气设备的技术参数,以保证电力系统在正常或发生故障时电气设备均能安全、可靠地工作。

任务分析:常用电气设备包括:熔断器、隔离开关、负荷开关、断路器、互感器及成套配电装置。选择前需要了解电弧产生的原因及相应的灭弧方法,常用高压电器技术参数,各设备的组成、结构和原理,再根据选择电气设备的一般原则进行选择和校验。

【任务要求】

知识要求：1. 了解高压隔离开关、负荷开关、高压断路器、高压熔断器的结构及使用范围。

2. 了解电流、电压互感器的工作原理及接线方式。

3. 了解高压开关柜的结构及使用范围。

能力要求：1. 能选择和校验高压隔离开关、负荷开关、高压断路器、高压熔断器。

2. 能使用电压、电流互感器。

3. 能操作和维护高压开关柜。

【知识准备】

3.1.1 电弧产生的原因与灭弧方法

电弧是电气设备运行中出现的一种强烈的电游离现象。其特点是光亮很强和温度很高。电弧的产生对供电系统的安全运行有很大的影响。首先，电弧延长了电路开断的时间。在开关分断短路电流时，开关触头上的电弧延长了短路电流通过的时间，使短路电流危害的时间延长，这可能对电路设备造成更大的损坏。其次，电弧的高温可能烧毁开关的触头、烧毁电气设备及导线电缆，还可能引起弧光短路，甚至引起火灾和爆炸事故。最后，强烈的弧光可能损伤人的视力，严重的可导致人眼失明。因此，开关设备在结构设计上要保证操作时电弧能迅速地熄灭。

1）电弧产生的原因

开关触头在分段电流时之所以会产生电弧，根本原因在于触头本身及触头周围介质中含有大量可被游离的电子。

触头刚分离时突然解除接触压力，阴极表面立即出现高温炽热点，产生热电子发射。同时，由于触头的间隙很小，使得电压强度很高，产生强电场发射。从阴极表面逸出的电子在强电场作用下，加速向阳极运动，发生碰撞游离，导致触头间隙中带电质点急剧增加，温度骤然升高，产生热游离并且成为游离的主要因素。这样，当分断的触头之间存在着足够大的外施电压的条件下，间隙被击穿，形成电弧。

电弧的特点是温度很高，在电弧表面达到 3 000 ～ 4 000 ℃，电弧的中心温度可达 10 000 ℃以上。由于电弧的温度很高，弧隙间的气体发生热游离，加剧了气体分子的游离作用，并维持电弧的燃烧，增加了开关电弧的困难。

触头之间产生电弧的条件是电路中的电流不小于 20 mA，触头之间的电压不小于 10 ～ 20 V。

在开关电器中，不可避免地要产生电弧。在电力系统中，接地也会产生电弧。电气中的电弧放电还会产生过电压，它不仅能击穿绝缘，产生的火花还会产生爆炸等，危及设备和人身安全。在电气应用中，对电弧产生的危害，尽量采用各种办法消除电弧的产生，在不能消除的地方，尽量减弱电弧或减少电弧燃烧的时间。

2）电弧去游离的方式

在电弧存在的全部时间内，电弧内不断有新的离子形成（游离过程），同时也有离子的消失（去游离过程）。若游离作用大于去游离作用，则电弧电流增大；若两者相等，则电弧维持不变;若去游离作用大于游离作用,则电弧电流减少,最后使电弧熄灭。因此,要熄灭电弧,就必须设法加强去游离,并使去游离作用大于游离作用。

（1）电弧去游离的方式

①复合　正负带电质点的电荷彼此中和成为中性质点的现象称为复合。复合一般是借助中性质点进行的。另外,电弧与固体表面接触也可以加强复合。复合的快慢与电场强度、电弧温度、电弧截面有关,电场强度越小、电弧温度越低、电弧截面越小,复合进行得越强烈。

②扩散　弧柱中的带电质点,因热运动而从弧柱内逸出,进入周围介质的一种现象称为扩散。扩散作用的存在使弧柱内的带电质点减少,有助于电弧的熄灭。

（2）影响去游离的因素

①介质特性。电弧中去游离的程度决定于电弧所燃烧的介质特性。介质的导热系数、介质强度、热游离温度和热容量等,对电弧的熄灭有很大的影响。气体介质中,氢气、二氧化碳、空气、SF_6 气体等灭弧能力都很强,其中,SF_6 气体的灭弧能力最强,目前在高电压技术中广泛采用 SF_6 气体作绝缘。

② 冷却电弧。降低温度可以减弱热游离。用气体或油吹动电弧,使电弧与固体介质表面接触等,都可以加强电弧的冷却。

③气体介质的压力越高,电弧越容易熄灭。但是,在现实中高气压不能无限提高,到一定气体压力后,电气设备的密封和制造都将成问题。气体压力越低,电弧也容易熄灭。因此,高气压和高真空都可以提高气体的击穿电压,从而使电弧越容易熄灭。

④触头的材料。触头采用熔点高、导热能力强和热容量大的耐高温金属,可以减少热电子发射和电弧中的金属蒸气。

（3）灭弧的基本方法

在现代开关电器中,主要采用的灭弧方法如下:

①速拉灭弧法。迅速拉长电弧有利于散热和带电质点的复合和扩散,具体可分为两种:

a.加快触头的分离速度。目前常用的真空断路器的分闸速度达到 1 m/s,采用强力断路器弹簧,速度可以提高到 16 m/s。

b.采用多断口在触头行程、分闸速度相同的情况下,有一个或多个断口,如图 3.1 所示。多断口总比单断口的电弧长,电弧被拉长的速度也成倍增加,因而能提高灭弧的能力。

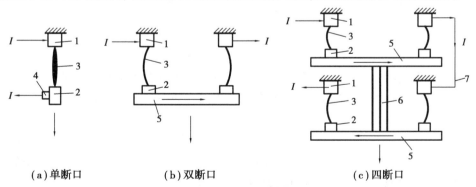

图 3.1　一相内有几个断开点时的触头示意图
1—固定触头;2—可动触头;3—电弧;4—滑动触头;5—触头的横担;6—绝缘杆;7—载流连接条

②将长弧分成几个短弧。低压电器中常采用这种方法,如在接触器中经常看到的金属栅片,它与电弧垂直放置,将一个长弧分成一串短弧,如图3.2所示。在交流电路中,当交流电过零点时,所有电弧同时熄灭。每一组电弧相应的阴极立即恢复到150~250 V介电强度。当所有阴极的介电强度的总和大于触头上的外加电压时,电弧就不会重燃。在直流电路中,利用电弧上的阴极和阳极电压降灭弧。通过选择金属栅片的数量,使得所有短电弧的阴极和阳极电压降的总和大于触头上的外加电压,电弧就迅速熄灭。

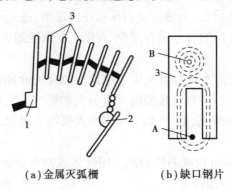

(a)金属灭弧栅　　　　(b)缺口钢片

图3.2　将长电弧分成几个短电弧

1—静触头;2—动触头;3—栅片

③吹弧　吹弧广泛应用于高压断路中,如油断路器,利用油在高温下分解出大量气体,强烈吹动电弧,使电弧强烈冷却和拉长,加速扩散,促使电弧迅速熄灭。吹弧有横吹和纵吹两种类型,如图3.3所示。

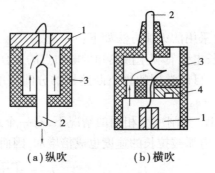

(a)纵吹　　　　(b)横吹

图3.3　吹弧方式

1—静触头;2—动触头;3—灭弧室;4—缓冲室

④使电弧在周围介质中移动　这种方法常用于低压开关电器中。电弧在周围介质中移动,也能得到与气体吹弧同样的效果。使电弧在周围介质中移动的方法有电动力、磁力和磁吹动3种,如图3.4所示。

⑤利用固体介质的狭缝或狭沟灭弧　电弧与周围介质紧密接触时,固体介质在电弧高温的作用下,分解而产生气体,气体受热膨胀而压力增大,同时,附着在固体介质表面的带电质点强烈复合和固体介质对电弧的冷却,使去游离的作用显著增大。

⑥真空灭弧法　真空有较高的绝缘强度,当电流过零时即能熄灭电弧。但真空断路器要防止过电压。真空触头刚分开时的电流不突变为零,应采取措施,使得当交流电自然过零点时熄灭电弧。

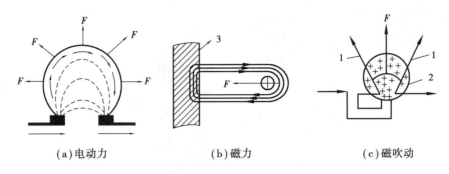

（a）电动力　　　　　（b）磁力　　　　　（c）磁吹动

图 3.4　电弧在周围介质中的移动

1—吹弧角;2—磁吹线圈;3—磁性材料

⑦六氟化硫(SF₆)灭弧法　SF₆具有优良的绝缘性能和灭弧性能,其绝缘强度为空气的 3 倍,介质恢复速度是空气的 100 倍,使灭弧能力大大提高,六氟化硫断路器就是利用六氟化硫灭弧法。

上述灭弧方法,在各种电气设备中可以采用不同的具体措施来实现。电气设备的灭弧装置可以采用一种灭弧方法,也可以综合采用几种灭弧方法,以提高灭弧能力。

3.1.2　高压熔断器(文字符号为 FU)

1)高压熔断器的功能

高压熔断器主要作为电气设备长期过载和短路的保护元件。当电路过载或短路时,将熔断体熔断,切断故障电路。在正常情况下,不允许操作高压熔断器接通或切断负荷电流。

2)高压熔断器的类型及型号

目前国内生产的高压熔断器,用于户内的有 RN1、RN2 系列,用于户外的有 RW4 系列等。高压熔断器全型号的表示和含义如下:

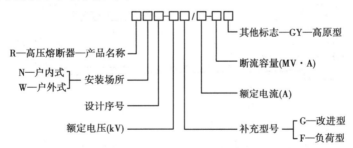

R—高压熔断器—产品名称
N—户内式
W—户外式　安装场所
设计序号
额定电压(kV)
补充型号
其他标志—GY—高原型
断流容量(MV·A)
额定电流(A)
G—改进型
F—负荷型

例如,RW4-10/100 表示户外式,设计序号为 4,额定电压为 10 kV,额定电流为 100 A 的高压熔断器。

（1）RN1 和 RN2 型户内高压管式熔断器

RN1 型和 RN2 型的结构基本相同,都是瓷质熔管内充有石英砂填料的密闭管式熔断器,其外形结构如图 3.5 所示。

RN1 型主要用于高压电路和设备的短路保护,能起到过负荷保护的功能,其结构尺寸较大,熔体额定电流可达 100 A。RN2 型只用作高压电压互感器一次侧短路保护,结构尺寸较小,其熔体额定电流一般为 0.5 A。

户内型 RN1、RN2 内部结构如图 3.6 所示。由图可知,熔断器的工作熔体采用焊有小锡球

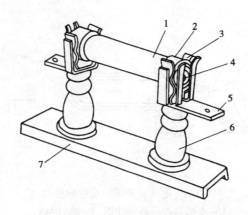

图 3.5　RN1、RN2 型高压熔断器安装图

1—瓷熔管;2—金属管帽;3—弹性触座;4—熔断指示器;5—接线端子;6—支柱瓷瓶;7—底座

的铜熔丝。锡是低熔点金属,过负荷时受热首先熔化,包围铜熔丝,铜锡分子相互渗透而形成熔点较铜的熔点低的铜锡合金,使铜熔丝能在较低的温度下熔断,这就是"冶金效应"。它使熔断器在不太大的过负荷电流和较小的短路电流作用下动作,从而提高了保护灵敏度。又由图 3.6 可知,该熔断器采用多根熔丝并联,熔断时产生多根并行的电弧,利用粗弧分细法,可以加速灭弧。该熔断器管内填充石英砂,熔丝熔断时产生的电弧完全在石英砂内燃烧,熄弧能力很强,能在短路后不到半个周期即短路电流未达到冲击值 i_{sh} 前就能完全熄灭电弧,切断短路电流,从而使熔断器本身及所保护的电气设备不必考虑短路冲击电流的影响。这种熔断器属于"限流"熔断器。

当短路电流或过负荷电流通过熔断器的熔体时,工作熔体熔断后,指示熔体相继熔断,其红色的熔断指示器弹出,如图 3.6 中虚线所示,给出熔断器的指示信号。

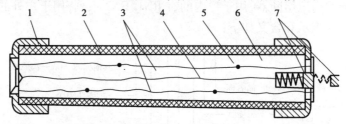

图 3.6　RN1、RN2 型熔断器的熔管剖面示意图

1—管帽;2—瓷管;3—工作熔体;4—指示熔体;5—锡球;6—石英砂填料;

7—熔断指示器(虚线表示熔断指示器在熔体熔断时弹出)

（2）RW4 型跌落式熔断器

高压跌落式熔断器集短路保护、过载及隔离电路的功能为一体,广泛用于输配电线路及设备上,在功率较小和对保护性能要求不高的地方,它可以与隔离开关配合使用,代替自动空气开关;与负荷开关配合使用,代替价格高昂的断路器。熔断器结构简单,保护可靠,但如果使用不当,会导致误动或不动作,造成不可避免的经济损失。因此,有必要正确认识和使用熔断器。

户外高压跌落式熔断器的特点:气体喷射式,熔丝熔断时产生的大量气体迅速通过熔管下部排出,同时迅速跌落,形成明显的分断间隙。当线路出现短路或过载将熔丝熔断,熔丝更换后可以多次使用。户外高压跌落式熔断器从小电流至额定电流都可靠动作。

户外高压熔断器的型号很多,以 RW4 为例进行介绍,如图 3.7 所示。

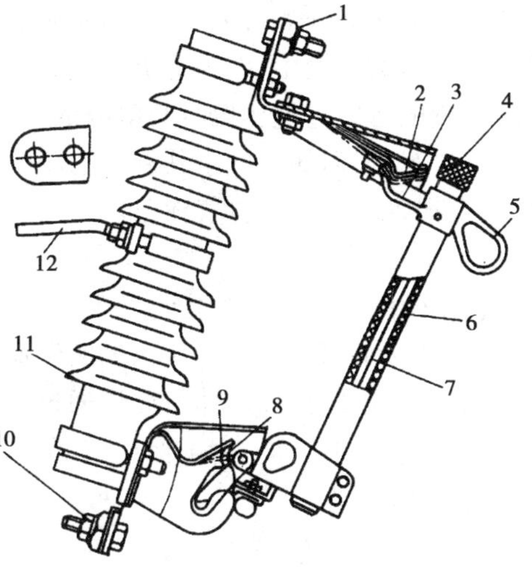

图 3.7　RW4 - 10(G)型跌开式熔断器

1—上接线端子;2—上静触头;3—上动触头;4—管帽;5—操作环;6—熔管(内套纤维质消弧管);

7—铜熔丝;8—下动触头;9—下静触头;10—下接线端子;11—绝缘瓷瓶;12—固定安装板

熔断器运行时串联在电力线路中,在正常工作时,带纽扣的熔丝装在熔丝管的上触头,被装有压片的释压帽压紧,熔丝尾线通过熔丝管拉出,将弹出板扭反压进喷头,与下触头连接,在弹出板扭力的作用下熔丝一直处于拉紧状态,并锁紧活动关节。当熔断器处在合闸位置时,由于上静触头向下和弹片的向外推力,使整个熔断器的接触更为可靠。

当电力系统发生故障时,故障电流将熔丝迅速熔断,在熔管内产生电弧,熔丝管在电弧的作用下产生大量的气体,当气体超过给定的压力值时,释压片即随纽扣头打开,减轻了熔丝管内的压力,在电流过零时产生强烈的去游离作用,使电弧熄灭。而当气体未超过给定的压力值时,释压片不动作,电流过零时产生强烈的去游离气体从下喷口喷出,弹出板迅速将熔丝尾线拉出,使电弧熄灭。熔丝熔断后,活动关节释放,熔丝管在上静触头下弹片的压力下,加上本身自重的作用迅速跌落,将电路切断,形成明显的分断间隙。

跌落式熔断器要经过几个周波才能灭弧,没有限流作用,属于"非限流"型熔断器。

3)高压熔断器的选择及校验

高压熔断器的选择,校验条件见表 3.1,选择时应注意以下几点:

表 3.1　RW3 及 RW4 型跌落式熔断器技术数据

型号	额定电压 /(kV)	额定电流/A	极限断流容量 (三相)不小于/MV·A		单极质量 /Kg
			上限	下限	
RW3-10 RW3-10Z	10	3,5,7,5,0,15,20,25,30, 40,50,60,75,100, 150,200	100	30	6.4 ~ 9.5
RW3-15	15				
RW4-10/50	10	3 ~ 50	100	5	6.5
RW4-10/100	10	30 ~ 100	200	10	7.2

（1）按额定电压选择

对于一般高压熔断器，其额定电压必须大于或等于电网的额定电压。对于填充石英砂的熔断器，则只能用在等于其额定电压的电网中，因为这类熔断器在电流达到最大值之前就将电流截断，致使熔断器熔断时产生过电压。过电压倍数与电路的参数及熔体长度有关，一般在等于其额定电压的电网中为 2.0~2.5 倍，但如在低于其额定电压的电网中，因熔体较长，过电压值可达相电压的 3.5~4 倍，以致损害电网中的电气设备。

（2）按额定电流选择

熔断器的额定电流选择，包括熔断器熔管的额定电流和熔体的额定电流的选择。熔管额定电流是指熔断器外壳载流部分和接触部分设计时所依据的电流。熔体额定电流是指熔体本身设计时所依据的电流，即不同材料、不同截面熔体所允许通过的最大电流。在同样的熔断器熔管内，通常可分别装入不同额定电流的熔体。为了保证熔断器壳不致损坏，熔管的额定电流 I_{NRg} 应大于或等于熔体的额定电流 I_{NRt}，即

$$I_{NRg} \geqslant I_{NRt} \tag{3.1}$$

熔体额定电流的选择应满足下列两个条件：

①熔体的额定电流应不小于回路的最大工作电流，即

$$I_{NRt} \geqslant I_{max} \tag{3.2}$$

②熔体的额定电流应躲过回路的尖峰电流，如变压器的励磁涌流，电动机的自启动电流及投入电器的冲击电流等。对于保护 35 kV 以下电力变压熔断器，熔体的额定电流按下式选择

$$I_{NRt} = KI_{max} \tag{3.3}$$

式中 K——可靠系数（不计电动机自启动时，$K = 1.1~1.3$；考虑电动机自启动时，$K = 1.5~2$）。

用于保护电力电容器的熔断器熔体当系统高压升高或波形畸变引起回路电流增大或运行过程中产生涌流时不应误熔断，其熔体按下式选择

$$I_{NRt} = KI_{NC} \tag{3.4}$$

式中 K——可靠系数（对限流式高压熔断器当一台电力电容器时，$K = 1.5~2$，当一组电力电容器时，$K = 1.3~1.8$）；

I_{NC}——电力电容器回路额定电流。

③熔断器开断电流校验。对于没有限流作用的熔断器，选择时用冲击电流进行校验。对于有限流作用的熔断器，在电流过最大值之前已截断，故可不计非周期分量影响，而用三相暂态短路电流有效值进行校验。对于跌落式熔断器还要校验可开断负荷电流值，开断空载变压器容量，允许切断空载线路的长度等。

④熔断器选择性配合。为了保证前后两级熔断器之间，或熔断器与电源或负荷的继电保护之间动作的选择性，应进行熔体选择性校验，各种型号的熔断器熔体熔断时间可由制造厂提供的安秒特性曲线上查出。

3.1.3 高压隔离开关（文字符号为 QS）

1）高压隔离开关的功能

高压隔离开关主要用于隔断高压电源，以保证其他设备和线路的安全检修。

在电路正常工作时，作为负荷电流的通路检修电气设备，在没有负荷电流情况下打开隔离开关，用以隔离电源电压，并造成明显的断路点。隔离开关没有灭弧装置，不能在其额定电流

下开合电路,只能与高压断路器或高压熔断器配合使用。

在 5～10 kV 网络中,符合下列情况可用隔离开关操作:开合电压互感器及避雷器回路;开合励磁电流不超过 2 A 的空载变压器;开合电容电流不超过 5 A 的空载线路;开合电压为 10 kV 及以下,电流为 15 A 以下的线路;开合电压为 10 kV 及以下,均衡电流为 70 A 及以下环路。

2)高压隔离开关的类型及型号

高压隔离开关的结构较简单,按使用场合一般分为户内型和户外型,如图 3.8 所示为 GN8 型户内式高压隔离开关外形结构图。

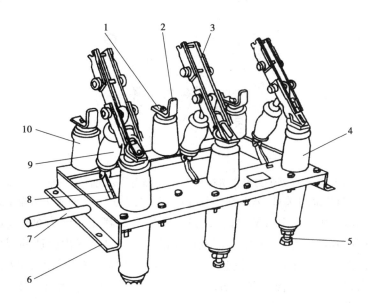

图 3.8　GN8-10/600 型高压隔离开关
1—上接线端子;2—静触头;3—闸刀;4—套管绝缘子;5—下接线端子;
6—框架;7—转轴;8—拐臂;9—升降绝缘子;10—支柱绝缘子

户内型高压隔离开关通常采用 CS6 型手力操作机构进行操作,户外式高压隔离开关大多采用绝缘钩棒(令克棒)手工操作。如图 3.9 所示为 CS6 型手力操作机构与 GN8 型隔离开关配合的一种安装方式。

高压隔离开关按极数可分为单极和三极,按构造可分为三柱式及双柱式、带接地刀闸和不带接地刀闸;按绝缘情况可分为普通型及加强绝缘型。高压隔离开关全型号的表示和含义如下:

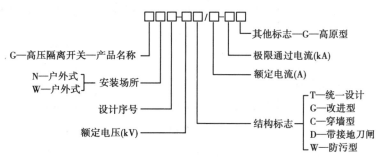

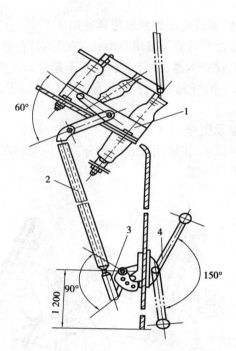

图 3.9　CS6 型手力操作机构与 GN8 型隔离开关配合的一种安装方式

1—GN8 隔离开关;2—ϕ20 mm 焊接钢管;3—调节杆;4—CS6 型手力操作机构

例如,GN8-10/600 表示 10 kV 户内式,设计序号为 8,额定电流为 600 A 的隔离开关。

隔离开关应按其额定电压、额定电流及使用的环境条件选择出合适的规格和型号,再按短路电流的动稳定性和热稳定性进行校验。按环境条件选择隔离开关时,可根据安装地点和环境条件选择户内式、户外式、普通型或防污型等类型,防污型用于污染严重的环境。户外式隔离开关的形式较多,对配电装置的布置和占地面积影响很大,其形式应根据配电装置特点和要求以及技术经济条件来确定。表 3.2 为隔离开关选型参考表。同时,选隔离开关的同时还须选定配套的操作机构。

表 3.2　隔离开关选型参考表

使用场合		特点	参考型号
室内	室内配电成套高压开关柜	三级,10 kV 以下	GN2,GN6,GN8,GN9
	发电机回路,大电流回路	单极,大电流 3 000 ~ 13 000 A	GN10
		三极,15 kV,200 ~ 600 A	GN11
		三极,10 kV,大电流 2 000 ~ 3 000 A	GN18,GN22,GN2
		单极,插入式结构,带密封罩 20 kV,大电流 10 000 ~ 13 000A	GN14
室外	220 kV 及以下各型配电装置	双柱式,220 kV 及以下	GW4
	高型、硬母线布置	V 型,35 ~ 110 kV	GW5
	硬母线布置	单柱式,220 ~ 500 kV	GW6
	20 kV 及以上中型配电装置	三柱式,220 ~ 500 kV	GW7

3.1.4　高压负荷开关（文字符号为 QL）

1）高压负荷开关的功能

高压负荷开关主要用于 10 kV 配电系统接通和分断正常的负荷电流。

在电路正常的情况下用以接通或切断负荷电流。负荷开关具有简单的灭弧装置，灭弧能力较小，只能在其额定电压和额定电流下开合电路，不能用以切断短路电流。负荷开关与熔断器配合代替断路器，只能用于不重要的供电网络。

2）高压负荷开关的类型及型号

负荷开关型号的意义如下：

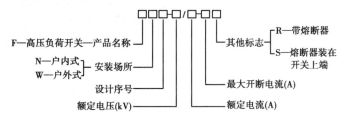

例如，FN3-10RT 表示 10 kV 户内式，设计序号为 3，带有熔断器和热脱扣器的高压负荷开关。

如图 3.10 所示为 FN3-10RT 型室内压气式高压负荷开关的结构图，实际上它也就是在隔离开关的基础上加了一个简单的灭弧装置，其上端的绝缘子就是一个简单的灭弧室，该绝缘子不仅起支柱绝缘子的作用，而且内部是一个汽缸，装有由操作机构主轴传动的活塞。其功能类似于打气筒。绝缘子上部装有绝缘喷嘴和弧静触头。

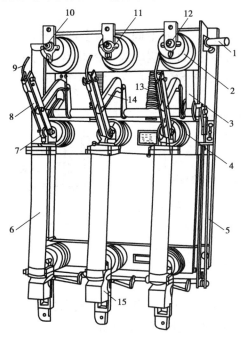

图 3.10　FN3-10RT 型高压负荷开关

1—主轴；2—上绝缘子兼气缸；3—连杆；4—下绝缘子；5—框架；6—RN1 型高压熔断器；7—下触座；8—闸刀；9—弧动触头；10—绝缘喷嘴（内有弧静触头）；11—主静触头；12—上触座；13—断路弹簧；14—绝缘拉杆；15—热脱扣器

当负荷开关分闸时,在闸刀一端的弧动触头与绝缘子上的弧静触头之间产生电弧,分闸时主轴转动而带动活塞,压缩汽缸内的空气而从外吹弧,使电弧迅速熄灭。分闸时还有电弧迅速拉长及本身电流回路的电磁吹弧作用。总的来说,负荷开关的断流能力是很有限的,只能分断一定的负荷电流和过负荷电流,负荷开关不能配以短路保护装置来自动跳闸,但可以装设热脱扣器用于过负荷保护。

负荷开关常与熔断器联合使用,由负荷开关分断负荷电流,利用熔断器切断故障电流。在容量不是很大、对保护性能的要求不是很高时,负荷开关与熔断器组合起来便可取代断路器,从而降低设备投资和运行费用。这种形式广泛应用于城网改造和农村电网。

负荷开关一般用 CS2 型等手动操作机构进行操作。负荷开关具有简单的灭弧装置,主要用来切断和接通带负荷电流的电路,但不能切断短路电路,负荷开关一般与高压熔断器装在一起使用,其中,熔断器用于切断短路电流。负荷开关的选择方法与高压断路器的选择方法相同。

3.1.5　高压断路器(文字符号为 QF)

1)高压断路器的功能

在电路正常的情况下用以接通或切断负荷电流;在电路发生故障时,用以切断短路电流或自动重合闸。断路器的灭弧装置具有很强的灭弧能力,现在常用的高压断路器有高压少油断路器、高压真空断路器、高压六氟化硫断路器及高压空气开关等。

高压断路器又称为高压开关,是高压供配电系统中最重要的电器之一。

2)高压断路器的类型及型号

高压断路器根据采用的灭弧介质的不同,分为多油断路器、少油断路器、真空断路器和 SF_6 断路器等。多油断路器已不用,目前应用最多的是真空断路器和 SF_6 断路器。真空断路器一般用在 35 kV 及以下的系统中,SF_6 断路器一般用在 110 kV 及以上系统中。目前,35 kV 的 GIS 装置也采用 SF_6 断路器。

高压断路器的型号及含义如下:

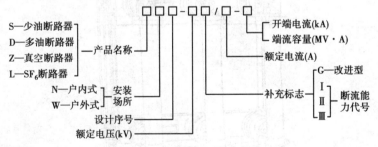

(1)多油断路器

油断路器按其油量多少和油的作用,又分为多油式和少油式两大类。多油断路器的特点是将触头系统放在装有变压器油的接地钢箱(油箱)中,油主要起着灭弧与绝缘两种作用,因其用油多,故称多油断路器。当开断电路时,电弧高温,使变压器油蒸发分解成为气体;在油汽化分解过程中,从电弧里吸收大量的热,有力地促进了电弧熄灭;油分解出的气体中,70% ~ 80% 是氢气,氢导热性好、黏度小,冷却性能好;高温的油气与氢气的比重较冷油小,急速向油箱上部流动,对电弧产生纵吹效果,促使电弧熄灭,开断大电流时,因两个平行断口电弧电流的方向不同,产生斥力,使电弧向外弯曲拉长,其效果相当于横吹电弧,加速了电弧的熄灭。此断路器在开断 2～4 kA 电流时,燃弧时间较长,此时电动力与油流速度均不甚大,其灭弧效果较差。在开断大电流时,电弧功率大,蒸发与分解的气体多,使油箱壁上受到的压力增加,开断电流的大小受到了油箱机械强度的限制。开断过大的电流,会出现严重喷油、油箱变形、触头严重烧损、变压器油严重碳化等不良后果。

(2)少油断路器

目前,少油断路器已逐渐被真空断路器取代,只是在一些小企业和老的工厂中使用,新建的工厂在中压系统中基本上采用真空断路器,在超高压系统上,大部分采用六氟化硫断路器。少油断路器与真空断路器及六氟化硫断路器相比较,检修工作量大。如图 3.11 所示为它的外形结构。

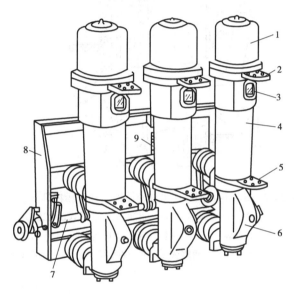

图 3.11　SN10－10 型少油断路器

1—铝帽;2—上接线端子;3—油标;4—绝缘筒;5—下接
线端子;6—基座;7—主轴;8—框架;9—断路弹簧

SN10-10 系列少油断路器由框架、油箱及传动部分组成。框架上装有分闸限位器、合闸缓冲、分闸弹簧及 6 只支持绝缘子。传动部分有断路器主轴、绝缘拉杆等。油箱固定在支持绝缘子上。

少油断路器的灭弧室装在绝缘筒或不接地的金属筒中,变压器油只用作灭弧和动、静触头之间的绝缘。对地绝缘主要用瓷质件、环氧玻璃布和环氧树脂件等固体绝缘体。少油断路器体积小、质量轻、用油量小。例如,10 kV 少油断路器总的用油量仅 10 kg,而多油断路器则为 250 kg。按使用地点不同,少油断路器分为户内式与户外式两种。户内式主要用于 6～35 kV 电压等级,户外式电压等级在 35 kV 以上。SN10-10 系列少油断路器的一相油箱内部结构图、灭弧室图及灭弧工作示意图分别如图 3.12、图 3.13、图 3.14 所示。

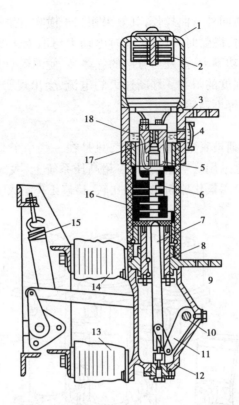

图 3.12　SN10-10 型高压少油断路器一相油箱内部结构

1—铝帽;2—油气分离器;3—上接线端子;4—油标;5—插座式静触头;6—灭弧室;7—动触头(导电杆);8—中间滚动触头;9—下接线端子;10—转轴;11—拐臂;12—基座;13—下支柱瓷瓶;14—上支柱瓷瓶;15—断路弹簧;16—绝缘筒;17—逆止阀;18—绝缘油

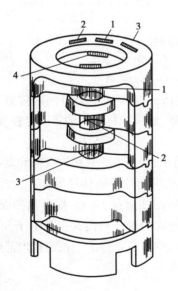

图 3.13　SN10-10 型断路器灭弧室

1—第一道灭弧沟;2—第二道灭弧沟;3—第三道灭弧沟;4—吸弧片

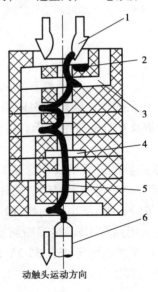

图 3.14　SN10-10 的灭弧室

1—静触头;2—动触头;3—盘形绝缘板;4—附加油流通道

　　当断路器分闸时,导电杆(动触头)向下运动。当导电杆离开静触头时,产生电弧,使油分解,形成气泡,导致静触头周围的油压骤增,迫使逆止阀(钢珠)上升堵住中心孔。这时,电弧在近乎封闭的空间内燃烧,从而使灭弧室内的油压迅速增大。当导电杆继续向下运动,相继打开一、二、三道灭弧沟,油气流从灭弧沟中强烈喷出,横吹灭弧,强烈地横吹和纵吹电弧。当开断小电流时,灭弧室内压力不足,不能产生有效的横吹,这时电弧被拉入灭弧室下部油囊中,油囊中的油在电弧作用下,生产一个纵吹油束,同时,由于导电杆向下运动时,迫使下面的一部分油经附加油流孔道射向电弧,起到一定的机械横吹作用,而使电弧熄灭。该断路器油箱上部设有油气分离室,其作用是使灭弧过程中产生的油气混合物旋转分离,气体从油箱顶部的排气孔排出,而油滴则附着内壁流回灭弧室。

　　如图 3.13 所示为 SN10-10 少油断路器所用的灭弧室,它采用了横吹、纵吹及机械油吹 3 种作用。这种灭弧室的特点:①采用逆流原理,使动力触头端部的电弧弧根不断与新鲜油相接触,有效地冷却电弧,增加熄弧能力;②开断大电流时,在电弧高温作用下,油被分解为气体,产生高气压,当导电杆向下移动时,依次打开第一、第二、第三横吹弧道,油气混合物强烈吹动电弧,从而使电弧熄灭;③开断小电流时,电弧能量小,但由于动触头向下运动,使下面的一部分油通过灭弧室的附加油道而横向射入电弧。在两个纵吹油囊的纵吹作用之外,实际上又加了机械油吹作用,能使小电流电弧很快熄灭。

　　(3)真空断路器

　　真空断路器是把触头安置在一个真空容器中,依靠真空作灭弧和绝缘介质。当容器内的真空度达到 10^{-5} mmHg 时,具有较高的绝缘强度($E = 10 \sim 45$ kV/mm)。

　　真空断路器在开断电流时,两触头间就要产生电弧,电弧的温度很高,能使触头材料蒸发,在两触头间形成很多金属蒸气。由于触头周围是"真空"的,只有很少气体分子,因此,金属蒸气很快就跑向围在触头周围的屏蔽罩上,以致在电流过零后极短的时间内(几微秒)触头间隙就恢复了原有的高"真空"状态。真空断路器的灭弧能力要比少油断路器优越得多。

　　真空断路器具有以下特点:①在真空中熄弧,电弧和炽热气体不外露,不飞溅到其他物体上;②由于真空中耐压强度高,触头之间距离大大缩短,相应的动作行程也短得多,动导杆的惯性小,适用于频繁操作;③真空断路器的结构特点使其具有熄弧时间短、弧压低、电弧能量小、触头损耗小、开断次数多;④操作机构小且质量轻,控制功率小,没有火灾和爆炸危险,安全可靠;⑤触头密封在真空中,不会因受潮气、灰尘及有害气体等影响而降低其技术性能;⑥真空断路器在遮断短路电流时,待故障排除后,无须检修真空断路器即可投入运行。

　　真空断路器由于熄弧速度太快,容易产生操作过电压,直接威胁着电气设备的安全运行,必须采取相应的对策抑制真空断路器的操作过电压。抑制真空断路器的操作过电压问题可以从两个方面进行:一是真空断路器的设计选型,应首选技术装备先进,检测手段完善的生产企业,选用的产品具有低的截流值,以减少操作中产生截流过电压;二是必须同步设计操作过电压吸收装置。我国目前广泛采用的过电压吸收装置有两类,即 RC(电阻、电容组合式)和氧化锌压敏电阻两种形式。

　　氧化锌压敏电阻具有抑制过电压能力强、残压低、对浪涌响应快、具有伏安特性对称、在任何波形的正负极性浪涌电压均能充分吸收、具有通流容量大、放电后无续流等优点,且其体积小、便于安装,广泛用于抑制真空短路器的操作过电压。

（4）SF$_6$ 断路器

SF$_6$ 断路器是利用 SF$_6$ 气体作为灭弧和绝缘介质的断路器。六氟化硫断路器具有断流能力强、灭弧速度快、电绝缘性能好、检修周期长等优点，适用于需频繁操作及有易燃、易爆危险的场所，但要求加工精度高，对其密封性能要求更严格，价格昂贵。SF$_6$ 是无色、无味、无毒且不易燃的惰性气体。在 150 ℃ 以下时，其化学性能相当稳定。但 SF$_6$ 在电弧高温作用下分解出的氟（F$_2$）有较强的腐蚀性和毒性，且能与触头的金属蒸气化合为一种具有绝缘性能的白色粉末状氟化物，这种断路器的触头一般都具有自动净化作用。由于上述的分解和化合作用所产生的活性杂质，大部分能在电弧熄灭的几秒内自动还原，而且残余杂质可用特殊的吸附剂清除，因此，对人身和设备没有什么危害。SF$_6$ 除具有优良的物理化学性外，还具有优良的灭弧性能和电绝缘性能，SF$_6$ 断路器的灭弧速度快，断流能力强，电流过零时暂时熄灭后，具有迅速恢复绝缘强度的能力，从而使电弧难以复燃而很快熄灭。

3）断路器的选择和校验

一般情况下可选择油断路器，户外使用的多油断路器除 DW8-35 型外已逐渐被淘汰，新建的变电所应使用少油断路器。户内使用的都是少油断路器，它一般安装在高压开关柜中。对断流能力要求高或操作十分频繁，应选用真空断路器。对污秽的环境，应选用防污型断路器。

断路器操作机构的选择应与断路器的控制方式、安装情况及操作电源相适应。选择断路器的技术参数时，应按额定电压和额定电流选择，按断流能力和短路时的动稳定性和热稳定性进行校验，即

$$S_{Nd} \geqslant S_d（或 S_{0.2}）$$
$$I_{Nd} \geqslant I''（或 I_{0.2}）$$

（3.5）

式中　$I_{Nd}（S_{Nd}）$——断路器在额定电压下的切断电流（切断容量）；

　　　$I''（I_{0.2}）$——断路器安装地点发生三相短路时的次暂态短路电流（或 0.2 s 时的电流）；

　　　$S_d（S_{0.2}）$——0 s 短路容量（或 0.2 s 时短路容量）。

选择断路器时，除考虑电流和电压的额定值外，还要校验断流容量，短路时的动稳定和热稳定是否符合要求，其他技术指标和运行指标是否能够满足。同时，还要选择配套的操作机构。

3.1.6　互感器

1）互感器的作用

①将一次回路的高电压和大电流变为二次回路标准的低电压和小电流，使测量仪表和保护装置标准化、小型化，使其结构轻巧、价格便宜，便于屏内安装。

②隔离高压电路。互感器一次侧和二次侧没有电的联系，只有磁的联系。使二次设备与高电压部分隔离，且互感器二次侧均接地，从而保证了设备和人身的安全。

③对二次设备进行维护、调试以及调整试验时，可以不中断一次系统的运行，只需要改变二次接线即可。

④当电路中发生短路时，测量仪表和继电器的电流线圈不会直接受到大电流的损坏。

2）电流互感器

（1）基本结构原理

电流互感器的基本结构原理如图 3.15 所示。它的结构特点：一次绕组的匝数很少（有的

利用一次导体穿过其铁芯,只有一匝),导体相当粗,串联接入一次电路中;二次绕组匝数多,导线细,与仪表、继电器等的电流线圈串联,形成一个闭合回路。由于二次仪表、继电器等的电流线圈阻抗很小,因此,电流互感器工作时二次回路接近短路状态。二次绕组的额定电流一般为 5 A。

电流互感器的一次电流 I_1 与二次电流 I_2 之间的关系为

$$K_i = \frac{I_1}{I_2} = \frac{N_2}{N_1} \qquad (3.6)$$

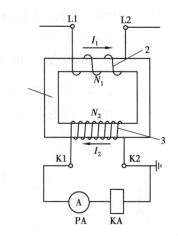

图 3.15　电流互感器
1—铁芯;2—一次绕组;3—二次绕组

式中　N_1、N_2——电流互感器一次和二次绕组的匝数;

$\qquad K_i$——电流互感器的变流比,一般定义为 I_{1N}/I_{2N},如 200/5。

(2)常用接线方法

电流互感器在三相电路中常用的接线方案有:

①一相式接线　如图 3.16(a)所示,电流互感器电流线圈通过的电流,反映一次电路对应相的电流,通常用在负荷平衡的三相电路中测量电流,或在继电保护中作为过负荷接线。

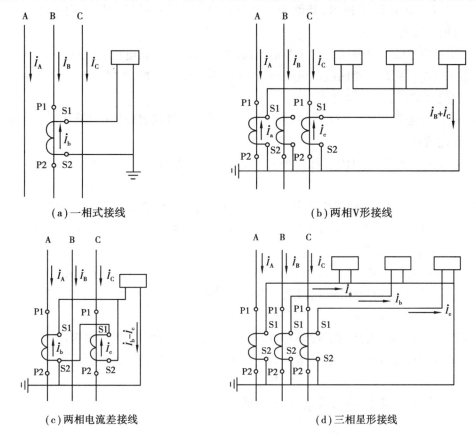

(a)一相式接线　　　　　　　　　(b)两相V形接线

(c)两相电流差接线　　　　　　　(d)三相星形接线

图 3.16　电流互感器的接线方案

61

②两相 V 形接线　如图 3.16(b)所示,该接线也称为两相不完全星形接线。在中性点不接地的三相三线制电路中,广泛用于测量 3 个相电流,电能及做过电流继电保护之用。这种接线的 3 个电流线圈,分别反映三相电流,其中最右边的电流线圈接在互感器二次侧的公共线上,电流为 $\dot{I}_a + \dot{I}_c = -\dot{I}_b$,如图 3.17 所示,反映的是两个互感器二次电流的相量和,正好是未接互感器那一相的二次电流(其一次电流换算值)。

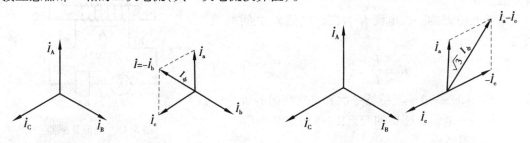

图 3.17　两相 V 形接线电流
互感器的一、二次电流向量图

图 3.18　两相电流差接线电
流互感器的一、二次电流向量图

③两相电流差接线　也称为两相交叉接线,如图 3.16(c)所示。其二次侧公共线流过的电流为 $\dot{I}_a - \dot{I}_c$,如图 3.18 所示,其值为相电流的 $\sqrt{3}$ 倍。这种接线也广泛用于继电保护装置中,称为两相一继电器接线。

④三相星形接线　这种接线的 3 个电流线圈,正好反映各相电流,广泛用于中性点直接接地的三相三线制特别是三相四线制电路中,用于测量或继电保护,如图 3.16(d)所示。

(3)电流互感器的类型及型号

电流互感器是将一次侧的大电流,按比例变为适合通过仪表或继电器使用的,额定电流为 5 A 或 1 A 的变换设备。

①按安装地点可分为户内式和户外式。20 kV 以下制成户内式;35 kV 及以上多制成户外式。

②按安装方式可分为穿墙式、支持式和装入式。穿墙式装在墙壁或金属结构的孔中,可节约穿墙套管;支持式安装在平面或支柱上;装入式套在 35 kV 及以上变压器或多油断路器油箱内的套管上,故也称为套管式。

③按绝缘可分为干式、浇注式、油浸式等。干式用绝缘胶浸渍,适用于低压户内的电流互感器;浇注式利用环氧树脂作绝缘,多用于 35 kV 及以下的电流互感器;油浸式多为户外型。

④按一次绕组匝数可分为单匝和多匝式。

⑤新型电流互感器按高、低压部分的耦合方式,可分为无线电电磁波耦合式、电容耦合和光电耦合式,其中,光电耦合式电流互感器性能更佳。新型电流互感器的特点是高低压间没有直接的电磁联系,使绝缘结构大为简化;测量过程中不需要消耗很大能量;没有饱和现象,测量范围宽,暂态响应快,准确度高;质量轻、成本低。

⑥按准确度级分,测量用电流互感器有 0.1、0.2、0.5、1、3、5 等级,保护用电流互感器有 5 P 和 10 P 两级。

电流互感器型号的表示及含义如下:

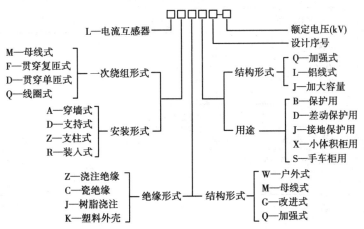

如图 3.19 所示为户内低压 LMZJ1-0.5 型电流互感器的外形图,它不含一次绕组,穿过其铁芯的就是其一次绕组(相当于一匝),主要用于 500 V 及以下的配电装置中。如图 3.20 所示为户内高压 LQJ-10 型电流互感器的外形图。其主要技术指标见表 3.3。它的一次绕组绕在两个铁芯上。每个铁芯都有一个二次绕组,分别为 0.5 级和 3 级,0.5 级接测量仪表,3 级接继电保护。低压的线圈式电流互感器 LQG-0.5 型(G 为改进型)只有一个铁芯,一个二次绕组,其一、二次绕组均绕在同一铁芯上。

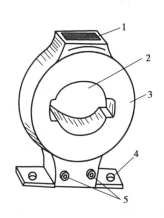

图 3.19 LMZJ1-0.5 电流互感器
1—铭牌;2—一次母线穿孔;3—铁芯(外绕二次绕组);4—安装板底座;5—二次接线端子

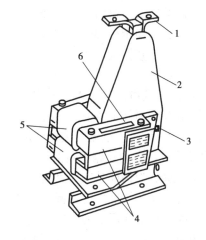

图 3.20 LQJ-10 型电流互感器
1——次接线端子;2——次绕组(环氧树脂浇注);3—二次接线端子;4—铁芯(两个);5—二次绕组(两个);6—警示牌(上写"二次侧不得开路")

表 3.3　LQJ-10　型电流互感器的主要技术数据

1. 额定二次负荷						
铁芯代号	额定二次负荷					
	0.5 级		1 级		3 级	
	Ω	V·A	Ω	V·A	Ω	V·A
0.5	0.4	10	0.6	15	—	—
3	—	—	—	—	1.2	30
2. 热稳定度和动稳定度						
额定一次电流/A		1s 热稳定倍数			动稳定倍数	
5,10,15,20,30,40,50,60,75,100		90			225	
160(150),200,315,(300),400		75			160	

注:括号内数据,仅限老产品。

以上两种电流互感器都是环氧树脂浇注绝缘的,较之老式的油浸式的干式电流互感器的尺寸小,性能好,在现在生产的高低压成套配电装置中广泛应用。

(4)电流互感器的选择及校验

①电流互感器选择与检验的原则

a. 电流互感器额定电压不小于装设点线路额定电压。

b. 根据一次负荷计算电流 I_c 选择电流互感器变化。

c. 根据二次回路的要求选择电流互感器的准确度并校验准确度。

d. 校验动稳定度和热稳定度。

②电流互感器变流比选择

电流互感器一次侧额定电流标准比[如 20、30、40、50、75、100、150(A)、2Xa/C]有多种规格,二次侧额定电流通常为 1 A 或 5 A。其中 2Xa/C 表示同一台产品有两种变流比,通过改变产品顶部储油柜外的连接片接线方式实现。串联时电流比为 a/c,并联时变流比为 2Xa/C。一般情况下,计量用电流互感器变流比的选择应使其一次额定电流 I_{1N} 不小于线路中的负荷电流(即计算 I_c)。如线路中负荷计算电流为 350 A,则电流互感器变流比应选择 400/5。保护用的电流互感器为保证其准确度要求,可以将变比选得大一些。

③电流互感器准确度选择及校验

准确度是指在规定的二次负荷范围内,一次电流为额定值时的最大误差。我国电流互感器的准确度和误差限值,对不同的测量仪表,应选用不同准确度的电流互感器。

准确度选择的原则:计费计量用的电流互感器其准确度为 0.2 ~ 0.5 级;用于监视各进出线回路中负荷电流大小的电流表应选用 1.0 ~ 3.0 级电流互感器。为了保证准确度误差不超过规定值,一般还校验电流互感器二次负荷(伏安),互感器二次负荷 S_2 不大于额定负荷 S_{2N},所选准确度才能得到保证。准确度校验公式为

$$S_2 \leq S_{2N} \tag{3.7}$$

式中　S_{2N}——电流互感器对应其准确度的额定容量,V·A;

　　　S_2——电流互感器二次侧负荷视在功率,V·A。

其中，S_2 由二次回路的总阻抗 $|Z_2|$ 来决定：

$$|Z_2| \approx \Sigma |Z_1| + |Z_{WL}| + R_{XC} \tag{3.8}$$

由仪表、继电器产品样本查得，而 Z 主要由 3 个因素决定，即

$$|Z_{WL}| \approx R_{WL} = \frac{L}{\gamma A} \tag{3.9}$$

式中　γ——导线的电导率；

A——导线截面积，mm^2；

L——连接导线的长度，星形接法时 L 等于连线单向长度，V 形接线时 L 为单向连线长度的 $\sqrt{3}$ 倍；

R_{xc}——近似取 0.1 Ω。

④电流互感器的校验

目前，大多数电流互感器产品一般给出的是该产品的动稳定倍数，一般采用动稳定校验和热稳定校验。

动稳定倍数 $K_{es} = i_{max} / (\sqrt{2} I_{1N})$，其动稳定度校验条件为

$$K_{es} \times \sqrt{2} I_{1N} \geq i_{sh}^{(3)} \tag{3.10}$$

热稳定倍数 $K_t = I_t / I_{1N}$，其热稳定度校验条件为

$$K_t I_{1N} \geq I_{\infty}^{(3)} \sqrt{\frac{t_{ima}}{t}} \tag{3.11}$$

一般电流互感器热稳定试验时间 $t = 1$ s，式（3.1）可改写为

$$K_t I_{1N} \geq I_{\infty}^{(3)} \sqrt{t_{ima}} \tag{3.12}$$

式中　t_{ima}——假象发热时间，$t_{ima} = t_k + 0.05$ s；

t_k——实际短路时间。

⑤电流互感器的使用注意事项

a.电流互感器的接线应遵守串联原则，即一次绕组应与被测电路串联，二次绕组与所有仪表负载串联。

b.按被测电流大小，选择合适的变比，否则误差将增大。同时，二次侧一端必须接地，以防绝缘一旦损坏时，一次侧高压窜入二次低压侧，造成人身和设备事故。

c.电流互感器工作时其二次侧不得开路。二次侧开路，根据电磁平衡方程 $I_1 N_l - I_2 N_2 = I_0 N_1$ 可知，$I_2 = 0$。此时 $I_0 N_1 = I_1 N_1$，即 $I_0 = I_1$，由于 I_1 是一次电路负荷电流，只决定于一次侧负荷，不因互感器二次侧负荷变化而变化，有可能会使铁芯过热，烧毁互感器，二次绕组匝数远比一次绕组匝数多，还会在二次侧感应出危险高电压。

3）电压互感器

（1）基本结构原理

电压互感器的基本结构原理如图 3.21 所示。它的结构特点：一次绕组匝数很多，而二次绕组匝数较少，相当于降压变压器。它接入电路的方式：其一次绕组并联在一次电路

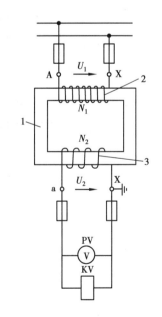

图 3.21　电压互感器

1—铁心；2——次绕组；3—二次绕组

65

中;其二次绕组则并联仪表、继电器的电压线圈。由于二次仪表、继电器等的电压线圈阻抗很大,因此,电压互感器工作时二次回路接近于空载状态。二次绕组的额定电压一般为 100 V。电压互感器的一次电压 U_1 与其二次电压 U_2 之间的列关系为

$$U_1 \approx (N_1/N_2)U_2 = K_U U_2 \tag{3.13}$$

式中　N_1、N_2——电压互感器一次和二次绕组的匝数;

　　　K_U—电压互感器的变压比,一般定义为 U_{1N}/U_{2N},如 10/0.1。

（2）常用接线方法

电压互感器在三相电路中常用的接线方法有:

①一个单相电压互感器的接线,如图 3.22(a)所示。供仪表、继电器接于一个线电压。

②两个单相电压互感器接成 V/V 形,如图 3.22(b)所示。供仪表、继电器接于三相三线制电路的各个线电压,它广泛地应用在 6～10 kV 的高压配电装置中。

③三个单相电压互感器接成 Y_0/Y_0 形,如图 3.22(c)所示。供电给要求线电压的仪表、继电器,并供电给接相电压的绝缘监视电压表。由于小电流接地的电力系统在发生单相接地时,另外两相的对地电压要升高到线电压($\sqrt{3}$倍相电压),因此绝缘监视电压表不能接入按相电压选择的电压表,否则在一次电路发生单相接地时,电压表可能被烧坏。

④三个单相三绕组电压互感器或一个三相五心柱三绕组电压互感器接 $Y_0/Y_0/\triangle$(开口三角形),如图 3.22(d)所示。接成 Y_0 的二次绕组,供电给需线电压的仪表、继电器及作为绝缘监视电压表,而接成的辅助二次绕组,供电给用作绝缘监视的电压继电器。一次电路正常工作时,开口三角形两端的电压接近于零;当某一相接地时,开口三角形两端将出现近 100 V 的零序电压,使电压继电器动作,发出信号。

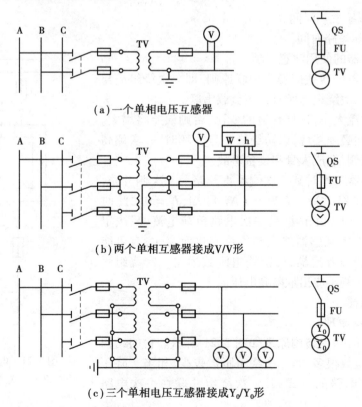

（a）一个单相电压互感器

（b）两个单相互感器接成V/V形

（c）三个单相电压互感器接成Y_0/Y_0形

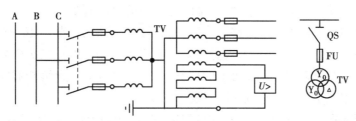

（d）三个单相三绕组电压互感器或一个三相五心柱三绕组电压互感器接成$Y_0/Y_0/\triangle$（开口三角形）

图 3.22　电压互感器接线方式

（3）电压互感器的类型

电压互感器按绝缘的冷却方式分为干式和油浸式。现已广泛采用环氧树脂浇注绝缘的干式互感器。如图 3.23 所示为单相三绕组、环氧树脂浇注绝缘的户内用 JDZJ-10 型电压互感器的外形图。3 个 JDZJ-10 型互感器连成如图 3.22（d）所示 $Y_0/Y_0/\triangle$（开口三角形）的接线，可供小电流接地的电力系统作电压、电能测量及单相接地的绝缘监视之用。

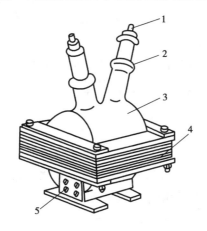

图 3.23　JDZJ－10 型电压互感器

1—一次接线端子；2—高压绝缘套管；3—一、二次绕组环氧树脂浇注；4—铁芯；5—二次接线端子

电压互感器型号的表示及含义如下：

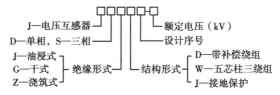

（4）电压互感器使用注意事项

①电压互感器在投入运行前要按照规程规定的项目进行试验检查。例如,测极性、连接组别、摇绝缘、核相序等。

②电压互感器的接线应保证其正确性。一次绕组和被测电路并联,二次绕组应和所接的测量仪表、继电保护装置或自动装置的电压线圈并联,同时要注意极性的正确性。

67

③接在电压互感器二次侧负荷的容量应合适。接在电压互感器二次侧的负荷不应超过其额定容量,否则,会使互感器的误差增大,难以达到测量的正确性。

④电压互感器二次侧不允许短路。电压互感器内阻抗很小,若二次回路短路时,会出现很大的电流,将损坏二次设备甚至危及人身安全。电压互感器可以在二次侧装设熔断器以保护其自身不因二次侧短路而损坏。在可能的情况下,一次侧也应装设熔断器以保护高压电网不因互感器高压绕组或引线故障危及一次系统的安全。

⑤为了确保人在接触测量仪表和继电器时的安全,电压互感器二次绕组必须有一点接地。接地后,当一次和二次绕组间的绝缘损坏时,可以防止仪表和继电器出现高电压危及人身安全。

(5)电压互感器的选择

电压互感器应按额定电压、安装环境、准确度等级及二次侧负荷来选择。

电压互感器的准确度也分 0.2、0.5、1、3、10 等几级。计量电费的电度表用的电压互感器,其准确度为 0.5 级,配电盘上的监测仪表则用 1~3 级的电压互感器。

由于电压互感器二次侧负荷的增大,会使电压误差增大,故对不同准确度皆有不同的二次侧额定负荷。如果各测量仪表及继电器的电压线圈总视在功率不超过电压互感器技术数据规定的功率,则可保证相应的准确度。

在计算单相或三相电压互感器中一相负荷时,应注意其接线方式,电压互感器的总负荷为

$$S = \sqrt{\left(\sum P_u \right)^2 + \left(\sum Q_u \right)^2} \tag{3.14}$$

其中
$$\sum P_u = \sum \left(S_u \cos\varphi_u \right)$$
$$\sum Q_u = \sum \left(S_u \sin\varphi_u \right)$$

由于电压互感器二次侧各相负荷是不平衡的,故在考虑准确度时,应以最大相负荷为依据。将此负荷与互感器的额定容量相比较,应满足

$$S_{N2} \geq S \tag{3.15}$$

式中 S_{N2}——在测量仪表要求的最高准确度级下,电压互感器的额定容量,kV。

由于电压互感器是与电路并联的,当系统发生短路时,互感器本身并不受短路电流的作用,因此不需校验动稳定与热稳定。

3.1.7 高压一次设备的选择

高压一次设备的选择,必须满足一次电路正常条件下和短路故障条件下工作的要求,同时,设备应工作安全可靠,运行维护方便,投资经济合理。

电气设备按在正常条件下工作进行选择,就是要考虑电气装置的环境条件和电气要求。环境条件是指设备的安装地点(户内或户外)、环境温度、海拔高度、相对湿度等,还应考虑防尘、防腐、防爆、防火等要求。电气要求是指电气装置对设备的电压、电流、频率(一般为 50 Hz)等的要求;对一些断流电器如开关、熔断器等,应考虑其断流能力。

【任务实施】

1. 实施地点

教室、专业实训室。

2. 实施所需器材

①多媒体设备。

②真空断路器 1 台,少油断路器 1 台。

③中压电流互感器 2 台,电压互感器 2~3 种,总台数 8 台。

④高压熔断器 2 种,总个数 6 个。

3. 实施内容与步骤

①学生分组。4 人左右一组,指定组长。工作时各组人员尽量固定。

②教师布置工作任务。学生阅读工作任务书,了解工作内容,明确工作目标,制订实施方案。

③教师通过图片、实物或多媒体分析演示让学生了解高压断路器、低压断路器的结构、原理、铭牌参数并举例,或指导学生自学。

④实际观察几种高低压电气设备的外形并完成记录。

【知识拓展】

高压开关柜

高压开关柜是按一定的线路方案将有关一、二次设备组装在一起而成,作为控制和保护发电机、变压器和高压线路之用,也可作为大型高压交流电动机的启动和保护之用,其中安装有高压开关设备、保护电器、监测仪表和母线、绝缘子等。

高压开关柜有固定式和手车式(移开式)两大类。在一般中小型企业中普遍采用较为经济的固定式高压开关柜。我国现在大量生产的固定式高压开关柜主要为 GG-1A(F)型。GG-1A(F)防误型高压开关柜系固定式具有防误装置的高压开关柜,适用于交流 50 Hz,额定电压 3~12 kV,额定电流最大至 3 000 A,额定开断电流最大至 1.5 kA 的单母线系统中作为接受或分配电能的户内成套配电高压设备。这种防误型开关柜装设了防止电气误操作和保障人身安全的闭锁装置,即所谓"五防":①防止误分误合断路器;②防止带负荷误分误合隔离开关;③防止带电误挂接地线;④防止带接地线误合隔离开关;⑤防止人员误入带电间隔。如图 3.24 所示为 GG-1A(F)-07S 型固定式高压开关柜的结构图。

手车式(又称移开式)高压开关柜的特点是,高压断路器等主要电气设备是装在可以拉出和推入开关柜的手车上的。高压断路器等设备出现故障需要检修时,可随时将其手车拉出,然后推入同类备用小车,即可恢复供电。采用手车式开关柜,较之采用固定式开关柜,具有检修安全、方便、供电可靠性高的优点,但其价格较贵。如图 3.25 所示为 GC-10(F)型高压开关柜的外形结构图。

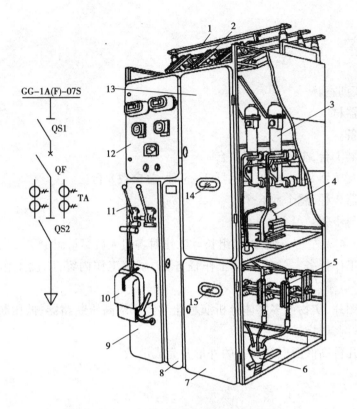

图 3.24　GG-1A(F)-07S 型高压开关柜

1—母线;2—母线侧隔离开关(QS1,GN8-10 型);3—少油断路器(QF,SN10-10 型);4—电流互感器(TA,LQJ-10 型);5—线路侧隔离开关(QS2,GN5-10 型);6—电缆头;7—下检修门;8—端子箱门;9—操作板;10—断路器的手力操作机构(CS2);11—隔离开关操作手柄(CS6);12—仪表继电器屏;13—上检修门;14、15—观察窗口

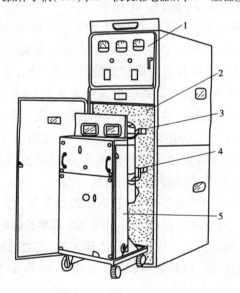

图 3.25　GC-10(F)型高压开关柜

1—仪表屏;2—手车室;3—上触头(兼起隔离开关作用);4—下触头(兼起隔离开关作用);5—SN10-10 型断路器手车

老系列的高压开关柜全型号的表示和含义如下：

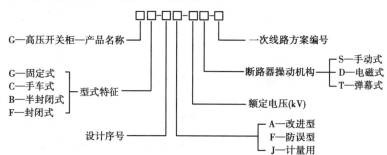

新系列的高压开关柜全型号的表示和含义如下：

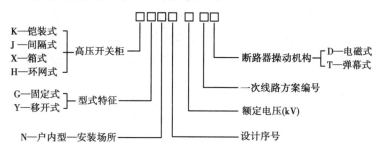

　　对高压开关柜的选择，应根据使用环境条件来确定是采用户内型还是户外型；根据供电可靠性来确定是采用固定式还是手车式。此外，还要考虑到经济合理。高压开关柜一次线路方案选择应满足变电所一次接线的要求，并经几个方案的技术经济比较后，优选除开关柜的型式及其一次线路方案编号，并同时确定其中一、二次设备的型号规格，主要设备应进行规定的选择校验。

【学习小结】

　　本任务主要学习了电弧的发生和熄灭电弧的要求；高压隔离开关、高压负荷开关、高压断路器设备的结构和使用维护的相关知识；电流互感器和电压互感器的结构及使用维护的注意事项。

【自我评估】

1. 产生电弧的根本原因是什么？有什么危害？常用的灭弧方法有什么？
2. 在 $6\sim10$ kV 网络中，隔离开关可用于哪些操作？
3. 试述高压断路器的功能？真空断路器、SF_6 断路器一般用于什么场合？
4. 真空断路器有哪些特点？
5. 什么是"限流"型熔断器？
6. 电流互感器有哪些接线方式？每种接线方式的主要应用场合有哪些？
7. 电压互感器有哪些接线方式？每种接线方式的主要应用场合有哪些？
8. 试述自动空气开关的选择原则。

9. 选择题

(1)一交流电路,最大工作电流为 240 A,为便于显示电流,以下电流互感器变比合适的有( )。

A. 150/5   B. 200/5   C. 250/5   D. 300/5

(2)电流互感器的二次负荷通常用( )值表示。

A. 有功功率   B. 无功功率   C. 视在功率   D. 二次回路阻抗

(3)电压互感器在额定方式下可长期运行,但在任何情况下不得超过( )运行。

A. 额定电流   B. 额定电压   C. 最小容量   D. 最大容量

(4)LW-35 型 SF_6 断路器适用于( )系统。

A. 10 kV   B. 110 kV   C. 6 kV   D. 35 kV

(5)高压开关柜是一种将( )组合为一体的电气装置。

A. 开关本体   B. 保护装置   C. 电缆终端头   D. 操作电源

任务 3.2   矿用高低压开关电气设备的操作、安装、使用、维护和检修

【任务简介】

任务名称:矿用高低压开关电气设备的操作、安装、使用、维护和检修

任务描述:通过本任务的学习要求牢固掌握矿用高低压开关电气设备的安装、使用、维护、操作和检修方法、步骤。掌握这些内容可以使得矿山供电技术工人快速有效分析并且处理故障。

任务分析:矿用高低压开关电气设备种类繁多,操作方法各异,了解和掌握各种矿用高低压电气设备的结构及内部电路的原理及检修方法,会查阅开关上所显示的参数和故障种类。在本任务中,要明确维护、检修的内容,学会办理工作票,严格按照职业岗位操作规范进行停电、验电、放电、检修、故障处理、送电等环节工作。

【任务要求】

知识要求:1. 熟悉常见矿用高低压馈电开关的种类和性能特点。

           2. 会根据负载要求和环境要求选择馈电开关。

能力要求:1. 能正确接线和操作馈电开关。

           2. 会调节矿用低压馈电开关保护动作值。

           3. 会查阅开关上所显示的参数和故障种类。

【知识准备】

3.2.1   矿用高压电器设备

矿用高压配电箱适用于有瓦斯或煤尘爆炸危险的煤矿井下中央变电所和采区变电所,作

为额定电压 6 kV 的三相交流中性点不直接接地的供电系统的配电开关或控制保护变压器及高压电动机。煤矿常用的有 PB$_3$-6GA 和 PB$_2$-6 型两种和新系列 PB$_L$-6、BGP$_2$-6、BGP$_3$-6、BGP$_{9L}$-6 和 BGP$_{30}$-6 等型号。

1）PB$_3$-6GA 和 PB$_2$-6 型高压隔爆配电箱

这两种高压隔爆配电箱都采用油断路器操作,其中,PB$_3$-6GA 型采用多油断路器,PB$_2$-6 型采用少油断路器。为了保证操作和检修安全,在油断路器和隔离开关、隔离开关和盖板之间均设有机械闭锁装置。PB$_3$-6GA 型有专门的互感器室,而 PB$_2$-6 型是把油断路器和互感器置于同一油箱中,提高了绝缘与防潮性能。

PB$_3$-6GA 和 PB$_2$-6 型高压隔爆配电箱由于采用油断路器,其容量在 50 MV·A 以下,且存在火灾和爆炸的危险。另外,油断路器每开断额定开断短路电流 1~2 次后,便需检修,费用高,又没有漏电保护装置,已经被淘汰。

2）PBL-6 型高压隔爆配电箱

这种开关柜采用的是六氟化硫断路器,以 SF$_6$ 为绝缘介质和灭弧介质,其绝缘和灭弧性能好,断弧能力强,操作过程不产生截流过电压。它的断路器和操作机构装在悬挂式的小车上,抽出方便。断路器采用手动储能弹簧式操作机构,使断路器的切断速度和切断容量不受限制。这种开关柜上设有隔爆门与隔离开关、隔离开关与断路器、断路器与合闸储能手柄之间的闭锁装置,具有反时限过电流保护、欠压与失压保护、漏电监视保护功能,并能显示故障状态。

3）BGP-6 系列隔爆高压真空断路器

BGP-6 系列真空开关柜采用真空断路器,断流容量在 100 MV·A 以上,应用综合电子继电保护装置和压敏电阻器,可实现漏电、过载、短路、绝缘监视、失压(欠压)和操作过电压等综合保护功能。其电气元件安装在可移动的小车上,便于检修维护。属于 BGP-6 系列的隔爆高压配电箱有多种型号,原理上基本相同,结构上略有区别,现以 BGP$_{30}$-6 型为例作介绍。

（1）组成结构

如图 3.26 所示为 BGP$_{30}$-6 型配电装置的外形图。箱体由钢板焊接而成,外壳有足够的强度,上部有吊装钩,下面有牵引钩,底脚可装滑橇,也可装滚轮,以便井下运输。箱体正面为快开门。门上有合闸、分闸、过流、漏电、监视、复位 6 个按钮,还有故障显示窗及指示计量仪表的显示窗。箱门背后装有仪表控制盘,上有计量用的电流表、电压表、电度表、二次接线端子、航空插座等。箱内有隔离小车,上面装有真空断路器、微电脑程序控制高压开关综合保护器(简称"电脑综保")、电流互感器、电压互感器、保护电压互感器的高压熔断器,维修时可方便地拉出箱门。

箱体右侧装有隔离小车和断路器的操作手柄,并装有联锁机构和紧急分闸按钮。箱体两侧可根据用户需要,安装联合用的接线通道,箱体背部装有进出线馈电接线腔和供控制信号连线的小喇叭口。所有法兰与盖板的结合面均为隔爆面,用螺栓紧固后接接线箱、供进线和馈线用。其中,穿墙接线套管由 PMC 绝缘材料与黄铜棒压铸而成,具有一定的机械强度和优良的绝缘性能。通过它将三相电力电缆与箱内主电路联通,向负载供电。

三相电压互感器选用 JSZW2-6 型三相五柱式电压互感器,其一次侧额定电压为 6 000/$\sqrt{3}$ V,基本二次电压为 100/$\sqrt{3}$ V,电压互感器一次侧分别用 3 只高压熔断器进行保护;在二次侧,同样用低压熔断器进行限流保护。

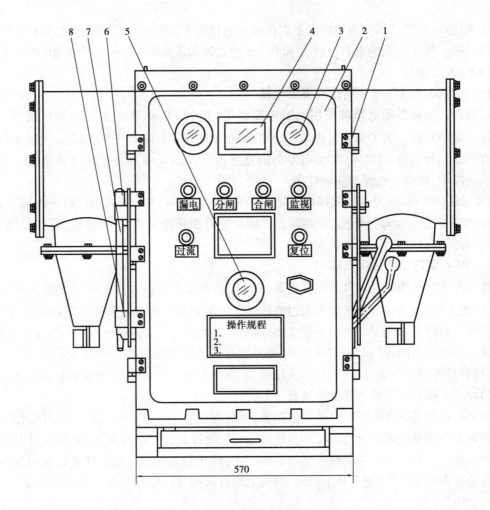

图 3.26　BCP30-6 型高压隔爆配电箱

1—门沟;2—箱门;3—仪表观察窗;4—指示灯观察窗;5—电度表观察窗;6—铰链;7—铰链销;8—铰链座

短路、过流信号取自电流互感器。电流互感器为 LM-6 型,其额定电压为 6 kV,一次绕组电流有 50 A、100 A、150 A、200 A、315 A 和 400 A 六种规格。二次绕组分为两组:A 组为信号绕组,额定电流 5 A,容量 3.75 VA;B 组为电源绕组,供综保作继电保护用。当电网短路造成压降,电压互感器二次电压也随着降低,若降低到小于额定操作电压的 65% 以下,电压型分闸电磁铁就不能正常工作,这时电流互感器中的二次电流很大,通过电流电压转换器将该电流转化为电压,经整流稳压为 24 V 直流,使直流电磁铁完成分闸动作。

压敏电阻为 MYG-6B 型高压氧化锌压敏电阻,安装在真空断路器和电流互感器之间,接成星形,中性点接地,以吸收操作过电压,进行过压保护。

为了确保本装置的安全运行,防止误操作而导致设备和人身事故,在断路器、隔离小车和箱门之间设有安全联锁机构,使之能达到:

①断路器在合闸状态时,隔离小车不能分闸操作。

②隔离小车在分闸位置时,断路器不能合闸操作。

③箱门打开时,隔离小车不能进行合闸操作。

④隔离小车在合闸状态时,箱门不能打开。

断路器正确合闸程序为:先关箱门,再合隔离小车,最后合断路器。箱门打开的正确程序为:先分断路器,再分隔离小车,最后打开箱门。

真空断路器为框架式结构,呈立体布置。选用弹簧储能形式,既能手动"分""合"闸,又能电动"分""合"闸。断路器主要由真空灭弧室、绝缘支架、操作机构及箱体组成。

真空灭弧室装在绝缘支架上,在断路器后上方。操动机构在断路器的前下方箱体内。操动机构主轴上的拐臂通过绝缘子驱动真空灭弧室的动导杆进行"分""合"闸操作。合闸时,通过电动或手动拉长储能弹簧,使主轴回转运动,从而使固定在主轴上的拐臂推动动导杆做合闸运动,使触头闭合。分闸时,通过分闸电磁铁使操作机构自由脱扣,也可用手动使机构脱扣,使分闸弹簧拉动主轴,由主轴上的拐臂带动导电杆,令真空灭弧室内的触头迅速分离。

该断路器设有两块分闸电磁铁,一块是交流 100 V 的 YA2,由电压源驱动,供正常状态下分闸,另一块是直流 24 V 的 YA1,由电流源驱动。当网路发生短路时,电压源不足以驱动 100 V 的电磁铁进行分闸,这时电流互感器二次输出较大的电流,通过电流电压转换器,把较大的电流转化为电压,通过整流稳压成 24 V 直流电压,再来驱动直流电磁铁分闸,确保了分闸机构的可靠性。断路器上还有辅助触头、计数器等附属装置和通断指示牌。

(2)电气原理

如图 3.27 所示为 BGP3-6 型配电装置的电气原理图。6 kV 三相电源由电缆引入隔爆接线腔,经上隔离插销 SQ_1、真空断路器 QF、电流互感器 TA_1 和 TA_2、下隔离插销 SQ_2、零序电流互感器 TA_0 输送给下一级负载。真空断路器受控于电脑综保。电脑综保具有漏电、绝缘监视、过流、短路、过压、欠压等保护功能。当电网出现上述故障时,真空断路器就会自动分闸,切断电源,对供电系统和负载进行保护,并通过电脑综保显示故障的性质。电脑综保通过电压互感器辅助二次绕组(接线开口三角形)获取零序电压和通过零序电流互感器获取零序电流信号,进行模/数转换和数据处理来实现零序电流方向型的保护。

真空断路器既能电动合闸和电动分闸,又能手动合闸和手动分闸。电动合闸时,按下"合闸"按钮,电压互感器二次侧(A 相)—"合闸"按钮—储能电机 M—断路器辅助常闭触点⑦~⑧—电压互感器二次(C 相),使储能电机转动,机构进行合闸操作,合闸结束时,断路器辅助常闭触点⑦~⑧断开,合闸电机失电停转。

电动分闸:在正常状态下,按下"分闸"按钮,接通交流脱扣器线圈 YA_2 的供电回路,使真空断路器断电。

该配电箱采用电脑程控高压综合保护器,具有对电网电压、负载电流的显示功能;具有自检功能和判断故障性质的功能,并以代码显示;具有掉电后长期记忆功能。

(3)电脑综保的功能

①电脑综保直接对互感器二次电路进行检测采样,通过数据处理,直接显示电网电压及负载电流。

②对短路引起的过电流进行定时限速断保护。

③对变压器、电动机或其他负载,在其出现过载时进行定时限及反时限保护。

④对双屏蔽电缆进行绝缘监视,实现超前保护。

⑤用零序电流方向型的方法,对电网进行有选择的漏电保护。

⑥对电网电压低于额定电压 65% 时,进行欠压保护。

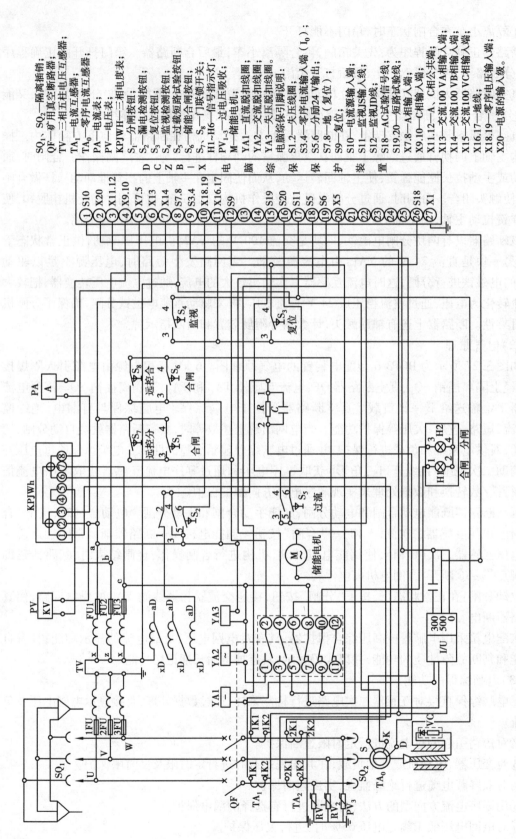

图3.27 BGP30-6型矿用隔爆高压真空配电装置原理图

SQ₁、SQ₂—隔离插销；
QF—矿用真空断路器；
TV—三相五柱电压互感器；
TA₁—电流互感器；
TA₀—零序电流互感器；
PA—电流表；
PV—电压表；
KPJWH三相电度表；
S₁—分闸按钮；
S₂—漏电检测按钮；
S₃—复位按钮；
S₄—监视检测按钮组；
S₅—过载短路试验按钮；
S₆—储能合闸按钮；
S₇、S₈—门联锁开关；
H₁—H₆—信号指示灯；
PV₁₋₃—过电压指示灯；
M—储能电机；
YA1—直流脱扣线圈；
YA2—交流脱扣线圈；
YA3—失压脱扣线圈；
电脑综保引脚说明：
S1.2—失压线圈；
S3.4—零序JS输入端；
S5.6—分励24 V输出（复位）；
S7.8—地（复位）；
S9—复位；
S10—电源输入端；
S11—监视JS输入端；
S12—监视JD线；
S18—AC试验信号线；
S19.20—短路试验线；
X7.8—A相输入端；
X9.10—C相公共端；
X11.12—A、C相输入端；
X13—交流100 VA相输入端；
X14—交流100 VB相输入端；
X15—交流100 VC相输入端；
X16.17—地线；
X18.19—零序电压输入端；
X20—电源的输入线。

（4）电脑综保的基本工作原理和基本工作流程

如图3.28和图3.29所示,电脑综保加电启动时首先进行自检,若出现故障则在显示窗中显示故障代码,见表3.4。如果电脑综保自身无故障,则显示全"8"及上次拉闸原因,同时进入正常检测状态。在配电装置运行过程中,随时对进线电压值和负载电流值进行显示;若出现短路、过流,漏电等故障,保护器会自动发出拉闸命令使断路器断电,同时显示本次拉闸原因。保护器动作原因代码表见表3.5。

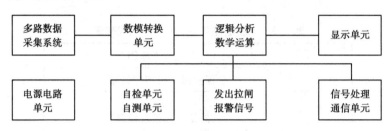

图3.28　电脑综保基本工作原理

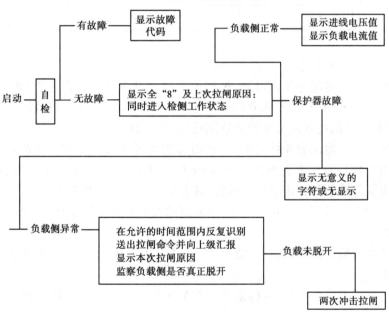

图3.29　电脑综保基本工作流程图

表3.4　电脑综保动作原因代码表

显示	跳闸故障原因
dL1	短路
dL2	漏电
JS3	监视（回路电阻超限）
JS4	监视（绝缘电阻超限）
gA5	过电流（负载电流超限）

续表

显示	跳闸故障原因
gU6	高压电(电源电压超限)
dU7	低电压(电源电压超限)
pH8	平衡(指缺相)

表 3.5　电脑综保自检测故障原因代码表

显示	自检故障原因
C	保护器主机芯片故障
P1 ⋮ P8	波段开关接触故障 (数字代表波段开关编号)
混乱	保护器故障

(5)电脑综保的参数整定

①短路保护　整定电流分 8 挡可调,标称值分别为开关额定工作电流(电流互感器的一次电流)的倍数,有 1.6 倍、2.0 倍、3.0 倍、4.0 倍、5.0 倍、6.0 倍、8.0 倍、10.0 倍。短路保护动作时间:从短路信号出现到发出保护信号,小于 0.1 s,精度为 ±8%。

②过载保护　整定电流分 8 挡可调,标称值分别为开关额定工作电流的倍数(即电流互感器一次电流的倍数),有 0.2 倍、0.3 倍、0.4 倍、0.6 倍、0.8 倍、1.0 倍、1.2 倍、1.4 倍。负载电流超过额定电流标称值的整定倍数时报警,并开始反时限和定时限延时,精度达 ±8%。过载保护的动作时间由波段开关分 8 挡选择,过流值的大小和时间呈反时限特性。

③漏电保护

a. 零序电流整定值分挡可调,标称值为 0.5 A、1.0 A、2.0 A、3.0 A、4.0 A、5.0 A、6.0 A 七挡,精度为 ±8%。

b. 零序电压整定值分挡可调,标称值为 3.0 V、5.0 V、10.0 V、15.0 V、20.0 V、25.0 V 六挡,精度为 ±8%。

c. 漏电延时动作时间分挡可调,标称值为 0.1 s、0.2 s、0.3 s、0.5 s、0.7 s、1.0 s、1.5 s、2.0 s 八挡。

④绝缘监视　当双屏蔽电缆的屏蔽芯线与屏蔽地线之间的绝缘电阻 R_d 降低到 $R_d < 3\ \text{k}\Omega$ 时,综保应可靠动作;当 $R_d > 5\ \text{k}\Omega$ 时,综保不允许动作。当双屏蔽电缆的屏蔽芯线与屏蔽地线之间的回路电阻 R_k 增大到 $R_k > 1.5\ \text{k}\Omega$ 时,综保应可靠动作;当 $R_k < 0.8\ \text{k}\Omega$ 时,综保不允许动作。监视保护动作时间小于 0.1 s。

⑤欠压保护　对电网电压进行监视,不足额定电压的 65% 时,综保动作。

(6)电脑综保面板

电脑综保面板示意图如图 3.30 所示。

图 3.30　电脑综保面板示意图

启动按钮指整机复位。当各项整定值预置好后,必须按动此键,整机才能按照新整定值开始运行程序。

试验按钮具有 3 种试验功能。

①监视试验　正常工作运行情况下,按下监视按钮,发出保护信号,故障灯亮,同时显示出故障原因 JS3。试验完毕请按启动按钮。

②漏电试验　本机自带漏电试验是电流型漏电试验,对应零序电流及漏电延时各挡,在正常工作运行时,按下此按钮,发出保护信号,故障指示灯亮,同时显示出故障原因 Ld2。试验完毕按启动按钮。

③短路试验　对应短路电流整定倍数各挡,在正常工作运行时,按下短路按钮,发出保护信号,故障灯亮,并显示出故障原因 dL1。试验完毕按启动按钮。

3.2.2　馈电开关

矿用隔爆型低压自动馈电开关广泛地应用于井下中央变电所和采区变电所,作为配电开关控制和保护低压供电网络。目前应用较多的有 DW80-200(350)、DW80-60(120)、DWKB30系列等空气自动馈电开关及与移动变电站配套使用的 DKZB-400/1140 型真空馈电开关。

(1)DW80 系列隔爆型自动馈电开关

①DW80-200(350)型隔爆自动馈电开关

它的内部结构由 3 部分组成:

a. 手动三相接触器 KM。它装在绝缘板的上部。动触头由灭弧触头(用炭精制成)、辅助触头(用铜片叠制而成)和主触头 3 部分组成。合闸时,灭弧触头先闭合,然后是辅助触头,最后主触头闭合。断开时,其动作顺序与合闸相反。这样,可使电弧只产生在灭弧触头与静触头之间,防止烧坏主触头。在三相触头上装有灭弧罩,加强灭弧。

b. 瞬动过流继电器 YA_{1-2}。它装在接触器动触头的下面,当被保护线路发生短路和过流时,继电器的衔铁瞬时动作并作用于脱扣机构,开关自动跳闸。其衔铁被弹簧拉紧,拉力可以调节,从而改变过流继电器的动作电流值。

c. 脱扣线圈 YA_3。它的一端接在三相接触器负荷端的 L_2 相上,另一端引至电缆出线盒的规定接线端子上,与检漏继电器配合使用,起漏电保护作用。其电气接线图如图 3.31所示。

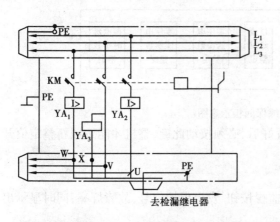

图 3.31 DW80-200(350)型馈电开关接线图

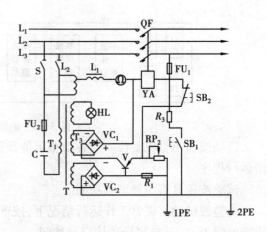

图 3.32 DW80-60(120)型馈电开关接线图

②DW80-60(120)型隔爆自动馈电开关

它的构造与 DW80-200(350)开关相似,所不同的是本身带有失压脱扣线圈和检漏保护装置,当线路断电或发生漏电时能自动跳闸。其电气原理图如图 3.32 所示。图中 YA 为失压脱扣线圈,只有当它有电吸合时,开关才能合上。在合闸前,先把辅助开关 S 合上,这时辅助直流电源 VC₂ 经辅助接地极 2PE、主接地极 1PE 及电阻 R₁ 构成回路。在 R₁ 上产生的电压降加到晶体管 V 的发射极上,足以使其导通。当 S 合上时,漏电保护装置得到电源,开始对线路绝缘进行检测。绝缘检测回路的电源是由变压器的二次绕组 T₃ 经桥式整流器 VC₁ 供电。如果线路绝缘良好,则只有很小的电流通过欧姆表。直流电源 VC₁ 产生的一部分电流经失压脱扣线圈 YA、跳闸按钮 SB₂、晶体管 V 的发射极与集电极构成回路,线圈 YA 通电吸合,此时扳动手动操作机构,自动开关就能合闸。直流电源 VC₁ 所产生的另一部分电流经欧姆表、L₁、L₂、S、三相线路的对地漏电电阻、主接地极 1PE、电位器 RP₂ 及晶体管 V 构成回路。欧姆表读数指示三相线路对地的绝缘水平。这部分漏电流在 RP₂ 上产生电压降,使晶体管趋于截止。当漏电流达到一定值时,V 截止,线圈 YA 失电,开关跳闸,达到了漏电保护的目的。调节 RP₂ 的大小可以调节漏电保护装置动作时对应的线路对地绝缘电阻值。RP₂ 可在一定范围内进行整定。

漏电装置的接地线还有监视作用。如果 1PE 和 2PE 的接地电阻值大于 100 Ω,R₁ 上的电压降不足以使晶体管 V 导通,线圈 YA 失电,开关就无法合闸。

(2)DKZB 型隔爆真空自动馈电开关

DKZB 型隔爆真空自动馈电开关适用于 1 140 V 供电系统,对综采工作面尤为合适。电气原理图如 3.33 所示。它的主电路由电源线、真空断路器主触头 QF 和负荷线组成。保护电路由电源系统、信号转换与整定系统、反时限过载保护系统、过流速断保护系统、漏气及失压保护系统、漏电保护回路、过电压吸收系统和过载保护试验系统等组成。保护电路方框图如图3.34所示。

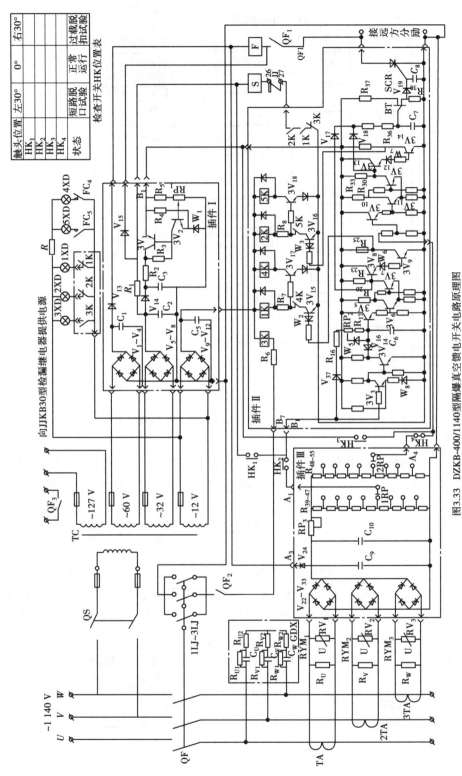

检查开关HK位置表

触头位置	左30°	0°	右30°
HK₁			
HK₂			
HK₃			
HK₄			
状态	短路脱扣试验	正常运行	过载脱扣试验

图3.33　DZKB-400/1140型隔爆真空馈电开关电路原理图

QF—真空开关主触头；QF（1～3）—真空开关辅助触头；F—分励脱扣线圈；S—失压脱扣线圈；HK—检查转换开关；QS—控制电源变压器开关；TC—控制电源变压器；LJ—漏气监视拉力继电器；2V—二极管；3V—三极管；R—电阻；RP—电位器；RV—电阻；BT—单结晶体管；SCR—可控硅；RP—分野调解器；XD—信号灯；GDX—阻容吸收器（吸收操作过电压）；TA—电流互感器

81

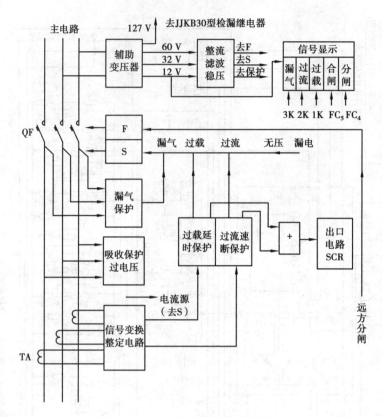

图 3.34　DKZB-400/1140 型真空馈电开关保护电路方框图

①电源系统

电源系统由控制电路电源用变压器 TC 和插件 1 组成。TC 有 4 个副绕组,分别输出 127 V、60 V、32 V、12 V 电压。其中,127 V 为外接 JJKB30 检漏继电器电源电压,60 V 经整流滤波后供分励脱扣线圈 F 用电;32 V 经整流滤波后供失压脱扣线圈 S 用电,经稳压后供过载、过流保护线路用电;12 V 为信号灯电源电压,同时经整流滤波后供中间继电器电路用电。

②信号转换与整定系统

信号转换与整定系统由 1TA～3TA 和 3 个插件Ⅲ组成。电流互感器输出的电流信号在电阻 R_U、R_V、R_W 转换为相应的电压信号,与 R_U、R_V、R_W 并联的压敏电阻 RV_1、RV_2、RV_3 用来抑制电路中突然出现的尖峰信号。转换了的电压信号经 $V_{22～33}$ 三组桥式整流电路变成直流电压信号,由于三组桥式整流电路直流侧并联并经 $C_{9～10}$ 滤波后变为一个直流电压信号。$R_{39～47}$ 构成整定组件 1RP 并从 A_1 端子向过载保护电路输出信号,过载保护动作值的整定是通过调整整定组件 1RP 进行的。$R_{48～55}$ 构成整定组件 2RP 并从 A_4 端子向过流保护电路输出信号,过流保护动作值的整定是通过调整 2RP 进行的。当被保护电路发生短路时,网路电压急剧下降,此时由 A_3 端子接到分闸线圈 F 的电流源发生作用,于是靠短路电流提供的能量使分闸线圈 F 动作,使断路器分闸。

③反时限过载保护系统

$3V_3$、$3V_4$ 组成鉴幅开关电路,V_{37}、R_{15}、RP_2、R_{17}、W_5 和 C_6 组成延时电路。正常时,$3V_4$ 导通,C_6 放电。当过载达到门槛电压(约 6 V)时,$3V_3$ 导通,$3V_4$ 截止,C_6 开始充电,当充电电压

大于过载动作触发器的门槛电压(约 6.2 V)时,过载动作触发器翻转。

过载动作触发器由 $3V_5(3V_{10})$ 和 $3V_6(3V_{11})$、$3V_7(3v_{12})$ 构成的射极耦合触发器组成。正常时,$3V_6(3V_{11})$ 截止,$3V_7(3V_{12})$ 饱和导通。当过载 C_6 电压充到动作触发器门槛电压值时,$3V_5$ 导通,$3V_6(3V_{11})$ 导通,$3V_7(3V_{12})$ 截止,其集电极的高电位推动闭锁及故障显示电路和晶体开关电路工作。

闭锁及故障显示电路由继电器 1K(2K) 和 $3V_8(3V_{13})$、$3V_9(3V_{14})$ 等组成。正常时,$3V_8(3V_{13})$、$3V_9(3V_{14})$ 截止,$3V_9(3V_{14})$ 集电极的高电位使 $W_2(W_3)$ 击穿,则 $3V_{15}(3V_{16})$ 导通,1K(2K) 有电动作,失压线圈 S 有电吸合(需借助储能操作手把带动压板),同时故障显示灯 XD 灭。当 $3V_7(3V_{12})$ 截止时,其集电极高电位使 $3V_8(3V_{13})$ 和 $3V_9(3V_{14})$ 导通,集电极出现的低电位使 $W_2(W_3)$ 恢复阻断状态,则 $3V_{15}(3V_{16})$ 截止,1K(2K) 无电释放,S 线圈失电,开关跳闸;与此同时,故障显示灯 KD 亮,表明故障性质,$3V_{17}(3V_{18})$ 导通,4K(5K) 有电动作,其常闭触点使 $3V_{15}(3V_{16})$ 电路断开,进行闭锁。只有断开控制变压器的开关 QS 进行故障处理后,再次合 QS 才能使馈电开关合闸。

馈电开关跳闸后,其常闭辅助触点 QF_1 闭合,线圈 F 在可控硅 SCR 导通时也有电动作。晶体管开关电路由可控硅 SCR 和单结晶体管 BT 弛张振荡器组成。当 $3V_7(3V_{12})$ 集电极出现高电位时,通过 $V_{17}(V_{18})$、R33、R37,向 C_7 充电,待 C_7 电压达到 BT 峰点电压时,SCR 导通,线圈 F 有电动作,其回路有二:

$$V_{1\sim4}^{(+)} \rightarrow V_{13} \rightarrow F \rightarrow QF_1 \rightarrow SCR \rightarrow V_{1\sim4}^{(-)}$$

$$V_{5\sim8}^{(+)} \rightarrow R_1 \rightarrow \begin{cases} V_{15} \rightarrow QF_1 \rightarrow SCR \\ \\ S \rightarrow 26 \rightarrow 27 \rightarrow 2K \rightarrow 1K \rightarrow 3K \end{cases} \rightarrow V_{5\sim8}$$

可见,可控硅 SCR 导通时,失压线圈 S 被短接。S 与 F 同时动作及 F 线圈的双重供电,都是为了提高保护动作的可靠性。

④过流速断保护系统

此系统在图 3.33 中的插件Ⅱ上,由 $3V_{10\sim12}$ 等元件组成。当被保护电路工作正常时,从插件Ⅱ的 A_4 端子送来的信号电压幅值很小,$3V_{10}$、$3V_{11}$ 截止,$3V_{12}$ 导通,其集电极电位很低。当电路发生短路故障时,由插件Ⅲ中 2RP 上取得的信号电压幅值很大,使 $3V_{11}$、$3V_{12}$ 组成的触发器翻转,$3V_{11}$ 导通,$3V_{12}$ 截止。$3V_{12}$ 的集电极电位突然升高,通过或门二极管 V_{18} 加到出口电路的单结晶体管 BT 的基极上,于是产生触发脉冲,使 SCR 导通,分闸线圈 F 通电,断路器跳闸。$3V_{12}$ 截止后,$3V_{13}$、$3V_{14}$ 相继导通,$3V_{16}$ 由导通变截止,$3V_{18}$ 由截止变导通,2K 断电释放,5K 通电吸合。中间继电器 2K 串接在信号灯回路中的常闭接点 2K 闭合,指示灯 2XD 发光,指示已短路跳闸。中间继电器 5K 串接在 $3V_{16}$ 集电极电路中的常闭接点 5K 断开,使 $3V_{18}$ 保持导通状态,产生记忆作用。

⑤漏气及失压保护系统

为监视真空开关灭弧室的真空度,在每相真空触头下部装有拉力继电器 1LJ ~ 3LJ。当真空断路器处于分闸状态时,常闭辅助触头 QF_2 闭合。如果三相真空灭弧室没有漏气现象,拉力继电器 1LJ ~ 3LJ 的接点均处于断开状态,中间继电器 3K 没有电流,释放。如果有一只真空触头的灭弧室漏气,则拉力继电器的接点就会闭合,3K 有电吸合,指示灯 3XD 得电发光,指示漏气。同时,串接在失压线圈 S 电路中的常闭接点 3K 断开,S 断电,断路器无法合闸。如果断路器先已合闸,辅助常闭接点 QF_2 已断开,则拉力继电器不起漏气监视作用。

⑥漏电保护回路

该开关作为配电线路总开关使用时,需与 JJKB30 型检漏继电器配合使用。网路绝缘状态正常时,检漏继电器的触点 K_{2-2} 和 K_{4-2} 闭合(即 S 回路中 26~27 中串接的 JJ 触点),线圈 S 有电吸合。当网路漏电时,K_{2-2} 和 K_{4-2} 断开,线圈 S 失电释放,馈电开关闭锁或跳闸。

⑦过电压吸收系统

为了预防真空触头在分断时所产生的截流过电压对供电设备造成危害,在主电路中接入过电压吸收装置 GDX,利用电容 C_u、C_v 和 C_w 吸收电路中瞬时产生的尖峰电压,电阻 R_{u2}、R_{v2}、R_{w2} 可限制电容器的充电电流。R_{u1}、R_{v1}、R_{w1} 起分压和放电作用。

⑧过载保护试验系统

为检查保护回路在过载和短路时能否动作,利用检查开关 HK(见图 3.33 右上方 HK 触头分合表)将模拟的过载和短路试验电压引入电路,从直流插件 I 的 B_1 端子输出的直流电压与过载保护电路的输入端接通,模拟电路发生过载。如果断路器跳闸,说明过载保护装置可靠,否则,应予以维修。

3.2.3 矿用隔爆型磁力启动器

隔爆型磁力启动器是将隔离开关、接触器、熔断器、过热过流继电器、按钮等元件都装在隔爆外壳内,用来保护和控制电动机。矿用隔爆磁力启动器的型号较多,但结构和使用方法基本相同。

1)QC83 系列型磁力启动器

QC83 系列启动器有 QC-33、QC-80、QC-120、QC-225 和 QC83-80N 五种型号,是按开关的额定电流分类的。它们均使用空气交流接触器控制,能够实现就地控制、远方控制和顺序控制 3 种操作方式,利用热继电器作为电动机过载和短路的保护元件。

根据《煤矿安全规程》的规定,井下低压电动机应具备短路、过负荷、单相断线保护。但 QC83 系列磁力启动器只设有熔断器或过流过热继电器,保护功能不能满足要求且可靠性差,加上使用空气接触器,分断能力小,触头易烧毁和熔焊,故 QC83 系列启动器已处于淘汰状态。为了发挥原有设备的能力,对 QC83-120(225)系列启动器进行改造,用真空接触器替换空气接触器,用 JBD-120(225)型电动机综合保护器代替过流过热继电器,改装为 QC83-120(225)Z 型磁力启动器,它既能满足原开关的使用条件,又能进行频繁操作,且具有容量大、分断能力强、电寿命长、保护齐全和安全可靠等优点。

2)DQZBH-300/1140 型真空磁力启动器

(1)用途和结构

这是千伏级矿用隔爆型磁力启动器中的一种,额定电流为 300 A,适用于有瓦斯、煤尘爆炸危险的煤矿井下,用以控制和保护大容量的采掘运输机械设备。改换内部控制变压器及信号变压器原边的接线,并拨动漏电闭锁组件的电压转换开关至 660 V 位置后,也可用于 660 V

电网,控制、保护额定电流在相同范围内的鼠笼电动机。

启动器具有失压保护、短路保护、过载保护、漏电闭锁保护、断相保护、过电压保护、接触器真空触头的漏气闭锁保护、防止控制回路发生短路时的自启动保护,并有过流、过载、断相、漏电、漏气和电源、运行指示;电子保护插件中的所有继电器的动作,也都有发光二极管发光指示。此外,启动器具有试验开关,可以很方便地检查控制线路和保护线路。

如图 3.35 所示是这种磁力启动器的外形图,整个启动器由座在撬形底架上的方形隔爆外壳、固定式千伏级元件、折页式控制线路元件组装及前门等部分组成。其中,隔爆外壳又分成接线空腔和主腔两个独立的隔爆部分。启动器的前门为平面止口式,门上装有启动按钮、复位按钮和各种信号指示的发光二极管。开门时,需先按下机壳右侧的停止按钮,转动隔离换向开关至停止位置,然后提出左侧固定于铰链上的操作手把,将前门向上抬起约大于 30 mm 后(不要过于抬高),前门即可打开。关门时,用手提铰链上的操作手把,转动前门即可关闭。转动前门时,注意操作手把抬起的高度,避免操作手把上部的凸轮与铰链顶撞。

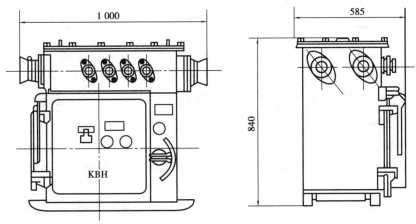

图 3.35　DQZBH-300/1140 型真空磁力启动器外形图

打开前门后,在壳内右侧装有 HGZ-300/1140A 型真空换向隔离开关,可在启动器正面操作。具有正—停止—反 3 个位置,能在电动机停止时隔离电源和换向,并允许在接触器处于事故状态时用以分断负荷电流。此外,壳内右侧还装有电流互感器组、停止按钮和阻容吸收装置。停止按钮与换向隔离开关之间有机械闭锁装置,只有在按下停止按钮后,换向隔离开关才能转到停止位置;只有换向隔离开关处于"停止"挡时,才能打开前门。

启动器的主要控制元件是 CJZ-300/1140A 型真空交流接触器,用于闭合和分断电动机的负荷电流,并可分断电动机的短路电流。真空接触器(QV)以及启动器中的控制变压器(TC$_1$)、信号变压器(TC$_3$)和千伏级熔断器(1FUH-4FUH)都装在壳内固定式的芯板上。在壳内折页式的芯板上装有控制和保护电路中的所有电气元件,它们是本质安全型变压器(TC$_2$)、继电器组(1K~5K)、熔断器和整流桥(1FU、2FU、VD$_1$~VD$_4$),以及电源和延时组件(DSZ)、信号整定组件(XZZ)、保护组件(BHZ)、漏电闭锁组件(LDZ)、先导回路组件(XDZ)、中间继电器 2KM、3KM、CA 型接插件(JC$_5$、JC$_6$)等,如图 3.36 所示。打开前门后,逆时针方向旋松折页式芯板右侧的锁紧螺栓,将挂钩与芯板脱开,折页式芯板将以折页轴为圆心转动,使整个芯子伸出壳外,以便维修。

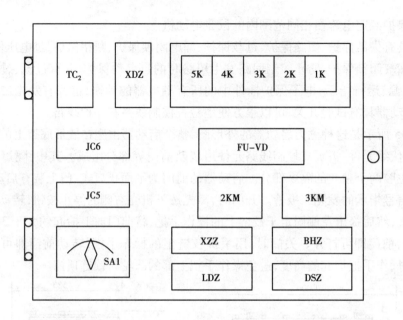

图 3.36　DQZBH-300/1140 型真空磁力折页芯板正面布置图

主电路和控制电路的全部接线端子都装在隔爆接线空腔中。启动器控制线路使用的导线,千伏级为红色,本质安全回路为蓝色,接地为黑色,其他为白色或别的颜色。千伏级每根导线均套有耐热塑料软管,所有导线两端均套有标着线号的导线套管。

(2)工作原理

DQZBH-300/1140 型真空磁力启动器的电气原理图如图 3.37 所示。其控制回路为本质安全型电路。

①启动前的准备工作　将换向隔离开关 QSV 置于正向或反向位置,控制变压器 TC₁ 有电,电源及延时组件 DSZ 输出 24 V 及 15 V 直流电压。其中,24 V 电压供继电器组 1K ~ 5K,15V 电压供保护系统,使保护组件 BHZ、漏电闭锁组件 LDZ 以及电源及延时组件 DSZ 中的各时间继电器都进入正常工作状态。此时,过载继电器 KVL 和断相继电器 KTP 有电吸合,时间继电器 1 KT 延时 0.2 s 后吸合,继电器 1 K 和中间继电器 3 KM 相继通电吸合。由于 3 KM₃ 和 3 KM₄ 常开触点闭合,因此电动机主回路负荷端的漏电闭锁检测回路接通,对主回路的对地绝缘电阻进行监测。如果绝缘电阻在 1 140 V 时大于 40 kΩ,在 660 V 时大于 22 kΩ,则漏电闭锁继电器 KEL 通电吸合,闭合其常开触点 KEL₁,接通本质安全型变压器 TC2,为中间继电器 1KM 提供电源。此外,在真空接触器灭弧室不漏气的情况下,拉力继电器 1 KPE ~ 3 KPE 的触点打开,漏气继电器 KAL 释放。此时,信号指示板上只有电源指示的发光二极管 VD₁₂亮,表示可以启动。

②启动过程　该启动器有远控、近控和程控 3 种控制方式。

a.远控。将控制方式转换开关 ST₁ 置于"远控"位置,按下 LA 中的启动按钮 SBₛₜ,中间继电器 1KM 将通电吸合,电流通路为:TC₂ 的 14 号端子→3KM₁ 接点→1KM 线圈→ST₁→远控电缆线→启动按钮 SBₛₜ→停止按钮 SBₛₜₚ→远方二极管 VD₅→远控电缆线→TC₂ 的 15 号端子。由于 VD₅ 的整流作用,1KM 线圈中的电流为直流电。1KM 动作后,其常开接点 1KM₁ 闭合,保证自身线圈的导电通路。另一对常开接点 $1KM_2$ 闭合,使继电器 5K 通电动作,5K 的常开接点 $5K_1$ 闭合,常闭接点 $5K_2$ 断开,使继电器 1K 断电释放。1K 断电后,其常闭接点 $1K_2$ 闭合,常开接点 $1K_1$ 打开,$1K_1$ 断开使中间继电器 3KM 断电释放,$3KM_1$、$3KM_3$、$3KM_4$ 三个常开接点断开,常闭接点 $3KM_2$ 闭合。此时中间继电器 2KM 的电路被接通。于是常闭接点 $2KM_3$、$2KM_4$ 断开,此时负荷线路与漏电闭锁检测电路相串接的 4 个接点全部断开。$2KM_1$ 常开接点闭合,真空接触器线圈 QV 通电吸合,三相真空触头闭合,电动机启动。此时,常开接点 $2KM_3$ 闭合,发光二极管 VD_{13} 发光,指示电动机正在运行。接触器 QV 在全波整流电路电压下吸合,其触点 QV_7 闭合,使时间继电器 2KT 延时 0.12～0.15 s 吸合,2KT 吸合后,其常开接点 $2KT_1$ 闭合,使继电器 2K 通电动作。2K 在先导回路中的 $2K_1$ 闭合,此时真空接触器的常开辅助触点 QV_1 已闭合,启动器自保电路被接通。当 2K 通电动作后,其常闭接点 $2K_2$ 断开,断开了接触器吸力线圈桥式整流电路的一个桥臂,变为半波整流电路,但仍可维持 QV 的可靠吸合。电动机启动后,信号变压器 TC_3 同时有电,其二次输出为 24 V,经半波整流、稳压和非门电路送到 1KT 延时电路开关三极管的基极,令其截止,1KT 断电释放。

　　b. 近控。将控制方式转换开关 ST_1 置于"近控"位置。按启动器本身的启动按钮 $1SB_{sT}$,同样可使 1KM 有电吸合,电动机启动工作,其过程与远控相同。

　　c. 程序控制。此时合上程序控制开关 SP,并将各台启动器按图中所给"程序控制接线图"进行连接,则第一台启动器启动后,QV_7 和 QV_6 闭合,时间继电器 3KT 和 4KT 电路中的电容器开始充电。在经过 3～5 s 的延时后,3KT 吸合,3K 随之吸合。第二台启动器开始启动。4KT 时间继电器的延时时间为 8～10 s,如果第二台启动器能正常工作,启动后它的常闭辅助触头 QV_3 应当打开,使 4KT 电路中的电容器停止充电,4KT 继电器不吸合,如果在第一台启动器启动后的 8～10 s 内第二台启动器未能正常启动,则 4KT 继电器吸合,4K 随之吸合,切断 1KM 的自保电路。第一台启动器自动停止,从而实现前后联锁控制。以上两台启动器为例,多台运行时可依此类推。

　　③停止过程　远控时正常运行中要停止电动机,可以按下 LA 中的停止按钮 SB_{sTP}。此时 1KM 释放,随之 5K 释放,2KM 释放,QV 断电释放,电动机停止,运行指示发光二极管熄灭。与此同时,由于 QV_7 触头断开,时间继电器 2KT 释放,2K 释放,$2K_2$ 触点闭合,$VD_1～VD_4$ 重新组成全桥。在电动机的反电势消失后,由信号变压器 TC_3 的 B 端加到 1KT 电路上的电压消失,解除了对 1KT 充电电路的封锁,1KT 在延时 0.2 s 以后吸合,1K 和 3KM 随之吸合,漏电闭锁检测回路重新投入,为再次启动作好准备。

　　在远控出现紧急情况或近控时,可以利用启动器本身的停止按钮 $1SB_{sTP}$,直接切断 QV 线圈回路,电动机停止工作。

　　④故障保护

　　a. 真空灭弧室漏气闭锁保护。启动前,如果任意一个真空灭弧室漏气,则拉力继电器 $1KPF～3KPF$ 的一个触点闭合,漏气继电器 KAL 就会通电吸合,断开其常闭接点 KAL_2,切断 2KM 电路,磁力启动器 QV 不能通电吸合,启动器不能工作,同时,常开接点 KAL_1 闭合,指示漏气故障的发光二极管 VD_{10} 亮。漏气保护只有在磁力启动器启动前起检测闭锁作用,一旦启动,2KM 的常闭接点 $2KM_2$ 就会断开漏气保护回路。此时即使真空灭弧室漏气,也不会有所反应。

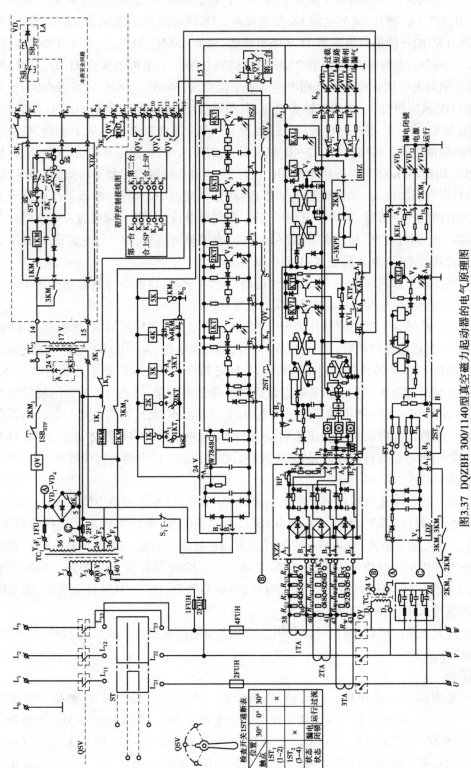

图3.37 DQZBH 300/1140型真空磁力起动器的电气原理图

TC—主控回路变压器；TC2—先导控制本安回路变压器；TC3—信号回路变压器；QSV—换向真空开关；QV—真空接触器；1K~5K直流继电器；1~3KM—中间继电器；1~4KT—时间继电器；KVL—过载继电器；KA—短路继电器；KTP—断相继电器；KAL—漏气继电器；KEL—漏电闭锁继电器；2ST—试验开关；SP—程控开关；ST—控制方式开关；ZR—祖率吸收器；KDZ—先导回路组件；SB—远控按钮；DSZ—电源，延时组件；BHZ—保护组件；XZZ—信号鉴定组件；LDZ—漏电闭锁件

b. 漏电闭锁保护。在启动器启动之前，3KM 处于通电吸合状态，2KM 处于断电释放状态，于是常开接点 3KM₃、3KM₄ 和常闭接点 2KM₃、2KM₄ 均处于闭合状态。磁力启动器的负荷线路与漏电闭锁检测电路接通。检测电流将流过负荷线路与大地之间的绝缘电阻。当电动机绕组和负荷线路对地的绝缘电阻小于规定值时，在漏电闭锁电路的分压电路上产生的电压将高于触发电路的门限电压，使两个与非门组成的双稳态触发器翻转，输出高电位，再经过一个与非门转换为低电位，迫使开关三极管 V_8 截止。漏电闭锁继电器 KEK 断电。其常开接点 KEL_1 断开变压器 TC_2 的电源，使启动器不能启动。常闭接点 KEL_2 闭合，使发光二极管 VD_{11} 发光，指示漏电闭锁装置动作。只有当对地绝缘恢复正常后，KEL 才能自动吸合，启动器才能启动。启动器启动后，漏电闭锁保护就不再发生作用。

c. 过载保护。主电路出现过载后，过载信号经电流互感器相信号整定组件 XZZ 变换以后，送入保护组件 BHZ，加于过载保护继电器 KVL 的鉴幅触发器上。经过阻容电路的一段充电延时后，电容上的电压足以使触发器翻转，输出低电位，该电压信号以脉冲的形式加给后面的动作鉴幅触发器。此触发器也是一个双稳态触发器，它是一个典型的 R-S 触发器，具有记忆自锁功能。当过载后，动作鉴幅触发器收到前级触发器送来的低电位脉冲，于是触发器翻转，迫使开关三极管 V_5 由导通变截止。过载继电器 KVL 断电释放，并由触发器自锁（记忆）这一状态。因为 KVL 已释放，它的常开触点 KVL_2 开启，切断 2KM 回路，所以 QV 也随之断电释放，实现过载保护。同时因为 2KM₅ 常开触点开启，KVL_1 常闭触点闭合，所以指示运行的发光二极管 VD_{13} 熄灭，指示过载故障的发光二极管 VD_7 亮。因为保护电路有自锁功能，所以要使启动器能再次启动，必须先按一下复位按钮 S_R，短暂切断保护电路电源，才能解除自锁。

d. 断相保护。断相保护由门电路、触发记忆电路、开关三极管 V_6、断相继电器 KTP 等组成，在正常运行状态下，XZZ 组件的 3 组整流稳压电路都有输出电压，此时触发器输出端为高电平，开关三极管 V_6 导通，继电器 KTP 吸合。当主电路中的熔断器 3FUH 或 4FUH 熔断或因为其他原因发生断相故障时，XZZ 组件中的 3 组整流稳压电路中将有 1 组没有直流电压输出。这时将使断相保护触发电路翻转并记忆，开关三极管 V_6 变截止，继电器 KTP 断电释放，其常开接点断开 2KM 继电器的电路，使启动器分断。此时常闭接点 KTP_1 闭合，发光二极管 VD_9 通电发光，指示运行的发光二极管 VD_{13} 熄灭。本电路同样有自锁功能，要使启动器重新启动，必须先按一下复位按钮 S_R。

e. 短路保护。运行中出现等于或大于 8 倍额定电流的短路电流时，大的短路信号电压把 BHZ 组件中的稳压二极管 V_9 击穿，信号被送到短路保护电路，并使触发电路翻转，于是开关三极管 V_7 由截止变导通，过流继电器 KA 通电吸合，其常闭接点 KA 断开 2KM 的电路，使启动器跳闸，此时。发光二极管 VD_{13} 熄灭、VD_8 发光，指示短路保护动作。短路保护电路也能自锁，要使启动器重新启动，也必须先按一下复位按钮 S_R。

f. 防止控制电缆短路造成误启动的原理。先导回路中的中间继电器 1KM 采用直流供电，在远控时，其整流元件安装在控制按钮 LA 中。在启动器未启动时，如果控制电缆受到机械损伤发生短路，整流元件也同时被短接。这时控制回路中流过交流电，因为 1KM 对交流的阻抗很大，所以回路电流很小，1KM 不能吸合，从而避免了磁力启动器误启动。如果启动器在送电状态下控制线短路，1KM 也会自动释放，使电动机停止运转，从而保证了先导控制电路的本质安全型电路的性能。

除以上各种保护外,因为采用的是电磁接触器,所以还具有失压保护。启动器中装有 ZR-1 型阻容吸收装置,可以有效地防止过电压而损坏设备。

为试验各保护电路的动作是否可靠,启动器上设有试验开关 2ST。启动前把 2ST 试验开关置于过流检查位置上,此时试验开关 $2ST_1$ 触头闭合,将 24 V 电压引入 BHZ 保护组件,作为过流保护的信号电压。此时首先是短路保护动作,KA 吸合,发光二极管 VD_8 亮,延时 10 s 左右,过载保护动作,发光二极管 VD_7 亮,并且记忆。当把 $2ST_2$ 置于漏电检查位置时,$2ST_2$ 触头闭合,将试验电阻 R_s 接入检测电路,模拟负荷线路对地绝缘电阻降低,此时漏电闭锁保护电路动作,KEL 继电器释放,发光二极管 VD_{11} 亮。如果以上动作无误,说明保护系统正常,复位后即可启动运行,否则说明电路有故障,应检查修理。

【任务实施】

1. 实施地点

专业实训室。

2. 实施所需器材

DKZB-400/1140 隔爆真空馈电开关、摇表、塞尺、电缆若干。

3. 实施内容与步骤

通过实训,掌握 DKZB - 400/1140 隔爆真空馈电开关的安装和使用方法。

①入井前的检查标准。

②安装。

③使用。

a. 合闸操作。

b. 分闸。

【学习小结】

本任务的核心是了解工矿配电系统中常用的高低压变配电设备的功能、特点及其电路原理。掌握各种开关的性能特点,要求根据负载控制、保护要求以及环境要求选择馈电开关。掌握馈电开关接线盒的接线和启动停止操作。根据需要调节矿用过流保护动作值。

【自我评估】

1. BGP3-6 型高压配电箱有哪些保护功能?

2. 简述 DZKB-400/1140 型自动馈电开关的电气组成及工作原理。

3. 简述 DQZBH-300/1140 型真空磁力启动器的控制电路和保护电路的工作原理。

4. 结合图 3.36 分析 DQZBH-300/1140 型真空磁力启动器的控制电路和保护电路的工作原理。

学习情境 4
工矿配电线路的敷设与导线电缆的选择

【知识目标】

1. 掌握架空线路的结构、敷设与维护的相关知识。
2. 学会低压配电线路的敷设与维护的基本知识。
3. 掌握矿用电缆的种类及其性能。
4. 学会矿用电缆的敷设与维护相关知识。

【能力目标】

1. 能通过查阅供电线路的相关资料完成工矿企业配电线路的敷设信息的搜集任务。
2. 能与工程施工人员配合对工矿企业内部电缆线路进行敷设工作。
3. 能根据工矿企业负荷选择导线和电缆的基本参数。
4. 能与工程施工人员配合对工矿企业电缆线路进行巡视和检修工作。

任务 4.1　架空线路的敷设与维护

【任务简介】

任务名称：架空线路的敷设与运行维护

任务描述：本任务主要是了解架空线路的结构、接线方式和架空线路的敷设方法及基本参数的选择，能根据故障现象查找故障点并进行相关处理，协助工程人员完成对工矿企业地面架空线路的敷设。

任务分析：本任务主要是了解架空线路的结构、接线方式和架空线路的敷设方法及基本参数的选择，能根据故障现象查找故障点并进行相关处理。寻找架空线路的敷设管理知识，能独立完成工矿企业电力系统地面线路的巡视检查及故障处理。

【任务要求】

知识要求：1. 了解架空线路的组成部件。

2. 能说出架空线路的结构和敷设原则。

3. 能掌握架空线路的一般接线原理。

能力要求：1. 能说出架空线路的结构和敷设原则。

2. 能协助完成架空线路的敷设。

3. 能初步判断线路的一般故障点。

【知识准备】

架空线路在供电区域之外的电源引入线路及部分供电区域内（如一般工厂）得到广泛应用。相对电缆线路而言，架空线路的成本低、投资少、安装容易、维护和检修比较方便、容易发现和排除故障，但它易受环境（如气温、大气质量和雨雪大风、雷电等）影响，一旦发生断线或倒杆事故，可能引发次生灾害。架空线路要占用一定的地面和空间，有碍观瞻、交通和整体美化，其使用受到一定的限制。目前，现代化的城市和工厂有减少架空线路、采用电缆线路的趋势。

4.1.1 架空线路的结构

架空线路由导线、电杆、绝缘子和线路金具等主要元件组成，如图 4.1 所示。为了防止雷击的侵害，有的架空线路上还架设避雷线（架空地线）。为了加强电杆的稳固性，有的电杆还安装拉线或扳桩。

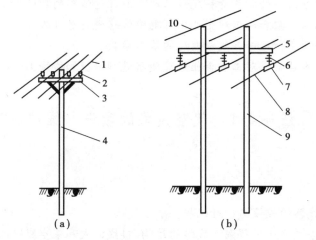

图 4.1 架空线路的结构

1—低压导线；2—针式绝缘子；3—横担；4—低压电杆；5—横担；

6—高压悬式绝缘子串；7—线夹；8—高压导线；9—高压电杆；10—避雷线

1）架空线路的导线

导线是架空线路的主体，担负着输送电能的任务。它架设在电杆上，须承受自重和各种外力作用，并受到环境中各种有害物质的侵蚀。导线必须考虑导电性能、截面、绝缘、防腐性、机械强度等要求，还要求质量轻、投资省、施工方便、使用寿命长。

架空导线按电压分,有低压导线和高压导线两类。常用低压架空导线电压为 220/380 V,高压架空导线大多为 10 kV 及以上。

架空导线按导线材料分,有铜、铝和钢 3 种。铜线的导电性能好,机械强度高,耐腐蚀,但价格贵。我国铜资源缺乏,应尽量节约。铝导线的导电性能、机械强度和耐腐蚀性虽比铜导线差,但它质轻价廉,在可以以铝代铜的场合,应优先采用。钢的机械强度很高,且价廉,但导电性差,功率损耗大,并且易生锈,钢线一般只用作避雷线,而且必须镀锌,其最小使用截面不得小于 25 mm^2。

架空导线按导线结构分,有裸导线和绝缘导线两种。高压架空导线一般采用裸导线,低压架空导线大多采用绝缘导线。裸导线又有单股线和多股绞线两种。架空导线一般采用多股绞线,有铜绞线(TJ)、铝绞线(LJ)和钢芯铝绞线(LGJ)。架空线路的导线一般采用铝绞线,但机械强度要求较高和 35 kV 及以上的架空线路上宜采用钢芯铝绞线,如图 4.2 所示。这种导线外层为铝线,作为载流部分;内层线芯是钢线,以增强机械强度。交流电流在导线中通过时有集肤效应,交流电实际只从铝线部分通过,从而弥补钢线导电性差的缺点。

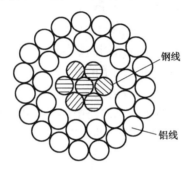

图 4.2　钢芯铝线截面

在有盐雾或化学腐蚀气体存在的地区,宜采用防腐钢芯铝绞线(LGJF)或铜绞线。对工厂、城市 10 kV 及以下的架空线路,如安全距离不能满足要求,或者靠近高层建筑、繁华街道及人口密集区,还有空气严重污染和建筑施工场所,按 GB 50061—1997《66 kV 及以下架空电力线路设计规范》规定,可采用架空绝缘导线。

2)电杆、横担和拉线

电杆是支持导线及其附属的横担、绝缘子等的支柱,是架空线路最基本的元件之一。它应有足够的机械强度,尽可能经久耐用、价廉,且便于搬运和安装。电杆按材料分,有水泥杆、木杆和金属杆。目前以水泥杆应用最为普遍,它使用年限长,机械强度高,维护简单,成本低,但质量大,搬运安装不便。金属杆分钢管杆、型钢杆和铁塔,它机械强度大,维修量小,使用年限长,但维修费用高、价格贵,主要用于 110 kV 以上的高压架空线路上;35 kV 及以上线路和 10 kV 线路的终端杆一般用铁塔。木杆虽便于加工和运输,但寿命短,又浪费木材,现已基本淘汰。

按电杆在架空线路中的地位和功能分,有直线杆(中间杆)、分段杆(耐张杆)、分支杆、转角杆、终端杆、跨越杆等。如图 4.3 所示是各类型电杆在低压架空线路上的应用。

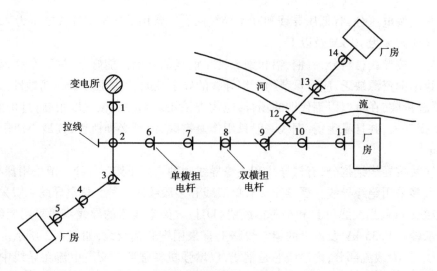

图4.3 各种杆型在低压架空线路上的应用

1、5、11、14—终端杆;2、9—分支杆;3—转角杆;4、6、7、10—直线杆(中间杆);8—分段杆(耐张杆);12、13—跨越杆

横担安装在电杆的上部,用于安装绝缘子以固定导线。常用的有铁横担、木横担和瓷横担。从保护环境和经久耐用看,现在普遍采用的是铁横担和瓷横担,一般不用木横担。瓷横担具有良好的电气绝缘性能,兼有横担和绝缘子的双重功能,可节约木材和钢材,而且一旦发生断线故障它能作相应的转动,以避免事故的扩大。瓷横担结构简单,安装方便,能加快施工进度,便于维护。在10 kV及以下的高压架空线路中仍有应用。瓷横担脆而易碎,在运输和安装中要注意。如图4.4所示为高压电杆上安装的瓷横担。

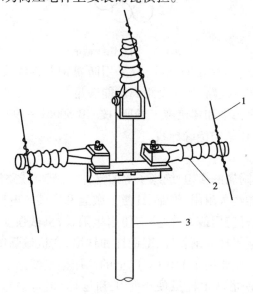

图4.4 高压电杆上安装的瓷横担
1—高压导线;2—瓷横担;3—电杆

拉线用于平衡电杆所受到的不平衡作用力,并可抵抗风压防止电杆倾倒,如图4.5所示。在受力不平衡的转角杆、分段杆、终端杆上需装设拉线。拉线必须具有足够的机械强度并要保证拉紧。为了保证其绝缘性能,其上把、腰把和底把用钢绞线制作,且均须安装拉线绝缘子进

行电气绝缘。

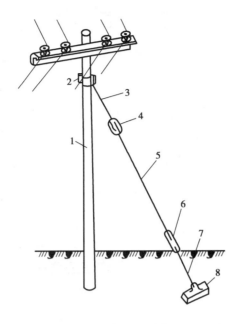

图 4.5　拉线的结构

1—电杆绝缘子;2—拉线的抱箍;3—上把;4—拉线;5—腰把;6—花篮螺钉;7—底把;8—拉线底盘

3)**绝缘子和金具**

绝缘子又称瓷瓶,用于固定导线并使导线和电杆绝缘。绝缘子应有足够的电气绝缘强度和机械强度。线路绝缘子有高压和低压两类。

如图 4.6 所示为高压线路绝缘子的外形结构。针式绝缘子按针脚长短分有长脚绝缘子和短脚绝缘子。长脚绝缘子用在木横担上,短脚绝缘子用在铁横担上。蝴蝶式绝缘子用在耐张杆、转角杆和终端杆上。拉线绝缘子用在拉线上,使拉线上下两段互相绝缘。

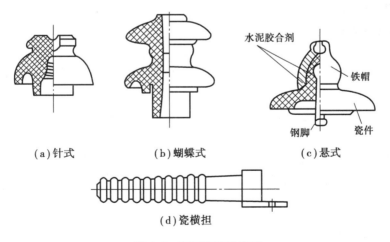

(a)针式　　　(b)蝴蝶式　　　(c)悬式

(d)瓷横担

图 4.6　高压线路绝缘子

金具是用于安装和固定导线、横担、绝缘子、拉线等的金属附件,如图 4.7 所示。

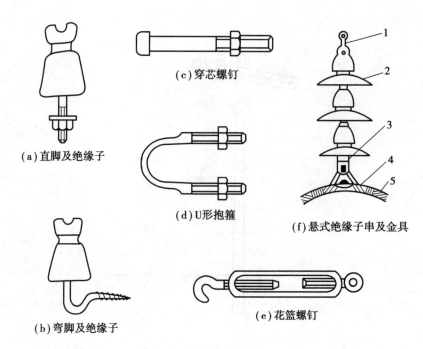

图 4.7　架空线路用金具

1—球头挂环;2—悬式绝缘子;3—碗头挂板;4—悬垂线夹;5—架空导线

(c)穿芯螺钉

(a)直脚及绝缘子

(d)U形抱箍

(f)悬式绝缘子串及金具

(b)弯脚及绝缘子

(e)花篮螺钉

4.1.2　架空线路的敷设

1)敷设要求

敷设架空线路必须严格遵守有关技术规程和操作规程,自始至终重视安全教育,采取安全保障措施,防止发生事故,并严格保证工程质量,竣工后必须严格按规定的手续和项目进行检查验收,才能投入使用。

2)路径和杆位的选择

选择架空线路的路径和杆位应符合下列要求:

①应综合考虑运行、施工、交通条件和路径长度等因素。路径要短,转角要少,要运输方便,施工容易,利于巡视和维修。

②宜沿道路平行架设,避免通过行人、车辆、起重机械等频繁活动的地区及露天堆放场而导致的交通与人行困难。

③宜尽可能减少与其他设施的交叉或跨越建筑物,并与建筑物保持一定的距离。

④避免低洼积水、多尘、有腐蚀性化学气体的场所及有爆炸物和可燃液(气)体的生产厂房、仓库、储罐等场所。

⑤应与工厂及城镇规划、环境美化、网络改造等协调配合,并适当考虑今后的发展。

3)架空线路的施工

(1)导线的排列方式

三相四线制低压架空线路的导线一般采用水平排列,如图 4.8(a)所示。其中,因中性线的截面较小,机械强度较差,一般架设在中间靠近电杆的位置。如线路沿建筑物架设,应靠近建筑物。中性线的位置不应高于同一回路的相线,同一地区内中性线的排列应统一。三相三线制架空线可采用三角形排列,如图 4.8(b)、(c)所示,也有水平排列,如图 4.8(f)所示。

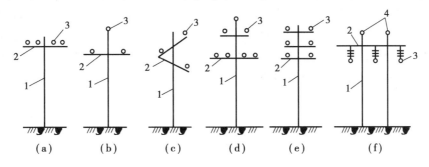

图 4.8　导线在电杆上的排列方式
1—电杆;2—横担;3—导线;4—避雷线

多回路导线同杆架设时,可混合排列或垂直排列,如图 4.8(d)、(e)所示。但对同一级负荷供电的双电源线路不得同杆架设。不同电压的线路同杆架设时,电压较高的导线在上方,电压较低的导线在下方。动力线与照明线同杆架设时,动力线在上,照明线在下。仅有低压线路时,广播通信线在最下方。

(2)导线在电杆上按相序排列的原则

①高压电力线路,面向负荷从左侧起依次为 L1、L2、L3。

②低压电力线路,在同一横担架设时,导线的相序排列,面向负荷从左侧起依次为 L1、N、L2、L3。

③有保护零线在同一横担架设时,导线的相序排列,面向负荷从左侧起依次为 L1、N、L2、L3、PE。

④动力线照明线,在两个横担上分别架设时,动力线在上,照明线在下。

上层横担:面向负荷,从左侧起依次为 L1、L2、L3。

下层横担:面向负荷,从左侧起依次为 L1、(L2、L3)N、PE。

4)架空线路的档距、弧垂及其他距离

架空线路的档距(又称跨距),是指同一线路上相邻两根电杆之间的水平距离,如图 4.9 所示。

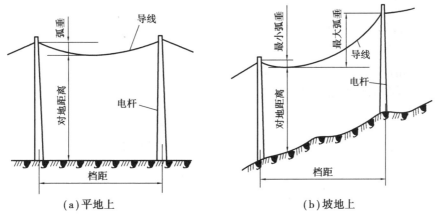

(a)平地上　　　　　　　(b)坡地上

图 4.9　架空线路的档距和弧垂

架空线路导线的弧垂(又称弛垂),是指架空线路一个档距内导线最低点与两端电杆上导线固定点间的垂直距离,如图4.9所示。导线的弧垂不宜过小,也不宜过大。弧垂过小会使导线所受的内应力增大,遇大风时易吹断,而天冷时又容易收缩绷断;如果弧垂过大,则不但浪费导线材料,而且导线摆动时容易导致相间短路。此外,架空线路的线间距离、导线对地面和水面的距离、架空线和各种设施接近、交叉的距离以及上述的档距、弧垂等,在 GB 50061—1997等的技术规程中都有规定,设计和安装时须严格遵守。

【任务实施】

1.实施地点

教室、室外架空线路旁。

2.实施所需器材

①多媒体设备。

②常用架空线路图等。

3.实施内容与步骤

①学生分组。3~4人一组,指定组长。工作中各组人员尽量固定。

②教师布置工作任务。学生阅读工作任务书,了解工作内容,明确工作目标,制订实施方案。

③教师通过图片让学生识别架空线路或指导学生自学。

④室外实际观察架空线路,分组观察架空线路,记录观察结果。

【学习小结】

1.架空线路由导线、电杆、横担、绝缘子、线路金具(包括避雷线)等组成,有的电杆上还装有拉线或扳桩,用来平衡电杆各方向的拉力,增强电杆稳定性。也有的架空线路上架设避雷线来防止雷击。

2.架空线路查找故障点的总原则:先主干线,后分支线。对经巡查没有发现故障的线路,可以在断开分支线断路器后,先试送电,后逐级查找恢复没有故障的其他线路。

【自我评估】

1.简述架空线路的组成和各组成部分的作用。

2.简述架空线路的敷设原则。

3.架空线路常见故障点有哪些? 如何判断?

4.简述导线在电杆上按相序排列的原则。

任务4.2 电缆线路的敷设与维护

【任务简介】

任务名称:电缆线路的敷设与维护

任务描述：本任务主要是了解电缆线路的结构,掌握电缆线路的敷设方法,学会对一般故障点的查找,训练借助查阅相关资料判断线路种类,协助工程人员完成对工矿企业电缆线路的敷设。

任务分析：本任务主要是了解普通电缆的结构、敷设方法及基本参数的选择,能根据故障现象查找故障点并进行相关处理。寻找电缆线路的运行管理知识,能独立完成工矿企业电力系统电缆线路的巡视检查及故障处理。

【任务要求】

知识要求：1.学会电缆线路的结构和敷设原则。

2.掌握电缆型号中各符号的含义。

3.学会对一般故障点的查找。

能力要求：1.能协助完成电缆线路的敷设。

2.能进行电缆线路的日常维护。

3.能对一般故障点进行初步判断。

【准备知识】

电缆线路与架空线路相比,具有成本高、投资大、维修不便等缺点,但它具有运行可靠、不易受外界影响、不需架设电杆、不占地面空间、不碍观瞻等优点,特别是在有腐蚀性气体和易燃、易爆场所,不宜采用架空线路时,只有敷设电缆线路。随着经济发展,在现代化工厂中,电缆线路得到越来越广泛的应用。

4.2.1　电缆和电缆头

电缆是一种特殊结构的导线,由线芯、绝缘层和保护层 3 部分组成,还包括电缆头。电缆结构的剖面示意图如图 4.10 所示。

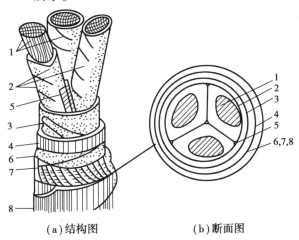

(a)结构图　　　　(b)断面图

图 4.10　电缆结构示意图

1—芯线;2—芯线绝缘层;3—统包绝缘层;4—密封护套;5—填充物;6—纸带;7—钢带内衬;8—钢带铠装

　　线芯导体要有好的导电性,以减少输电时线路上电能的损失。绝缘层的作用是将线芯导体和保护层隔离,必须具有良好的绝缘性能和耐热性能,油浸纸绝缘电缆以油浸纸作为绝缘层,塑料电缆以聚氯乙烯或交联聚乙烯作为绝缘层。保护层又分内外两层,内层用以直接保护绝缘层,外层用以防止内层免受机械损伤和腐蚀,外层通常为钢丝或钢带构成的钢铠,外覆沥青、麻料或塑料护套。

　　电缆的类型很多,供电系统中常用的电力电缆,按其线芯材质分铜芯和铝芯两大类。按其采用的绝缘介质分油浸纸绝缘电缆和塑料绝缘电缆两大类。

　　油浸纸绝缘电缆的结构如图4.11所示,它具有耐压强度高、耐热性能好和使用寿命长等优点,应用很普遍。但它工作时其中的浸滞油会流动,其两端安装的高度差有一定的限制,否则电缆低的一端可能因油压过大而使端头胀裂漏油,而高的一端则可能因油流失而使绝缘干枯,耐压强度下降,甚至击穿损坏。塑料绝缘电缆有聚氯乙烯绝缘及护套电缆和交联聚乙烯绝缘聚氯乙烯护套电缆(见图4.12)两种类型。塑料电缆结构简单,质量轻、抗酸碱、耐腐蚀、敷设安装方便,可敷设在有较大高差或垂直、倾斜的环境中,有逐步取代油浸纸绝缘电缆的趋向。

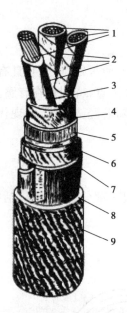

图4.11　油浸纸绝缘电力电缆
1—缆芯(铜芯或铝芯);2—油浸纸绝缘层;3—麻筋(填料);4—油浸纸(统包绝缘层);5—铅包;6—涂沥青的纸带(内护层);7—浸沥青的麻被(内护层);8—钢铠(外护层);9—麻被(外护层)

图4.12　交联聚乙烯绝缘电力电缆
1—缆芯(铜芯或铝芯);2—交联聚乙烯绝缘层;3—聚氯乙烯护套(内护层);4—钢铠或铝铠(外护层);5—聚氯乙烯外套(外护层)

　　电缆头是两条电缆的中间接头和电缆终端的封端头,是电缆线路的薄弱环节,是大部分电缆线路故障的发生处。电缆头的安装和密封非常重要,在施工和运行中要由专业人员进行操作。如图4.13所示为10 kV交联聚乙烯绝缘电缆热缩中间头结构示意图。

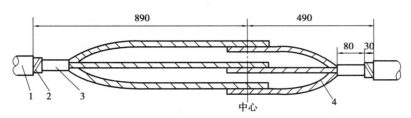

（a）中间头剥切尺寸示意图

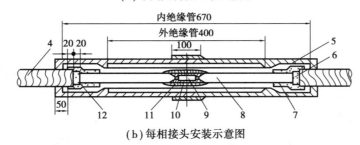

（b）每相接头安装示意图

图 4.13   10 kV 交联聚乙烯绝缘电缆热缩中间头

1—聚氯乙烯外护套;2—钢铠;3—内护套;4—铜屏蔽层(内缆芯绝缘);5—半导管;

6—半导层;7—应力管;8—缆芯绝缘;9—压接管;10—填充胶;11—四氟带;12—应力疏散胶

电缆的型号由 8 个部分组成。拼音字母表明电缆的用途、绝缘材料及线芯材料;数字表明电缆外保护层材料及铠装包层方式。电缆型号的字母、数字含义详见表 4.1。

表 4.1   电力电缆型号中各符号的含义

项目	型号	含义	旧型号	项目	型号	含义	旧型号
类别	Z	油浸纸绝缘	Z	外护套	02	聚氯乙烯套	—
	V	聚氯乙烯绝缘	V		03	聚乙烯套	1,11
	YJ	交联聚乙烯绝缘	YJ		22	双钢带铠装聚氯乙烯外套	20,29
	X	橡胶绝缘	X		23	双钢带铠装聚乙烯外套	30,130
导体	L	铝芯	L		32	单细圆钢丝铠装聚氯乙烯外套	50,150
	T	铜芯(一般不注)	T		33	单细圆钢丝铠装聚乙烯外套	5,15
内护套	Q	铅包	Q		41	单粗圆钢丝铠装	
	L	铝包	L		42	单粗圆钢丝铠装聚氯乙烯外套	59,25
	V	聚氯乙烯护套	V		43	粗圈钢丝铠装纤维外被	
特征	P	滴流式	P		441	双粗圆钢丝铠装纤维外被	
	D	不滴流式	D		241	双钢第一单粗圆钢丝铠装	
	F	分相铅包式	F				

续表

电力电缆全型号表示图	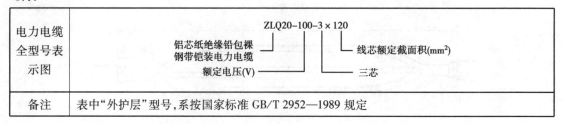
备注	表中"外护层"型号,系按国家标准 GB/T 2952—1989 规定

4.2.2 电缆线路的敷设

1)电缆敷设路径的选择

选择电缆敷设路径时,应考虑以下原则:①避免电缆遭受机械性外力、过热、腐蚀等的危害;②在满足安全要求条件下应使用较短电缆;③便于敷设、维护;④应避开将要挖掘施工的地方。

2)电缆的敷设方式

工厂中常见的电缆敷设方式有直接埋地敷设(见图4.14)、利用电缆沟敷设(见图4.15)、电缆桥架敷设(见图4.16)等。在发电厂、某些大型工厂和现代化城市中,还有采用电缆排管(见图4.17)和电缆隧道(见图4.18)等敷设方式。

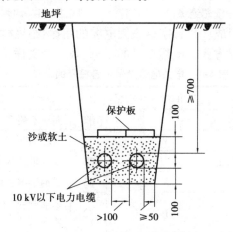

图 4.14　电缆直接埋地敷设

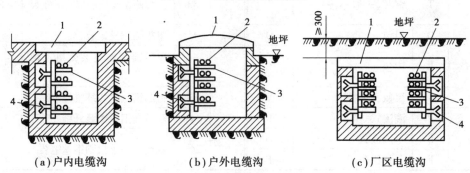

(a)户内电缆沟　　　　(b)户外电缆沟　　　　(c)厂区电缆沟

图 4.15　电缆在电缆沟内敷设

1—盖板;2—电力电缆;3—电缆支架;4—预埋铁件

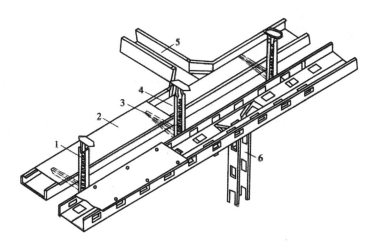

图 4.16　电缆桥架的结构

1—支架;2—盖板;3—支臂;4—线槽;5—水平分支线槽;6—垂直分支线槽

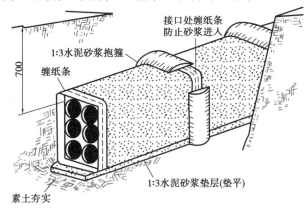

图 4.17　电缆排管敷设做法示意图

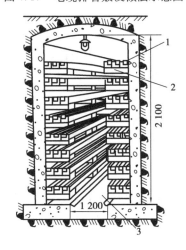

图 4.18　电缆排管

1—水泥排管;2—电缆孔(穿电缆用);3—电缆沟

103

4.2.3 电缆线路的运行维护

1)一般要求

电缆线路大多敷设在地下,要做好电缆的运行维护工作,必须全面了解电缆的敷设方式、结构布置、走线方向及电缆头位置等。对电缆线路,一般要求每季度进行一次巡视检查,并应经常监视其负荷大小和发热情况。如遇大雨、洪水及地震等特殊情况及发生故障时,应临时增加巡视次数。

2)巡视检查项目

①电缆头及瓷套管有无破损和放电痕迹,对填充有电缆胶(油)的电缆头还应检查有无漏油溢胶情况。

②对明敷电缆,须检查电缆外皮有无锈蚀、损伤,沿线挂钩或支架有无脱落,线路上及线路附近有无堆放易燃、易爆及强腐蚀性物品。

③对暗敷及埋地电缆,应检查沿线的盖板和其他覆盖物是否完好,有无挖掘痕迹,沿线标桩是否完整无缺。

④电缆沟内有无积水或渗水现象,是否堆有杂物及易燃、易爆物品。

⑤线路上各种接地是否良好,有无松脱、断股和腐蚀现象。

⑥其他危及电缆安全运行的异常情况。

在巡视中发现的异常情况,应记入专用记录簿内,重要情况应及时汇报上级,请示处理。

【任务实施】

1.实施地点

教室、专业实训室。

2.实施所需器材

①多媒体设备。

②常用电缆等。

3.实施内容与步骤

①学生分组。3~4人一组,指定组长。工作中各组人员尽量固定。

②教师布置工作任务。学生阅读工作任务书,了解工作内容,明确工作目标,制订实施方案。

③教师通过图片、实物或多媒体分析演示,让学生识别各种电缆的型号规格。

④分组观察常用电缆,填写型号规格,记录观察结果。

【学习小结】

1.电缆线路的结构:主要由电缆、电缆接头和终端头、电缆支架和电缆夹等组成。

2.电缆的接头是电力电缆线路中最为薄弱的环节,线路中的很多故障都发生在接头处,应给予特别关注,以免发生短路故障。

3.电缆线路的敷设原则包括电缆线路的敷设和电缆线路的敷设方式,电缆线路的敷设方式主要有直接埋地敷设、电缆沟敷设、电缆悬挂(吊)式敷设、排管敷设、电缆桥架敷设等。

4.电缆线路的故障原因是绝缘降低而被击穿。归纳起来有外力损伤、绝缘受潮、化学腐蚀、长期超负荷运行、电缆接头故障、环境和温度、电缆本身的正常老化或自然灾害等其他原因以及人为因素等。

5.电缆线路大多敷设在地下,要做好电缆的运行维护工作,必须全面了解电缆的敷设方式、结构布置、走线方向及电缆头位置等。

【自我评估】

1.电缆线路由哪几部分组成? 电缆线路适用的场合有哪些?

2.简要说明电缆线路敷设的一般要求和敷设方式。

任务4.3　导线电缆截面、绝缘子和穿墙套管的选择

【任务简介】

任务名称:导线电缆截面、绝缘子和穿墙套管的选择

任务描述:本任务主要了解工矿企业配电线路的导线,根据工矿的设备情况正确选择导线截面,正确选择母线、绝缘子和穿墙套管,并对其进行动稳定度和热稳定度的校验。

任务分析:通过本任务的学习,掌握几种常用的导线和电缆截面的选择方法。根据所学习的知识能够选择出适当的母线、绝缘子和穿墙套管。要求绝缘子必须具有足够的电气绝缘强度、机械强度、耐热性和防潮性等。

【任务要求】

知识要求:1.掌握按发热条件选择导线截面的方法。

　　　　　2.掌握按经济电流密度选择导线截面的方法。

　　　　　3.掌握按电压损耗、机械强度选择导线电缆截面的方法。

　　　　　4.掌握母线选择和校验的方法。

　　　　　5.掌握绝缘子和穿墙套管的选择方法及其校验项目。

能力要求:1.能查阅相关资料选择正确的导线截面。

　　　　　2.能完成导线截面的相关计算。

　　　　　3.能完成母线、绝缘子和穿墙套管的相关计算。

【知识准备】

架设电网时,为保证整个供电系统供电的安全、可靠,减少建设的初期投资及以后每年支付的运行费用,选择导线和电缆截面时应满足以下条件:

4.3.1　按发热条件选择导线截面

导线和电缆通过正常最大负荷时产生的发热温度,不应超过导线正常运行时的最高允许温度。

即
$$I_{ux} \geq I_{max} \tag{4.1}$$

式中 I_{ux} ——对应于某一周围环境温度时,导线允许的长期工作电流,A;

I_{max} ——线路最大长期工作电流,A。

若导线敷设点的环境温度与导线允许载流量采用温度不同时,则导线的允许载流量应乘以校正系数,即

$$K_\theta = \sqrt{(\theta_{al} - \theta'_0)/(\theta_{al} - \theta_0)} \tag{4.2}$$

式中 θ_{al} ——导线正常工作时的最高允许温度;

θ_0 ——导线的允许载流量所采用环境温度;

θ'_0 ——导线敷设地点实际环境温度。

必须注意:按发热条件选择的导线和电缆截面积还必须注意与保护装置(熔断器及断路器等)配合,若配合不当可能导致导线或电缆因过流而发热起燃,但保护装置不动作的情况。

4.3.2 按线路电压损失选择导线、电缆截面

1)同一截面法

根据允许电压损失 $\Delta U_x\%$,计算出允许电压损失 ΔU_x ,再算出导线电抗产生的电压损失 ΔU_f 为

$$\Delta U_f = X_0 \sum QL/U_N \tag{4.3}$$

式中 X_0 ——导线每千米之电抗值,Ω/km;

$\sum QL$ ——各干线通过的无功功率(kvar)与本段干线长度(km)的乘积;

U_N ——线路额定电压,kV。

一般架空线路可假定 $X_0 = 0.4 \ \Omega/km$,再算电阻产生的电压损失 ΔU_a

$$\Delta U_a = \Delta U_x - \Delta U_f$$
$$r_0 = L/(\gamma \times s)$$

利用公式求出所需截面

$$S = \sum PL/\gamma U_N \Delta U_a \tag{4.4}$$

式中 γ ——导线材料的电导系数,铜线为 $53 \times 10^{-3} \ km/\Omega mm^2$;

$\sum PL$ ——各段干线上通过的有功功率(kW)与该段干线(km)的乘积。

算出截面后,选出标准截面与允许电流 I_{UX}(A)值。I_{UX} 大于线路的计算电流 I_{30} ,且满足机械要求,即可保证安全运行。

2)不同截面法

利用下式求出不同线段导线的计算截面 S_n 为

$$S_n = \frac{\sum P_n L_n}{\gamma U_N \Delta U_a} \tag{4.5}$$

第一段导线截面积

$$S_1 = \sqrt{\frac{P_1}{P_n}} S_n \tag{4.6}$$

第 S_j 段导线截面积($1 \leq j \leq n$)为

$$S_j = \sqrt{\frac{P_j}{P_n}} S_n \qquad (4.7)$$

式中　P_1——第一段导线上通过的有功功率,kW;

$\quad\quad\ P_j$——第 j 段导线上通过的有功功率,kW。

求出计算截面后,选用标称截面时,对靠近电源的线段可稍向大套用,靠近负荷的线段尽量向小靠。

3)按经济电流密度选择导线截面

把投资和运行费用全面考虑,比较经济合理的电流密度称为经济电流密度。按照经济电流密度选择导线截面时,可根据下式计算:

$$A'_{jn} = \frac{I_{30}}{J_n} \qquad (4.8)$$

式中　I_{30}——设计时求得的计算电流。

我国根据国民经济情况规定的经济电流密度 J_n 数值见表 4.2。实践证明,对 35 kV 及以上高压电路或距离长、负荷大的线路按 J_n 选择比较合适,一般线路按此方法选出的截面往往偏大,只能做设计时参考。

表 4.2　J_n 值（A/mm^2）

导线材料	最大负荷利用时数 T_m		
	3 000 以下	3 000 ~ 5 000	5 000 以上
裸铜导线和母线	3.0	2.25	1.75
裸铝导线和母线	1.65	1.15	0.9
铜芯导线	2.5	1.25	2.0
铝芯导线	1.92	1.73	1.54

4)按机械强度选择导线截面

架空线路经常遭大风、覆冰及低温的考验。为保证安全运行,可靠供电,我国规定架空导线允许使用的最小截面见表 4.3。如计算出截面低于表中规定数值,也必须按表中数值选用。

上述 4 种选择导线的方法,必须同时满足机械强度、发热、允许电压损失等要求方可保证安全使用。对电缆或较短架空线路,可按允许载流量选择,再以允许电压损失校验。

表 4.3　导线按机械强度要求的最小截面积（mm^2）

导线种类	高压配电线路		低压配电线路
	居民区	非居民区	
铝绞线及铝合金线	35	25	16
铜芯铝线	25	16	16
铜线	16	16	直径 3.2 mm

4.3.3　母线的选择

1）母线的材料、结构和排列方式

常用导体材料有铜和铝。铜的电阻率低、抗腐蚀性强、机械强度大,是很好的导体材料。我国铜的储量不多,价格较贵,铜母线只用在持续工作电流大,且位置特别狭窄的发电机、变压器出线处或污秽对铝有严重腐蚀而对铜腐蚀较轻的场所。铝的电阻率虽为铜的 1.7～2 倍,但密度只有铜的 30%,我国铝的储量丰富,价格较低,一般都采用铝质材料。工业上常用的硬母线截面为矩形、槽形和管形。矩形母线散热条件较好,有一定的机械强度,便于固定和连接,但集肤效应较大。为避免集肤效应系数过大,单条矩形的截面最大不超过 1 250 mm^2。当工作电流超过最大截面单条母线允许电流时,可用 2～4 条矩形母线并列使用。由于邻近效应的影响,多条母线并列的允许载流量并不成比例增加,故一般避免采用 4 条矩形。

矩形导体一般只用于 35 kV 及以下,电流在 4 000 A 及以下的配电装置中槽型母线机械强度较好,载流量较大,集肤效应系数也较小。槽型母线一般用于 4 000～8 000 A 的配电装置中。

管形母线集肤效应系数小,机械强度高,管内可以通水和通风,可用于 8 000 A 以上的大电流母线。另外,由于圆管形表面光滑,电晕放电电压高,因此可用作 110 kV 及以上配电装置母线。

2）母线截面选择

除配电装置的汇流母线及较短导体按导体长期发热允许电流选择外,其余导体的截面一般按经济电流密度选择。

（1）按导体长期发热允许电流选择

导体所在电路中最大持续工作电流 I_{max} 应不大于导体长期发热的允许电流 I_{ux},即

$$KI_{ux} \geqslant I_{max} \tag{4.9}$$

式中　I_{ux}——对应于某一周围环境温度时,导线允许的长期工作电流,A;

　　　I_{max}——线路最大长期工作电流,A;

　　　K——综合修正系数,裸导体的 K 值与海拔和环境温度有关,电缆的 K 值与环境温度、敷设方式和土壤热阻有关,K 值可查《电力工程设计手册》等有关手册。

（2）按经济电流密度选择

按经济电流密度选择导体截面可使年计算费用最低。年计算费用包括电流通过导体所产生的年电能损耗费、导体投资包括损耗引起的补充装机费、折旧费和利息等,对应不同种类的导体和不同的最大负荷年利用小时数 T_{max} 将有一个年计算费用最低的电流密度——经济电流密度（J_n）。

和导线、电缆的经济截面一样,母线经济截面可由式（4.8）决定。应尽量选择接近式（4.8）计算值的标准截面,当无合适规格的导体时,为节约投资,允许选择小于经济截面的导体。按经济电流密度选择的导体截面还必须满足导体长期发热允许电流的要求。

4.3.4　支持绝缘子和穿墙套管的选择

1）绝缘子简介

绝缘子俗称绝缘瓷瓶,它广泛应用在发电厂和变电所的配电装置、变压器、各种电器及输电线中。绝缘子按安装地点可分为户内（屋内）式和户外（屋外）式两种;按结构用途可分为支持绝缘子和套管绝缘子。

（1）支持绝缘子

支持绝缘子又分为户内式和户外式两种。户内式支持绝缘子广泛应用在 $3 \sim 110\ kV$ 各种电压等级的电网中。

户内式支持绝缘子可分为外胶装式、内胶装式及联合胶装式 3 种。户外式支持绝缘子有针式和实心棒式两种。

（2）套管绝缘子

套管绝缘子简称套管。穿墙套管主要用于导线或母线穿过墙壁、楼板及封闭配电装置时作绝缘支持和与外部导线间连接之用。套管绝缘子按其安装地点可分户内式和户外式两种。

户内式套管绝缘子根据其载流导体的特征可分为 3 种型式：采用矩形截面的载流体、采用圆形截面的载流导体和母线型。前两种套管载流导体与其绝缘部分制成一个整体，使用时由载流导体两端与母线直接相连。母线型套管本身不带载流导体，安装使用时，将原载流母线装于该套管的矩形窗口内。

户外式套管绝缘子用于将配电装置中的户内载流导体与户外载流导体之间的连接处，如线路引出端或户外式电器由接地外壳内部向外引出的载流导体部分。因此，户外式套管绝缘子两端的绝缘分别按户内外两种要求设计。

2）绝缘子和穿墙套管的选择

支持绝缘子根据额定电压和装置地点来选择。穿墙套管根据额定电压、额定电流来选择。

（1）按电压选择支持绝缘子与穿墙套管

绝缘子能在超过其额定电压的 $10\% \sim 15\%$ 的情况下可靠地工作。

（2）按长期工作电流选择穿墙套管

母线的最大长期工作电流 I_{max} 应小于或等于穿墙套管的额定电流 I_N。

（3）按装设地点选择绝缘子

一般屋内配电装置选用户内式绝缘子，屋外配电装置选用户外式绝缘子。

【任务实施】

1.实施地点

教室、专业实训室。

2.实施所需器材

多媒体设备。

3.实施内容与步骤

①学生分组。3～4 人一组，指定组长。工作中各组人员尽量固定。

②教师布置工作任务。学生阅读工作任务书，了解工作内容，明确工作目标，制订实施方案。

③教师通过图片、实物或多媒体分析演示，让学生识别各种常用导线或指导学生自学。

④根据假设条件选择导线截面。

a.分组按假设条件选择导线截面，记录结果。

b.注意事项：认真观察填写，注意记录相关数据，注意安全。

【知识拓展】

导线截面估算

根据负荷电流、敷设方式、敷设环境估算导线截面,按以下口诀:十下五,百上二;二五、三五四、三界;七零、九五两倍半;穿管温度八九折;铜线升级算;裸线加一半。十下五,百上二;二五、三五四、三界;七零、九五两倍半(这是导线的安全载流密度,即每 1 mm² 导线的载流量。十下五,即 10 mm² 及以下的绝缘铝线、明敷设、环境温度按 25 ℃时,载流量为 5 A/mm²;如 4 mm² 的绝缘铝线、明敷设、环境温度按 25 ℃时,载流量为 4 mm² × 5 A/mm² = 20 A。同理,百上二,即 100 mm² 及以上的绝缘铝线,载流量为 2 A/mm²。二五、三五四、三界,即 25 mm² 的绝缘铝线,载流量为 4 A/mm²;35 mm² 的绝缘铝线,载流量为 3 A/mm²。七零、九五两倍半,即 70 mm²,95 mm² 的绝缘铝线,载流量为 2.5 A/mm²)。其适用条件为:绝缘铝线、明敷设、环境温度按 25 ℃。如不满足这些条件,可乘以以下的修正系数:穿管、温度八、九折;铜线升级算;裸线加一半(即暗敷设时乘 0.8;环境温度按 35 ℃时乘 0.9;使用绝缘铜线时,按加大一挡截面的绝缘铝线计算;使用裸线时,按相同截面绝缘导线载流量乘 1.5)。

【例 4.1】 负荷电流 28 A,要求铜线暗敷设,环境温度按 35 ℃。

试算:设采用 6 mm² 塑铜线(如 BV-6),据口诀,可按 10 mm² 绝缘铝线计算其载流量为 10 × 5 = 50 A;暗敷设,50 × 0.8 = 40 A;环境温度按 35 ℃时,40 × 0.9 = 36 > 8 A;故可用。

【例 4.2】 负荷电流 58 A。要求铝线暗敷设,环境温度按 35 ℃。

试算:设采用 16 mm² 的塑铝线(如 BLV-16)。据口诀,16 × 4 = 64 A。暗敷设,64 × 0.8 = 51.2 A < 66A。改选 25 mm² 的塑铝线(如 BLV-25)。据口诀,25 × 4 = 100 A。暗敷设,100 × 0.8 = 80 A。环境温度按 35 ℃时,80 × 0.9 = 72A > 58 A;故可用。

【学习小结】

1.选择导线和电缆截面时必须满足下列条件:①发热条件;②电压损耗条件;③经济电流密度;④机械强度。

2.母线截面的选择方法:按长期允许电流选择、按允许电压损失选择、按经济电流密度选择、按机械强度选择。

3.绝缘子和穿墙套管的选择和校验方法、维护的相关知识。

【自我评估】

1.导线和电缆截面的选择方法有哪些?

2.某 220 kV 架空线路,最大输送功率为 30 MW,$\cos\varphi = 0.85$,最大负荷利用小时数 $T_{max} = 4\,500$ h,如果线路采用长 3 km 的钢芯铝绞线,试按经济电流密度选择导线的截面。

3.有一条 LJ 型铝绞线架设的长 5 km、10 kV 的架空线路,计算负荷为 1 580 kW,$\cos\varphi = 0.8$,$T_{max} = 4\,800$ h,试选择其经济截面,并校验其发热条件及机械强度。

4.支持绝缘子和穿墙套管选择时有哪些要求?

学习情境 5

工矿供配电系统的一次接线

【知识目标】

1. 了解工矿供电系统常用的符号。
2. 了解一次主接线的基本要求。
3. 掌握变配电所一次主接线的基本形式。

【能力目标】

1. 能够识读简单的一次主接线图。
2. 能初步绘制变配电所一次主接线。

任务 5.1　主接线的基本接线方式

【任务简介】

任务名称：主接线的基本接线方式

任务描述：本次任务将根据电力系统主接线的基本要求与设计原则为基础，重点讨论一次接线的基本接线方式。

任务分析：通过任务的学习掌握有关一次接线形式的基本特点，这些将对一次接线对系统运行，电气设备选择，厂房、配电装置布置，自动装置选择和控制方式进行合理选择。

【任务要求】

知识要求：1. 了解工矿供电系统常用的符号。

　　　　　　2. 了解一次主接线的基本要求。

能力要求：掌握变配电所一次主接线的基本形式。

【知识准备】

5.1.1 概述

用规定的符号和文字表示电气设备的元件及其相互间连接顺序的图称为接线图。工矿供配电系统的接线图按其在变配电所中所起的作用分为两种：一种是表示变配电所中的电能输送和分配路线的接线图，称为一次接线图或主接线图。它由各种开关电器、电力变压器、母线、电力电缆、移相电容器等电气设备依一定次序相连接。另一种是表示用来控制、指示、测量和保护一次设备运行的接线图，称为二次接线图。

一次接线对系统运行，电气设备选择，厂房、配电装置布置，自动装置选择和控制方式起决定性作用，对电力系统运行的可靠性、灵活性、经济性起决定性作用。电气主接线通常画成单线图的形式（即用一根线表示三相对称电路），在个别情况下，如三相电路不对称时，可用三线图表示。

1）主接线的基本要求

（1）保证供电的可靠性

变配电所的一次接线应根据用电负荷的等级，保证在各种运行方式下提高供电的连续性。供电因事故被迫中断的机会越少，影响范围越小，停电时间越短，则主接线供电的可靠性就越高。

（2）具有一定的灵活性和方便性

主接线应能适应各种运行方式，并能灵活地进行各种方式转换，不仅在正常运行时能安全可靠供电，而且在系统故障或设备检修时，也能保证非故障和非检修回路继续供电，并能灵活简便、迅速改变运行方式，使停电时间最短、影响范围最小。

（3）具有经济性

设计主接线时，可靠性和经济性之间是矛盾的。欲使主接线可靠、灵活，将导致投资增加。必须把技术与经济两者综合考虑，在满足供电可靠、运行灵活方便的基础上，尽量使设备投资费用和运行费用最少。

（4）具有发展和扩建的可能性

在设计接线时应有发展余地，不仅要考虑最终接线的实现，同时还要兼顾分期过渡接线的可能和施工的方便。

此外，安全也是至关重要的，包括设备安全及人身安全。要满足这一点，必须符合国家标准和有关技术规程的要求。

2）电气主接线设计原则

变电所主接线是由变压器、母线、隔离开关、断路器和电抗等电气设备及其线路连接而成的。主接线应按负荷等级不同对供电可靠性的要求、允许停电时间及用电单位规模、性质和负荷大小，并结合地区供电条件综合选定。

（1）主接线设计原则

①一级负荷 应由两个独立电源供电。所谓两个独立电源是指互不联系、互不影响的两个电源。按照负荷需要和允许停电时间，采用双电源自动或手动切换方式保证连续供电。对一级负荷比重较大的变电所，高压侧应引入两条独立的电源线路，对一级负荷用电设备采用变压器低压侧独立电源同时供电。

②二级负荷　应由两条独立线路供电,当引入两条线路有困难时,允许采用一条专用线路供电。

③三级负荷　无特殊要求。

(2)工厂 35 ~ 110 kV/6 ~ 10 kV 主接线的特点

①根据负荷等级,电源进线一般为 1 ~ 2 回路,对于特殊大型重要工业企业还设有自备热力发电厂。

②变压器台数一般不超过两台。

③6 ~ 10 kV 侧母线采用单母线或单母线分段制,一般不采用双母线制。对于大型工厂、重要负荷、进出线较多或地方变电所例外。

电气主接线图应按国家标准的图形符号和文字符号绘制。常用的电气设备图形符号和文字符号见表 5.1。

表 5.1　常用电气设备图形符号和文字符号

电气设备名称	文字符号	图形符号	电气设备名称	文字符号	图形符号
刀开关	QK		母线	W	
			导线、线路	W	
断路器(自动开关)	QF		三根导线		
			电缆及其终端头		
隔离开关	QS		端子	X	
负荷开关	QL		交流发电机	G	
熔断器	FU		交流电动机	M	
			单相变压器	T	
熔断器式开关	S		电压互感器	TV	
			三绕组变压器	T	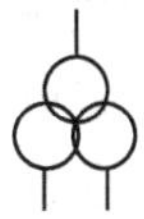
阀式避雷器	F		三绕组电压互感器	TV	
三相变压器(Y/Y$_0$ 联结)	T		电流互感器(具有两铁芯和两个二次绕组)	TA	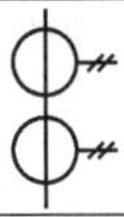
三相变压器(Y/Δ 联结)	T		电抗器	L	
电流互感器(具有一个二次绕组)	TA		电容器	C	

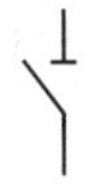

113

3）倒闸操作

电气设备分为运行、备用（冷备用及热备用）、检修 3 种状态。将设备由一种状态转变为另一种状态的过程称为倒闸。通过操作隔离开关、断路器以及挂、拆接地线将电气设备从一种状态转换为另一种状态或使系统改变了运行方式，这种操作称为倒闸操作。倒闸操作必须执行操作票制和工作监护制。

4）倒闸操作规定

①倒闸操作必须根据值班调度员或电气负责人的命令，受令人复诵无误后执行。

②发布命令应准确、清晰，使用正规操作术语和设备双重名称，即设备名称和编号。

③发令人使用电话发布命令前，应先和受令人互通姓名，发布和听取命令的全过程，都要录音并作好记录。

④倒闸操作由操作人填写操作票。

⑤单人值班，操作票由发令人用电话向值班员传达，值班员应根据传达填写操作票，复诵无误，并在监护人签名处填入发令人姓名。

⑥每张操作票只能填写一个操作任务。

⑦倒闸操作必须由两人执行，其中对设备较为熟悉者作监护，受令人复诵无误后执行；单人值班的变电所倒闸操作可由一人进行。

⑧开始操作前，应根据操作票的顺序先在操作模拟板上进行核对性操作（预演）。

⑨操作前，应先核对设备的名称、编号和位置，并检查断路器、隔离开关、自动开关、刀开关的通断位置与工作票所写的是否相符。

⑩操作中，应认真执行复诵制、监护制，发布操作命令和复诵操作命令都应严肃认真，声音洪亮、清晰，必须按操作票填写的顺序逐项操作，每操作完一项，应有监护人检查无误后在操作票项目前打"√"；全部操作完毕后再核查一遍。

⑪操作中有疑问时，应立即停止操作并向值班调度员或电气负责人报告，弄清楚问题后再进行操作，不准擅自更改操作票。

⑫操作人员与带电导体应保持足够的安全距离，同时应穿长袖衣服和长裤。

⑬用绝缘棒拉、合高压隔离开关及跌落式开关或经传动机构拉、合高压断路器及高压隔离开关时，均应戴绝缘手套；操作室外设备时，还应穿绝缘靴。雷电时禁止进行倒闸操作。

⑭装卸高压熔丝管时，必要时使用绝缘夹钳或绝缘杆，应戴护目眼镜和绝缘手套，并应站在绝缘垫（台）上。

⑮雨天操作室外高压设备时，绝缘棒应带有防雨罩，还应穿绝缘靴。

⑯变配电所（室）的值班员，应熟悉电气设备调度范围的划分；凡属供电局调度的设备，均应按调度员的操作命令进行操作。

⑰不受供电局调度的双电源（包括自发电）用电单位，严禁并路倒闸（倒闸时应先停常用电源，"检查并确认在开位"，后送备用电源）。

⑱当发生人身触电事故时，可以不经许可立即断开有关设备的电源，但事后必须立即报告上级。

5.1.2　主接线的基本接线方式

1）单母线接线

主接线中引出线的数目一般比电源的数目多。当电力负荷减少或电气设备检修时,每一电源都有可能被切除。必须使每一引出线能从任意电源获得供电,以保证供电的可靠性和灵活性。设置母线,便于汇集和分配电能。母线就是将变压器或发电机及多条进出线路并联在同一组的三相导体。

（1）单母线不分段接线

如图 5.1 所示为单母线不分段主接线,是比较简单的接线方式。每条引入线和引出线中都装有断路器和隔离开关。断路器用来切断负荷电流和故障电流。隔离开关有两种:靠近母线侧的称为母线隔离开关,用来隔离母线电源和检修断路器;靠近线路侧的称为线路隔离开关,用来防止在检修断路器时从用户侧反向送电,或防止雷电过电压沿线路侵入,保证维修人员安全。按有关设计规范规定,对 6~10 kV 的引出线,在下列情况时应装设线路隔离开关:

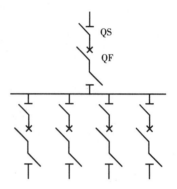

①有电压反馈可能的出线回路。

②架空出线回路。

单母线不分段接线的优点是电路简单,使用设备少,配电装置费用低。缺点是可靠性、灵活性差。当母线或母线隔离

图 5.1　单母线不分段接线

开关故障或检修时,必须断开所有回路的电源,造成全部用户停电。单母线不分段接线适用于用户对供电连续性要求不高的情况。

（2）单母线分段接线

单母线分段主接线如图 5.2 所示。它可提高供电的可靠性和灵活性,这不仅便于分段检修母线,而且可以减小母线故障影响范围。在可靠性要求不高时,可用隔离开关分段,故障短时停电,拉开分段隔离开关 QS_D 后,完好段可恢复供电。当可靠性要求较高时,用断路器分段。分段断路器 QF_D 除具有分段隔离开关的作用外,一般还装有继电保护,除能切断负荷电流或故障电流外,还可自动分、合闸。母线检修时不会引起正常母线段的停电,可直接操作分段断路器。拉开隔离开关进行检修,其余各段母线继续运行。当母线故障时,分段断路器的继电保护动作,自动切除故障段母线。用断路器分段的单母线接线,可靠性提高了。

但是,不管是用隔离开关分段或用断路器分段,在母线检修或故障时,都避免不了使该段母线的用户停电。

为了检修出线断路器,又不使该线路中断供电,可采用单母线加旁路母线,如图 5.3 所示。正常运行时,旁路隔离开关和旁路断路器是断开的,旁路母线不带电。当要检修出线 WL1 的断路器 QF1 时,先闭合旁路隔离开关 QS2、QS3 及旁路母线断路器 QF2,向旁路母线充电,再合上旁路隔离开关 QS5,此时,出线 WL1 由原工作母线和旁路母线同时供电,再断开出线断路器 QF1 和出线隔离开关 QS1、QS4,该出线则由旁路母线供电,出线断路器 QF1 退出运行,进行检修。

带旁路母线的单母线接线造价较高,仅在引出线的数目很多的变电所中采用。分段数目取决于电源数目和容量,段数多,故障停电范围小,但使用断路器等设备增多,且配电装置运行复杂,通常分 2~3 段。

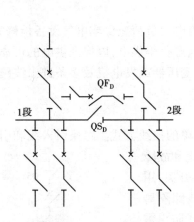

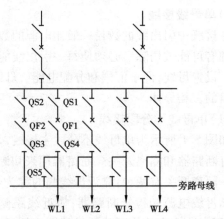

图 5.2　单母线分段接线　　　　图 5.3　带旁路母线的单母线接线

正确执行"倒闸操作"是避免发生事故,保证主接线安全运行的重要措施。"倒闸操作"的原则是:①接通电路:先闭合隔离开关,后闭合断路器;②切断电路:先断开断路器,后断开隔离开关。

2)双母线接线

当工矿负荷大,重要的进出线回路多,如地方变电所、大型工矿变电所,要求总降压变电所的供电可靠性和运行灵活性都比较高时,可考虑采用双母线制。如图 5.4 所示为不分段的双母线主接线图,其中 W1 是工作母线,W2 是备用母线。与母线 W1 相连的所有隔离开关均处于闭合状态,而与母线 W2 相连的所有隔离开关均处于开断状态。两组母线之间装有母线切换断路器 QF_W(简称母联开关),它通常是断开的,在 QF_W 两侧的隔离开关也都是闭合的。

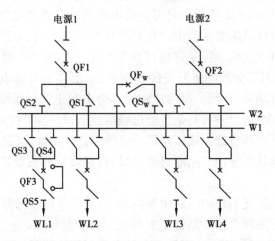

图 5.4　不分段的双母线接线图

双母线制有以下优点:

轮流检修母线而无须停止变电所的运行。假定检修工作母线 W1 时,将所有线路都切换到备用母线 W2 上即可。但事先应检查母线 W2 是否完好,接通母线切换断路器 QF_W,备用母线带电。如果备用母线短路,则 QF_W 就会在继电保护的作用下断开,变电所将保持继续运行。如果备用母线无隐患故障,接通 QF_W 后,将与备用母线相连接的母线隔离开关闭合,此操作过程对运行人员和隔离开关都无危险。QF_W 接通后,隔离开关的刀闸和触头均处于相同的电压作用下,在此两者之间为等电位不会产生危险的电弧。将母线切换断路器 QF_W 及与被检修母线之间的母线隔离开关断开,这样不会中断变电所的运行。

检修任意母线隔离开关仅使本回路断开。假定检修与工作母线 W1 相连的母线隔离开关 QS1;将负荷从电源 1 转移到电源 2 上,先后断开 QF1 和 QS1,将所有线路从工作母线 W1 转移到备用母线 W2 上,将 QS_W 断开,以防 QF_W 错误合闸而使工作母线 W1 带电。由于隔离开关 QS2 与备用母线 W2 仍未接通,所以 QS1 处于无电压状态。因此,在检修任意一台母线隔离开关时,只使与此隔离开关有关的电路断开即可保证检修人员的安全工作。

检修任意回路断路器时,可利用备用母线 W2 和母线切换断路器 QF_W 代替执行该回路被检修断路器的任务。如检修线路 WL1 的断路器 QF3,但不希望该线路长期中断工作,则可用下列操作方法达到目的:开断线路 WL1 的断路器 QF3 及其线路隔离开关 QS5、母线隔离开关 QS3。此时,取出断路器 QF3 进行检修,用跨条来代替它,如图 5.4 所示,闭合与备用母线相连的隔离开关 QS4,再闭合 WL1 的 QS5,最后闭合母线切换断路器 QF_W,WL1 恢复工作,此时 QF_W 代替了 QF3 的作用。

当工作母线 W1 上发生故障时,通过所有母线断路器和母线隔离开关将变电所的负荷转移到备用母线上就能迅速地恢复供电。

不分段双母线制的主要缺点是,当工作母线上发生故障时,将使变电所全部停止运行。在这一点上不分段双母线制与不分段单母线制具有同样的缺点,也不适用于一级负荷。

为了保证对一级负荷的不间断供电,可采用分段的双母线,即将工作母线分段。在工作母线的两分段之间设置分段断路器 QF_D,如图 5.5 所示。这种分段双母线制不仅有不分段双母线制运行的灵活性,而且具有分段单母线供电可靠的优点。这种母线适合用于区域、地方变电所(或大、中型发电厂)中。

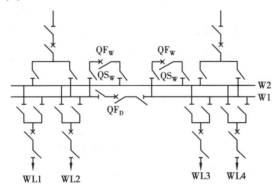

图 5.5　工作母线分段的双母线接线

3)桥式接线

对于具有两回电源进线、两台降压变压器终端式的工矿总降压变电所,可采用桥式接线。其特点是有一条横联跨接的"桥"。桥式接线断路器的数量减少,四回电路只采用 3 台断路器。根据跨接桥横联位置的不同,又分为内桥接线和外桥接线两种,如图 5.6 和图 5.7 所示。

图 5.6 为内桥式主接线,桥接断路器 QF_B 位于线路断路器 QF1、QF2 内侧靠近变压器。采用内桥式主接线可提高变电所供电和线路运行的灵活性。例如,当线路 WL1 检修时,断路器 QF1 断开,此时变压器 T1 可由线路 WL2 经断路器 QF2 和桥接断路器 QF_B 继续供电,而不致停电。同理,当检修断路器 QF1 或 QF2 时,借助于桥接断路器的作用,两台变压器仍能始终维持正常运行。但当变压器 T1 发生故障或检修时,须断开 QF1、QF3 及 QF_B,经过"倒闸操作"拉开 QS5 和 QS7,再闭合 QF1 和 QF_B,方能恢复正常供电。根据这些特点,内桥式主接线适用于:向一、二级负荷供电;供电线路较长;变电所没有穿越功率;负荷曲线较平稳,主变压器不经常退出工作;终端型的工矿企业总降压变电所。

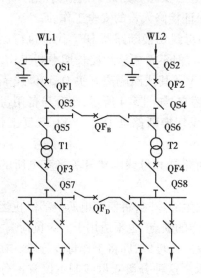

图 5.6 内桥式主接线

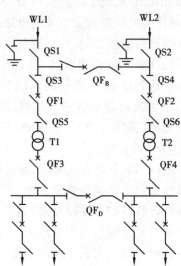

图 5.7 外桥式主接线

内桥式接线有多种运行方式:①高压侧桥接断路器 QF_B 闭合,低压侧分段断路器 QF_D 闭合。这时两回电源线路和两台主变压器均作并联运行,可靠性高,但短路电流大。继电保护装置复杂。②高压侧桥接断路器 QF_B 断开,低压侧分段断路器 QF_D 闭合。可靠性比前者差,但短路电流得到控制。宜用于来自同一电源的双回路。③高压侧桥接断路器 QF_B 断开,低压侧分段断路器 QF_D 也断开,适用于两个未经同期的独立电源。它的运行相当于两个备用的"线路变压器组"。

图 5.7 为外桥式主接线,桥接断路器 QF_B 位于线路断路器 QF1、QF2 之外靠近线路侧,进线回路仅装设隔离开关,不装设断路器。外桥式主接线对变压器回路的操作方便,对电源进线回路不方便。当线路 WL2 发生故障或检修时,须断开 QF2 及 QF_B 经过"倒闸操作",拉开 QS2,再闭合 QF2 和 QF_B,方能恢复正常供电。外桥式主接线适用于:向一、二级负荷供电;供电线路较短;允许变电所有较稳定的穿越功率;负荷曲线变化大,主变压器需要经常操作;中型工矿企业的总降压变电所。采用外桥式主接线系统的总降压变电所,宜于构成环形电网,它可使环网内的电源不通过受电断路器,这对减少受电断路器 QF1 和 QF2 的事故及对变压器继电保护装置的整定都很有利。

【任务实施】

1. 实施地点

某 6 ~ 10 kV 变电所,多媒体教室。

2. 实施所需器材

多媒体设备、变电所线路图。

3. 实施内容与步骤

①学生分组。

②教师布置工作任务。

③教师通过图纸、实物或多媒体展示让学生了解工矿供电系统常用的符号以及主接线的基本接线方式。

【学习小结】

变配电所一次主接线图的概念:由高压电器通过连接线,按其功能要求组成接受和分配电能的电路,用来传输强电流,高电压的网络,以及主接线的基本接线方式。

【自我评估】

1. 何谓变配电所的一次接线、二次接线? 对电气主接线有哪些要求?

2. 何谓"倒闸操作"? 在操作过程中应注意哪些问题? 为什么停电时应先停负荷侧隔离开关?

3. 变电所有哪几种基本接线形式? 请画图说明,并比较其优缺点。

任务 5.2　工矿变配电所常用的主接线

【任务简介】

任务名称:工矿变配电所常用的主接线

任务描述:本次任务将通过一些变配电所一次主接线图来学习工矿变配电所通常采用的主接线方式。

任务分析:变配电所是工矿用电系统的枢纽。本次任务是以工矿变配电所及一次主接线的识读为载体,了解工矿变配电所常用的主接线并能初步阅读变配电所一次主接线图。

【任务要求】

知识要求:能够识读简单的一次主接线图。

能力要求:能初步绘制变配电所一次主接线。

【知识准备】

5.2.1　工矿总降压变电所的主接线

1)桥式接线

属于一级和二级负荷的大型工矿企业采用 35～110 kV 线路供电时,一般采用双回路电源进线和两台主变压器组成的内桥式接线,如图 5.6 所示。进线可以是两个独立电源或者是单电源的双回路。它的特点是当一条电源线路有故障或检修时,通过桥接断路器,不影响两台变压器的运行。在供电要求可靠、负荷曲线较平稳、变压器不需经常切除和投入的情况下,宜采用内桥式接线。

少数用电量很大而变压器多于两台的工矿企业总降压变电所,也有采用扩大内桥接线方式,如图 5.8 所示。

2)高压侧无母线的主接线

属于二级和三级负荷的工矿企业采用一回电源进线和一台变压器的接线方式,如图 5.9 所示。若线路不长,变压器高压侧可不装设断路器,而由电源侧出线断路器承担任务。但当线路或变压器发生故障或检修需停电时,其供电的可靠性较差。

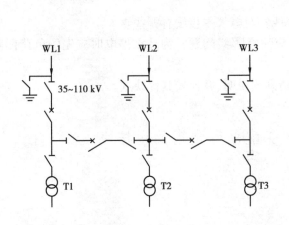

图 5.8　扩大内桥式主接线

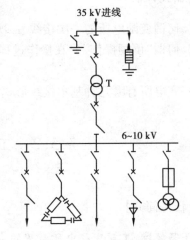

图 5.9　高压侧无母线

5.2.2　工矿总配电所的主接线

6～10 kV 配电所一般采用单母线或单母线分段的接线方式。

1)单母线接线

这种接线方式如图 5.1 所示,一般为一路电源进线,而引出线可以有任意数目,供给几个车间变电所或高压电动机等。这种接线的优点是简单、运行方便、投资费用低、发展便利。缺点是供电可靠性较差,当检修电源进线断路器或母线时,全所都要停电,只适用于对三级负荷供电。

2)单母线分段接线

对于供电可靠性要求较高、用电容量较大的 6～10 kV 配电所,可采用二回电源进线、母线分段运行的方式,如图 5.2 所示,它比较适用于大容量的二、三级负荷。如二回电源进线为两个独立电源时,两组母线分列运行,可用于向一、二级负荷供电。

5.2.3　车间变电所的主接线

1)高压侧无母线的接线

这种接线最简单、运行便利、投资费用低,当中小型工矿企业的变电所只有一台变压器时最为适宜。但当高压侧电气设备发生故障时,将造成全部停电,只适用于小容量的三级负荷。当低压侧与其他变电所有联络线时也可用来向一、二级负荷供电。这种接线方式对高压侧开关电器类型的选择,主要决定于变压器的容量及变电所的结构形式。

（1）变压器容量在 630 kV·A 及以下的露天变电所

对于户外变电所或柱上变电所,高压侧可选用户外高压跌落式熔断器(又称跌落保险),如图 5.10 所示。跌落式熔断器可以接通和断开 630 kV·A 及以下的变压器的空载电流(变电所停电时,须先切除低压侧负荷)。在检修变压器时,拉开跌落式熔断器可起隔离开关的作用;当变压器发生故障时,又可作为保护元件自动断开变压器。对不经常操作且负荷不重要的容量为 630kV·A 及以下的户外变压器,允许采用跌落式熔断器作为保护元件。

（2）变压器容量在 320 kV·A 及以下的变电所

对于户内结构的变电所,当变压器容量在 320 kV·A 及以下时,高压侧可选用隔离开关和户内式高压熔断器,如图 5.11 所示。隔离开关用在检修变压器时切断变压器与高压电源的联系,但隔离开关仅能切断 320 kV·A 及以下的变压器的空载电流,停电时要先切除变压器低压侧的负荷,然后才可拉开隔离开关。高压熔断器能在变压器故障时熔断而断开电源。

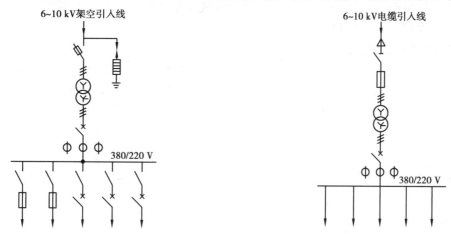

图 5.10　630 kV·A 及以下露天变电所的主接线　　　图 5.11　320 kV·A 及以下车间变电所的主接线

为了加强变压器低压侧的保护,变压器低压侧出口总开关应尽量采用自动空气断路器。

（3）变压器容量在 560～1 000 kV·A 时的车间变电所

变压器高压侧选用负荷开关和高压熔断器,如图 5.12 所示。负荷开关作为正常运行时操作变压器之用,熔断器作为短路时保护变压器用。当熔断器不能满足继电器保护配合条件时,高压侧要选用高压断路器,如图 5.13 所示。

121

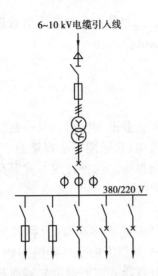

6~10 kV电缆引入线

380/220 V

图 5.12　560～1 000 kV·A 车间变电所的主接线

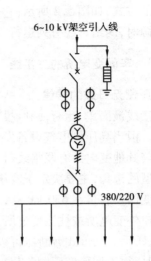

6~10 kV架空引入线

380/220 V

图 5.13　1 000 kV·A 及以上工厂变电所的主接线

（4）变压器容量为 1 000 kV·A 以上的车间（或全工矿性）变电所

变压器高压侧选用隔离开关和高压断路器，如图 5.14 所示。高压断路器作为正常运行时接通或断开变压器用，同时作为故障时切除变压器用。隔离开关作为断路器、变压器检修时隔离电源用，要装设在断路器之前。

为了防止电气设备遭受大气过电压的袭击而损坏，上述几种接线中的 6～10 kV 电源为架空线路引进时，在入口处需装设避雷器，并尽可能地采用不少于 30 m 的电缆引入段。

对一、二级负荷或用电量较大的车间变电所（或全工矿性的变电所），应采用两回路进线两台变压器的接线，如图 5.14 所示。

2）高压侧单母线的主接线

对供电可靠性要求较高、季节性负荷或昼夜负荷变化较大、负荷比较集中的车间（或中、小企业），其变电所设有两台以上变压器，并考虑以后的发展需要（如增加高压电动机回路），应采用高压侧单母线、低压侧单母线分段的接线方式，如图 5.15 所示。

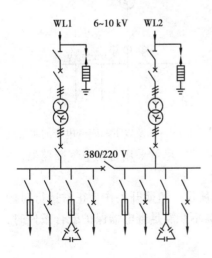

WL1　　6~10 kV　　WL2

380/220 V

图 5.14　高压侧无母线接线图

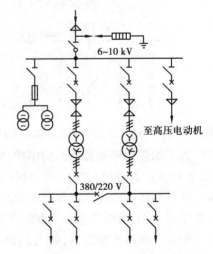

6~10 kV

至高压电动机

380/220 V

图 5.15　高压侧单母线接线图

5.2.4　井下中央变电所的主接线

如图 5.16 所示是与图 1.13(b)所示设备布置图一致的电气主接线图,其接线原则是:

①高压母线采用单母线分段,其段数应与电源进线数目相对应,段与段之间设有母线联络开关,正常时母线分列运行。

②一级负荷如高压水泵电动机等应均匀地分别接到各段母线上;向各采区供电的高压电缆和整流设备也应分别接到不同的母线段上。

③如低压设有主排水泵时,低压母线也应接成单母线分段,低压动力变压器不应少于两台。

④变电所中除配电装置可用母线连接外,设备间的连线必须用电缆。一般高压电缆敷设于沟内;低压电缆悬挂在墙壁上;照明电缆沿拱顶敷设,灯间距离为 3 ~ 4 m。

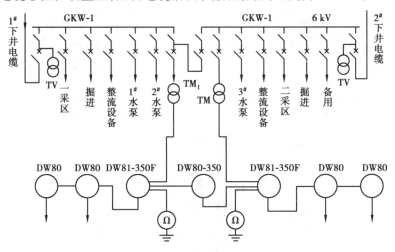

图 5.16　井下中央变电所的主接线

GKW-1—矿用一般型高压开关柜;TM₁、TM—矿用变压器;Ω—检漏继电器;

DW80—200 A 馈电开关;DW80-350 和 DW81-350F—350 A 馈电开关

5.2.5　采区变电所的主接线

为了保证供电安全,采区变电所内除动力变压器为一般矿用型外,其余的高、低压设备均为隔爆型配电装置。

采区变电所的几种不同接线方式如图 5.17 所示,其中图 5.17(a)、(b)接线适用于一台变压器能满足供电,且无一级负荷(井下排水设备)的采区和综采工作面。变压器二次侧接有两台总开关的接线方式,用于负荷电流大于一台总开关额定电流或分支供电。但两台总开关只能接一台检漏继电器,如每台接一台检漏继电器,不仅达不到选择性动作的目的,还增大了漏电危险性。

当采区负荷较大,一台变压器不能满足需要时,可采用两台或两台以上的变压器供电,其接线如图 5.17(c)所示。这种接线可使低压侧分列运行,当有一台变压器因故障停止运行时,不致使采区全部停电,但正常运行的另一台变压器起不到备用作用。当由多台变压器供电时,应设置高压电源总开关,以便于操作。

产量较大的工作面或有下山排水设备的低压供电,均需采用双回路高压电源进线及两台以上的变压器供电,并在高、低压侧变压器间设联络开关,如图5.17(d)所示。在正常情况下,高、低压的分段母线联络开关处于分断状态,两个电源及变压器均分列运行。但当一回电源线路因故障而停止供电时,只要断开该电源线路的进线开关,再合上联络开关,则两台变压器可由一回电源线路供电;当有一台变压器停止运行时,只要断开该变压器的低压馈电总开关,再合上低压母线的联络开关,可由另一台运行变压器向该段母线的重要负荷供电。特别是母线需要检修时,可采用分段检修,不致使整个低压电网停电,从而提高了供电的可靠性和运行的灵活性。

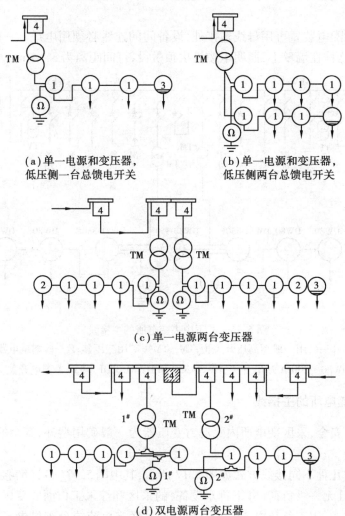

(a)单一电源和变压器,
低压侧一台总馈电开关

(b)单一电源和变压器,
低压侧两台总馈电开关

(c)单一电源两台变压器

(d)双电源两台变压器

图5.17 采区变电所的主接线

1—馈电开关;2—磁力启动器;3—照明综合保护器;4—高压配电开关;Ω—检漏继电器

【任务实施】

1.实施地点

某6~10 kV变电所、多媒体教室。

2. 实施所需器材

多媒体设备、变电所线路。

3. 实施内容与步骤

①学生分组。

②教师布置工作任务。

③教师通过图纸、实物或多媒体展示让学生了解变配电所一次主接线的构成、布置、线路布局举例。

④学生阅读工作任务书,了解工作内容,明确工作目标,制订实施方案。

【学习小结】

识读常用主接线图:总降压变电所的主接线;6~10 kV 车间和小型变电所的主接线;6~10 kV 配电所的主接线。

【自我评估】

1. 内桥接线和外桥接线有何区别? 各适用于什么场合?

2. 某一降压变电所有二回 35 kV 电源进线,六回 10 kV 出线,拟采用两台双绕组变压器,低压采用单母线分段接线,请分别画出当高压采用内桥接线或单母线分段接线时,降压变电所的电气主接线图。

学习情境 6

工矿供电系统的保护

【知识目标】

1. 掌握供电系统保护装置和二次回路接线图。
2. 掌握单端供电系统的保护。
3. 掌握电力变压器和高压电动机的保护。
4. 掌握高压电动机的保护。
5. 掌握供电系统的过电压保护。
6. 掌握接地保护。

【能力目标】

1. 了解常见继电保护装置的作用和结构。
2. 学会电力系统二次接线图的安装和布置方法。
3. 学会分析电力变压器和高压电动机的保护方法。
4. 学会防雷装置的设置。
5. 学会接地保护装置的运行和维护。

任务 6.1　供电系统保护装置和二次回路接线图

【任务简介】

任务名称:供电系统保护装置和二次回路接线图

任务描述:本任务要求掌握供电系统保护装置的知识和其二次回路的接线图。

任务分析:通过内容的学习掌握电力系统继电保护装置的概念和基本原理;对变电所用各种操作电源、断路器的控制回路及中央信号装置的组成、结构、原理和特点等内容进行学习,并结合变电所的实际情况对变电所控制和信号装置进行选择、安装、操作、故障分析和处理。

【任务要求】

知识要求：1. 掌握保护装置的作用、结构和保护意义。
　　　　　2. 掌握继电保护装置的作用与要求。
　　　　　3. 认识继电保护装置使用的原则。
　　　　　4. 掌握二次回路中各种电器设备的类型、特点。
　　　　　5. 掌握控制和信号装置的原理。
能力要求：1. 能说出保护装置的基本特点、作用和使用场合。
　　　　　2. 能说出保护装置的基本原理。
　　　　　3. 会读控制和信号装置原理与接线图。
　　　　　4. 会分析、处理控制和信号装置的故障的步骤。

【知识准备】

6.1.1　继电保护装置的作用和任务

1）电力系统可能受到的威胁

由于自然条件和设备制造质量、运行维护等方面的影响,电力系统在运行中不可避免地出现故障及不正常工作状态。无论电力系统是在运行中出现故障还是在不正常工作状态,都应该得到及时、正确的处理,否则可能导致对用户供电的减少,或电能质量指标超出允许范围,甚至发生人身伤害及设备损坏事故。

2）继电保护装置及其任务

继电保护装置是指当供电系统中电气元件发生故障或不正常运行状态时,动作于断路器跳闸或发出信号的一种自动装置。它的基本任务是:

①当发生故障时,自动、快速、有选择性地将故障元件从供电系统中切除,避免故障元件继续遭到破坏,保证其他无故障部分迅速恢复正常运行。

②当出现不正常工作状态时,继电保护装置动作发出信号,减负荷或跳闸,以便引起运行人员注意并及时地进行处理,保证安全供电。

③继电保护装置还可以和供电系统的自动装置,如自动重合闸装置(ARD)、备用电源自动投入装置(APD)等配合,缩短停电时间,提高供电系统运行的可靠性。

6.1.2　继电保护装置的基本原理和组成

1）继电保护装置的基本原理

在供电系统中,故障之后,总是伴随有电流的增大、电压的降低、线路始端测量阻抗的减小,以及电流电压之间相位差角改变等不同于正常状态下的参数变化。利用这些基本参数的变化,可以构成不同原理的继电保护,如反应电流增大而动作的过电流保护及反应电压降低而动作的低电压保护等。

2）继电保护装置的组成

一般情况下,整套保护装置由测量部分、逻辑部分和执行部分组成,如图6.1所示。

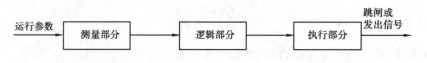

图 6.1 继电保护装置的原理结构

（1）测量部分

测量被保护对象输入的有关参数，如电流、电压等，与已给定的整定值进行比较，输出比较结果。

（2）逻辑部分

根据测量部分输出的检测量和输出的逻辑关系，进行逻辑判断，确定是否应该使断路器跳闸或发出信号，并将有关命令传给执行部分。

（3）执行部分

根据逻辑部分传送的信号，完成保护装置所担负的任务，如跳闸、发出信号等操作。

上述这一整套保护装置通常是由触点式继电器组合而成的。继电器的类型很多，按其反应的物理量分为电量继电器和非电量继电器。

非电量继电器主要有瓦斯继电器、温度继电器和压力继电器等。

电量继电器常用下列 3 种分类方法：

①按动作原理分为电磁型、感应型、整流型和电子型等。

②按反应的物理量分为电流继电器、电压继电器、功率方向继电器、阻抗继电器等。

③按继电器作用分为中间继电器、时间继电器、信号继电器等。

6.1.3　对继电保护装置的基本要求

1）选择性

继电保护装置的选择性是指供电系统中发生故障时，应是靠近电源侧距故障点最近的保护装置动作，将故障元件切除，使停电范围最小，保证非故障部分继续安全运行。

2）速动性

快速地切除故障可以缩小故障元件的损坏程度，减小因故障带来的损失，减小用户在故障时低电压下的工作时间。

为了保证选择性，保护装置应带有一定时限，这就使选择性和速动性出现冲突，对工矿企业继电保护系统来说，应在保证选择性的前提下，力求速动性。

3）灵敏性

保护装置的灵敏性是指对被保护电气设备可能发生的故障和不正常运行方式的反应能力。如在系统中发生短路时，无论短路点的位置、短路的类型、最大运行方式还是最小运行方式，只要故障发生在保护范围内，要求保护装置都能正确灵敏地动作。

保护装置的灵敏性通常用灵敏系数来衡量，对于各类保护装置的灵敏系数，都有具体的技术要求，对不同的继电保护其计算方法和要求不一样。

4）可靠性

保护装置的可靠性是指该保护区内发生短路或出现不正常状态时，它应该准确、灵敏地动作，而在其他任何地方发生故障或无故障时，不应动作。

6.1.4　继电保护的发展和现状

继电保护是随着电力系统的发展而发展起来的,19 世纪后期,熔断器作为最早、最简单的保护装置已经开始使用。随着电力系统的发展,电网结构日趋复杂,熔断器早已不能满足选择性和快速性的要求。20 世纪初,出现了作用于断路器的电磁型继电保护装置。20 世纪 50 年代,由于半导体晶体管的发展,出现了晶体管式继电保护装置。随着电子技术的发展,20 世纪 80 年代后期,集成电路继电保护装置已逐步取代晶体管继电保护装置。随着大规模集成电路技术的飞速发展,微处理机和微型计算机得到普遍使用,微机保护在硬件结构和软件技术方面已经成熟,现已得到广泛应用。微机保护具有强大的计算、分析和逻辑判断能力,有存储记忆功能,可以实现任何性能完善且复杂的保护原理,目前的发展趋势是进一步实现其智能化。

在我国,微机继电保护的发展大体经历了 3 个阶段:第一阶段,以单 CPU 的硬件结构为主,硬件及软件的设计符合我国高压线路保护装置的"四统一"的设计标准。第二阶段,以多个单片机并行工作的硬件结构为主,CPU 之间以通信交换信息,总线不引出插件,利用多 CPU 的特点做到了后备容错,风险分散,强化了自检和互检功能,使硬件故障可定位到插件。对保护的跳闸出口回路具有完善的抗干扰措施及防止拒动和误动的措施。第三阶段,以高性能的 16 位单片机构成的硬件结构为主,具有总线不出芯片,电路简单及较先进的网络通信结构,抗干扰能力进一步加强,完善了通信功能,为变电站综合自动化系统的实现提供了强有力的环境,使我国微机保护的硬件结构进一步提高。

6.1.5　二次接线的原理图

在工矿供电系统中,通常将用电设备分为一次设备和二次设备。主电路中的设备都是一次设备,而测量仪表、控制及信号设备、继电保护装置、自动装置和运动装置等称为二次设备。根据测量控制保护和信号显示的要求,表示二次设备互相连接关系的电路,称为二次接线或二次回路。

按二次接线电源性质分,有交流回路和直流回路;按二次接线的用途分,有操作电源回路、测量仪表回路、断路器和信号回路、中央信号回路、继电保护和自动装置回路等。在这里主要介绍供电系统二次接线的原理图、安装图及常用的二次接线回路,并对工矿供电系统中主要电气设备、线路、变压器和电动机的常规保护方法进行介绍。

工矿配电系统的电气设备接线图,可分为一次接线图和二次接线图两种。表示变压器、断路器、隔离开关、避雷器、电抗器、电压互感器、电流互感器、电力电缆以及架空线等主要设备的连接顺序和相互关系的电路图称为一次接线图。另外,为了保证经济、可靠、安全的运行,变电所还须装设监视和测量仪表、控制信号线路、继电保护装置和自动装置等一系列的辅助设备和元件。这些设备通常由操作电源、电压和电流互感器、继电器和控制开关组成,表示它们互相连接顺序及关系的电路图称为二次接线图。通常二次接线的元件设备和仪表在设备的低压侧。

在供配电系统中,用来表示继电保护、监视和测量仪表以及自动装置的工作原理的电路图称为原理接线图,如图 6.2(a)所示。在其中画出了和一次接线有关的部分及仪表、继电保护、开关电器的元件整体,其相互联系的电流、电压和操作电源回路都综合交错在一起,它对整个装置的构成有一个明确的概念,便于了解其相互关系和工作原理。

原理接线图可用来分析工作原理,但无法进行施工。特别是对于复杂线路,看图较困难,因此,广泛应用二次接线展开图。二次接线展开图是按二次接线使用电源来分别画出交流电流回路、交流电压回路、操作电源回路中各元件的线圈和触点。属于同一个设备或元件的电流线圈、电压线圈、控制触点分别画在不同的回路里。为了避免混淆,属于同一个元件的线圈和触点采用相同的文字标号,但各支路需标上不同的数字回路标号。

绘制展开图分为交流电流回路、交流电压回路、控制回路和信号回路等几个主要组成部分。每一部分又分行排列,交流回路按 A、B、C 的相序排列。控制回路按继电器的动作顺序由上往下分行排列。各回路右侧通常有文字说明。图中各元件和回路按国家统一规定的图形符号、回路符号绘制。较简单图形可略去回路标号。

二次接线图中所有开关电器和继电器触点都是按开关断路时的位置和继电器线圈中无电流时的状态绘制。如图 6.2(b)所示,展开图接线清晰,回路次序明显,便于了解整套装置的动作程序和工作原理。

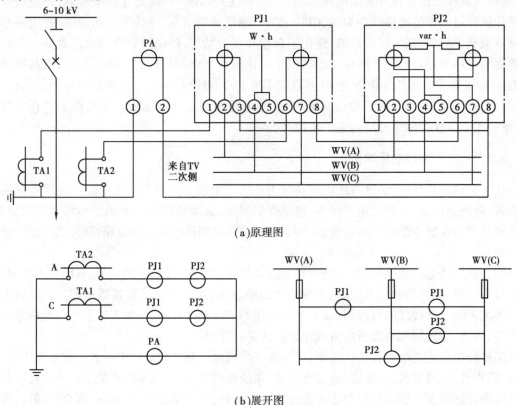

(a)原理图

(b)展开图

图 6.2　二次回路接线图

1)二次接线基本要求

二次接线就是按设计要求和保护方式,用导线及控制电缆将二次设备连接起来。它反映一次系统工作状态,控制一次系统,并在其发生异常时及时发出信号,以便值班人员迅速处理,或故障部分立即从系统中退出工作。可见,变电所内的二次回路直接为承担变配电任务的主设备服务,给变配电设备的正常运行与安全运行提供保障。

显然,无论何种二次回路,其作用都极为重要。如测量监视仪表,它就好像人们的眼睛,没有了它,人们便无法知道变配电设备上的电压高低、流经的电流大小,以及设备本身温度多高、工作是否正常等。仪表后面的二次接线部分,就好像眼球视网膜上密如蜘蛛网的神经,正确地传递着多种信息。二次接线要符合下列基本要求:

①按图施工,接线正确。

②电缆芯线所配导线的端部均应标明其回路编号,编号应正确,字迹清晰且不易褪色。

③配线应整齐、清晰、美观,导线绝缘良好、无损伤。

④二次回路接地应设专用螺栓。

⑤盘柜内的二次回路配线:电流回路应采用电压不低于 500 V 的铜芯绝缘导线,其截面积不应小于 2.5 mm^2;其他回路截面不应小于 1.5 mm^2;对于电子元件回路、弱电回路采用锡焊连接时,在满足载流量和电压降及有足够机械强度下,可采用不小于 0.5 mm^2 截面的绝缘导线。

2)二次接线的主要元件

二次接线除电缆和导线外,还包括以下主要元件:

(1)接线端子

接线端子是用来作为所有交、直流电源及盘与盘之间转线时连接导线的元件。它的种类较多,按其构造形式可分为不可拆式和可拆式两种。

(2)熔断器

二次接线中的各回路要求在短路时有可靠的保护,一般采用熔断器来保护。用于二次回路的熔断器通常有旋入式、玻璃管式和无填料管型封闭式。

(3)电阻器

二次回路的各种器具、仪表及继电器,是由一个总的电源供电。有时由于仪表或继电器的工作条件的关系,需要不同的电压值或提高热稳定,在这种情况下,一般采用附加电阻与信号灯、继电器或仪表的线圈串联使用,使其能适应各种不同的电压值。

(4)操作把手与切换开关

操作把手与切换开关通常装在控制盘的前面,作为操作传动机构所控制的油断路器和隔离开关以及自动装置切换电路之用。用作变配电所中的操作把手有国产 LW2 系列万能转换开关。

(5)操作压板

操作压板作为运行人员根据现场专用规程来断开和投入各组继电保护装置的跳闸回路时用。

(6)信号灯

信号灯是用来作为开关分合闸时的信号装置,通常装在控制盘或控制台上。

(7)光信号表示牌

光信号表示牌用于二次接线及继电保护装置接线回路中,作为发出带有简短内容的某种回路状态或保护装置动作等情况的文字信号,便于值班人员检查。

(8)接线端子的标号牌

二次接线的端子与导线均须装设标号牌,用来区别各种不同的接线端子标号,便于维修和检查。

3)二次接线图的基本绘制方法

(1)二次设备的表示方法

二次设备是从属于一次设备或一次线路的,而一次设备或一次线路又是从属于某一成套电气装置的。二次设备必须按照 GB 5094—1985 的规定,标明其项目种类代号。例如,某高压线路的测量仪表,本身的种类代号为 P。现有有功功率表、无功功率表和电流表,它们的代号分别为 P_1、P_2、P_3。而这些仪表又从属于某一线路,线路的种类代号为 W_6,设无功功率表 P_3 是属于线路 W_6 上使用的,则此无功电度表的项目种类代号应标为" $-W_6-P_3$ "。这里的" $-$ "号称为"种类"的前缀符号。又设这条线路 W_6 又是 8 号开关柜内的线路,而开关柜的种类代号规定为 A,则该无功电度表的项目种类代号全称应为" $=A_8-W_6-P_3$ "。这里的" $=$ "号称为"高层"的前缀符号,"高层"项目是指系统或设备中较高层次的项目。

(2)接线端子的表示方法

端子排是由专门的接线端子板组合而成,是连接盘外导线和盘上的二次设备的。接线端子板分为普通端子、连接端子、试验端子和终端端子等形式。

试验端子板用来在不断开二次回路的情况下,对仪表、继电器进行试验。终端端子板则用来固定或分隔不同安装项目的端子排。

在接线图中,端子排中各种类型端子板的符号标志如图 6.3 所示。端子板的文字代号为 X,端子的前缀符号为":"。按规定,接线图上端子的代号应与设备上端子标记一致。

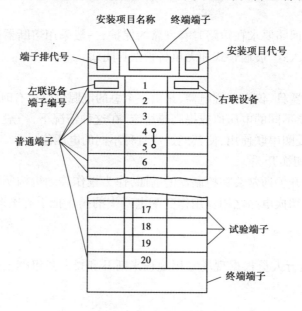

图 6.3　端子排标志图例

(3)连接导线的表示方法

接线图中端子之间的连接导线有下列两种表示方法:

①连续线　表示两端子之间连接导线的线条是连续的,如图 6.4(a)所示。

②中断线　表示两端子之间连接导线的线条是中断的,如图 6.4(b)所示。在线条中断处必须标明导线的去向,即在接线端子出线处标明对方端子的代号,这种标号方法,称为"相对标号法"。

用连续线表示的连接导线如果全部画出,有时显得过于繁杂,可以将导线组、电缆等用加粗的线条来表示,而采用中断线来表示连接导线,显得简明清晰,对安装接线和维护检修都很方便,在配电装置二次回路接线图中广泛采用。

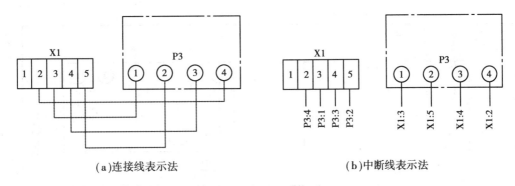

(a)连接线表示法　　　　　　　　　　(b)中断线表示法

图 6.4　连接导线的表示方法

6.1.6　6～10 kV 设备的二次接线举例

在工矿供配电系统中,6～10kV 设备的二次接线比较简单,往往将控制、信号、保护和测量设备与一次接线装在同一台高压开关柜内,测量和继电保护装置根据工矿实际需要设计。信号装置除本柜显示外,还可传送中央信号盘,它不仅显示断路器掉、合闸位置,并能监视控制电源是否正常,合闸回路是否完整,并预告温度等信号是否正常。事故掉闸后,应显示事故类型。除灯光显示,信号继电器掉牌外,还应有音响显示(电铃、蜂鸣器、电笛等)。高压配电线路二次回路接线如图 6.5 所示。

【任务实施】

1.工作准备

①预习本次任务实施的相关知识部分。

②根据本次任务的要求,各小组或每位同学对继电保护装置的原理和结构组成进行复习,然后就自身新的认识进行总结。

③根据所学内容能够对供电系统的二次回路进行识图,每位同学或小组可以对二次回路图进行识别、分析。

④能够根据简单的二次回路图安装一些简单元件。

2.组织过程

教师可以组织学生分组讨论或进行知识讲座,帮助学生进一步认识电力系统继电保护的基础知识。教师提供具体数据或案例让学生对二次回路原理图进行识图和分析。

3.任务实施前的准备工作

①复习前面所学知识内容。

②对相关内容查找资料进行学习。

③结合书中的二次回路接线图加深相关知识的理解。

4.任务实施过程

①分组讨论。

②课堂知识讲座。

③接收老师下发的设计数据。

④组织学生分组讨论二次回路原理图。

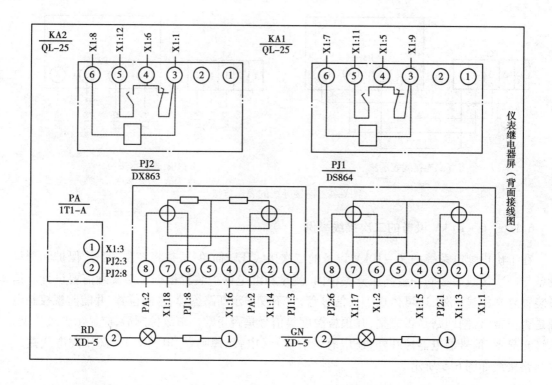

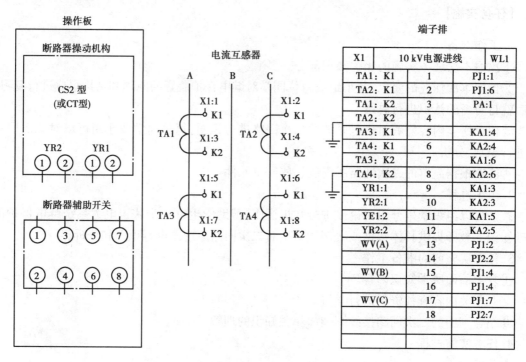

图 6.5 高压配电线路二次回路接线图

【学习小结】

通过本任务的学习,了解保护装置的作用、结构。掌握继电保护装置的作用与要求。能够识别二次接线图的连接;能够根据二次接线图完成安装、运行与维护。

【自我评估】

1.供电系统中有哪些常用的过电流保护装置?对保护装置有哪些基本要求?

2.二次接线有哪些基本要求?

3.某供电给高压并联电容器组的线路上,装有 1 只无功电度表和 3 只电流表,如图 6.6 所示。试按中断线表示法(即相对标号法)在图 6.6(a)上标注图 6.6(b)的仪表和端子排的端子。

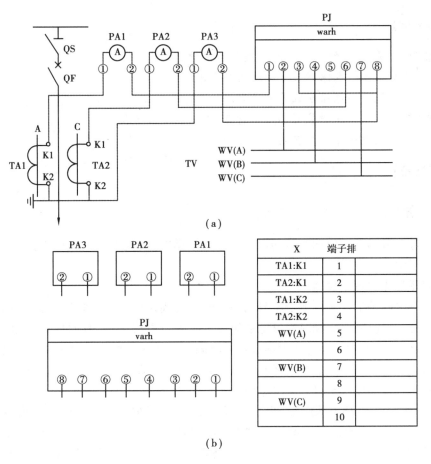

图 6.6　某供电给高压并联电容器组

任务6.2 工矿供电系统单端供电网络的保护

【任务简介】

任务名称:工矿供电系统单端供电网络的保护

任务描述:本任务学习6～10 kV的中小型工矿供电线路,即单端供电网络。这类供电线路较简单,大都是以继电保护装置为核心,构成各种电流、电压保护方式。

任务分析:通过分析电力系统中电气设备或线路发生的故障或不正常运行状态来学习和掌握单端供电网络的保护方法和基本原理。

【任务要求】

知识要求:1.掌握保护装置的作用、结构和保护意义。

2.掌握继电保护装置的作用与要求。

3.认识继电保护装置的原则。

能力要求:1.会说出保护装置的基本特点、作用和使用场合。

2.能说出保护装置的基本原理。

【知识准备】

6.2.1 定时限与反时限过电流保护

继电器过电流保护可用动作时间保护动作的选择性,按其工作原理可以分为定时限过电流保护和反时限过电流保护。

1)定时限过电流保护装置

定时限过电流是指电流继电器本身的动作时间是固定的,与通过的电流大小无关。用具有定时限特性的电流继电器和时间继电器组成定时限过电流保护,其原理接线和线路展开图如图6.7所示。它由电流继电器1KA、2KA,时间继电器KT和信号继电器KS组成。1KA、2KA是测量元件,用来判断通过线路电流是否超过标准;KT为延时元件,它以适当地延时来保证装置动作有选择性;KS用来发出保护动作的信号。

正常运行时,1KA、2KA、KT、KS的触点都是断开的,当被保护区故障或电流过大时,1KA或2KA动作,通过其触点启动时间继电器KT,经过预定的延时后,KT的触点闭合,将断路器QF的跳闸线圈YA接通,QF跳闸,故障线路被切除的同时启动了信号继电器KS,信号牌掉下,并接通灯光或音响信号。

能使保护装置的电流继电器启动的最小电流称为继电器的动作电流,以I_{op}表示。若电流互感器的接线系数为K_W,变流比为K_i,则与I_{op}相对应的电流互感器一次动作电流以$I_{op.1}$表示,且$I_{op} = I_{op.1}K_W/K_i$。当保护动作后流入电流继电器的电流减小,能使电流继电器返回到原始状态的最大电流称为继电器的返回电流,以I_{re}表示,与这一电流对应的电流互感器一次侧的返回电流以$I_{re.1}$表示,有$I_{re} = I_{re.1}K_W/K_i$。电流继电器的返回电流I_{re}与其动作电流I_{op}之比称为继

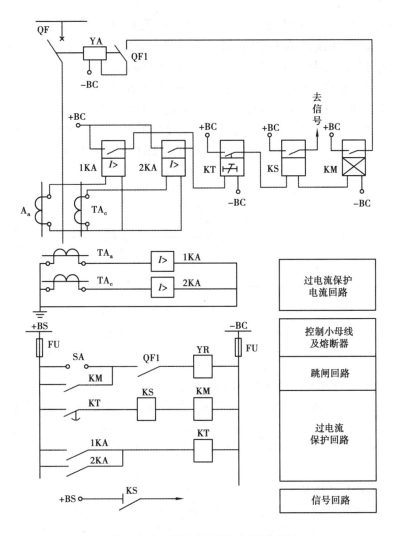

图 6.7　定时限过电流保护原理接线

电器的返回系数 K_{re}，即

$$K_{re} = \frac{I_{re}}{I_{op}} = \frac{I_{re.1}}{I_{op.1}} \tag{6.1}$$

式中　I_{re}、$I_{re.1}$——继电器的返回电流和与此值对应的电流互感器一次侧的返回电流；

　　　　I_{op}、$I_{op.1}$——继电器的动作电流和与此值对应的电流互感器一次侧的动作电流。

　　整定保护装置的电流值时，必须使返回电流 $I_{re.1}$ 大于线路出现且能持续 $1\sim2\ \text{s}$ 的尖峰电流。也可考虑为被保护区母线电压恢复后其他非故障线路的电动机自启动时所引起的最大电流，常以计算负荷电流 $I_{L.\ max}$ 表示。由此得到过电流保护装置动作电流整定公式为

$$I_{op} = \frac{K_{re1}K_w}{K_{er}K_i} I_{L.\ max} \tag{6.2}$$

式中　K_{re1}——可靠系数，一般取 $1.05\sim1.25$；

　　　　K_w——电流互感器的接线系数，对两相两继电器接线取 1，对两相一继电器接线取 $\sqrt{3}$；

　　　　K_i——电流互感器的变流比；

K_{re}——返回系数,采用 DL 型继电器时取 0.85,采用 GL 型时取 0.80;

$I_{L.max}$——线路上的最大负荷电流,可取为$(1.5 \sim 3)I_{30}$,I_{30}为线路计算电流。

各级过电流保护装置中的时间继电器 KT 的延时时限是按阶梯原则整定的。如图 6.8 所示为一单端电源供电线路,当 K 点发生短路故障时,设置在定时限过电流装置 I 中的过电流继电器 1KA 和装置 II 中的 2KA 都同时动作,但根据保护动作选择性要求,应该由距离 K 点最近的保护装置 I 动作使断路器 QF_1 跳闸,保护装置 I 中的时间继电器 1KT 的整定值应比装置 II 的 2KT 整定值小一个 Δt 值。同理能推出装置 II 的 2KT 又比装置 III 的 3KT 的整定值小 Δt,依此类推,则有 $t_1 = t_0 + \Delta t$, $t_2 = t_0 + 2\Delta t$, $t_3 = t_0 + 3\Delta t$。

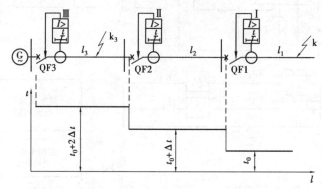

图 6.8　按阶梯原则整定的定时限过电流保护原理

在确定 Δt 时,应考虑断路器的动作时间 t_{QF},即跳闸线圈被激励,到电弧熄灭瞬间为止的一段时间;前一级保护装置动作时限可能发生提前动作的负误差 $t_{(-)}$;后一级保护装置可能滞后动作的正误差 $t_{(+)}$,还要考虑一定裕度而增加的储备时间 t_{sh},于是

$$\Delta t = t_{QF} + t_{(-)} + t_{(+)} + t_{sh} \tag{6.3}$$

Δt 为 0.5 ~ 0.7 s,用电磁式电流继电器通常取 0.5 s。

定时限过电流保护装置的灵敏度是以其保护末端最小短路电流 I_{kmin} 与动作电流 I_{OP} 之比来衡量。对于中性点不接地系统,最小短路电流出现在最小运行方式下末端两相短路时短路电流 $I_{kmin}^{(2)}$。

$$K_s = \frac{I_{kmin}^{(2)}}{I_{op}} \tag{6.4}$$

2)反时限过流保护装置

反时限就是保护装置的动作时间与通过继电器的电流(或故障电流)大小成反比关系,反时限特性又称为反延时特性。如图 6.9 所示为一个交流操作的反时限过流保护装置图,1KA、2KA 为 GL 型感应式带有瞬间动作元件的反时限过电流继电器,继电器本身动作带有时限,并有动作指示掉牌信号,回路要接时间继电器和信号继电器。

当线路有故障时,继电器 1KA、2KA 动作,经过一定时限后,其常开触点闭合,常闭触点断开,这时断路器的交流操作跳闸线圈 1YR、2YR(去掉了短接分流支路)通电动作,断路器跳闸,切除故障部分,在继电器去分流的同时,其信号牌自动掉下,指示保护装置已经动作。当故障切除后,继电器返回,但其信号牌需手动复位。

以如图 6.10 所示系统为例来说明反时限过电流保护的整定方法。

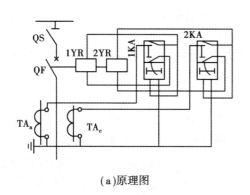
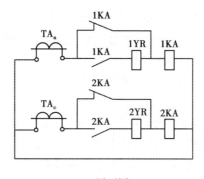

(a)原理图 (b)展开图

图6.9 反时限过电流保护装置

保护装置Ⅰ和Ⅱ继电器的动作电流 $I_{op. Ⅰ}$ 和 $I_{op. Ⅱ}$ 按式(6.2)确定。保护装置动作时限的整定,首先应从距离电源最远的保护装置Ⅰ开始,具体步骤如下:

①根据已知的保护装置Ⅰ的继电器动作电流 $I_{op. Ⅰ}$ 和动作时限,选择相应的GL-10系列电流继电器的动作特性曲线,如图6.10(b)所示中的曲线。

②根据线路 L_1 首端 K_1 点的短路电流 $I_{K_1}^{(3)}$,计算出保护装置Ⅰ的继电器动作电流倍数 n_1 为

$$n_1 = \frac{I_{K_1}^{(3)'}}{I_{op. Ⅰ}} \tag{6.5}$$

式中 $I_{K_1}^{(3)''}$——K_1 点短路时,流经保护装置Ⅰ的继电器电流;

$I_{op. Ⅰ}$——保护装置Ⅰ的继电器动作电流。

根据 n_1 就可以在保护装置Ⅰ的继电器电流时间特性曲线上查到保护装置Ⅰ在 K_1 点短路时的实际动作时间 t_1,而线路 L_1 中其他各点短路时,保护装置Ⅰ的动作时间可以用同样的方式求得,即得到线路 L_1 中各点短路时保护装置Ⅰ的动作时间曲线,如图6.10(b)所示的曲线1。

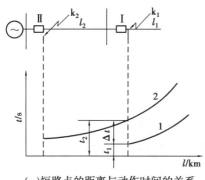
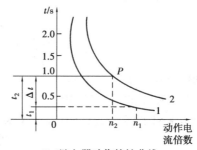

(a)短路点的距离与动作时间的关系 (b)继电器动作特性曲线

图6.10 反时限过电流保护动作时限

③根据 K_1 点短路时流经保护装置Ⅱ的继电器内的电流 $I_{k_1}^{(3)''}$,求出保护装置Ⅱ此时的动作电流倍数 n_2 为

$$n_2 = \frac{I_{K_1}^{(3)''}}{I_{op. Ⅱ}} \tag{6.6}$$

式中 $I_{K_1}^{(3)''}$——K_1 点短路时流经保护装置 II 的继电器内的电流;

$I_{op.II}$——保护装置 II 的继电器动作电流。

当 K_1 点短路时,保护装置 II 也将启动,为了满足保护装置动作的选择性,保护装置 II 所需的动作时限 t_2 应比保护装置 I 的动作时限大一个时限 Δt,即

$$t_2 = t_1 + \Delta t \tag{6.7}$$

n_2 和 t_2 的坐标交点为 P,过 P 特性曲线 2(见图 6.10(b))为保护装置 II 的继电器电流时间特性曲线。由曲线 2 又可得线路上其他各点短路时保护装置 II 的时限特性,如图 6.10(a)所示中的曲线 2。从图中还可以看出,当 K_1 点发生短路时,其 Δt 较线路 L_1 上其他各点短路时小,如果 K_1 点短路的时限配合能达到要求,则其他各点短路时,必定能保证动作的选择性,这就是为什么选择这一点来进行配合的原因。

3)定时限与反时限过流保护装置的比较

定时限过电流保护的特点是:动作时间比较准确,整定简单,但所需继电器的数量较多,接线复杂,且需直流操作电源,投资较大。此外,靠近电源处保护装置动作时间较长。

反时限过电流保护的特点是:继电器数量大为减少,一种 GL 型电流继电器就基本上能取代定时限过电流保护的电流继电器、时间继电器、中间继电器和信号继电器等一系列继电器,投资少,接线简单,而且可同时实现电流速断保护,更显经济。由于 GL 型继电器的触点容量大,所以可直接接通跳闸线圈,且适用于交流操作。但是,动作时间的整定比较复杂,继电器动作误差较大;当短路电流较小时,其动作时间可能相当长,延长了故障持续时间。

对于 $6 \sim 10$ kV 供电系统来说,继电器保护以简单经济为宜。

【例 6.1】 某 10 kV 电力线路如图 6.11 所示。已知 TA1 的变比为 100/5,TA2 的变比为 50/5。WL1 和 WL2 的过电流保护均采用两相两继电器式接线,继电器均为 GL-15/10 型。KA1 已经整定,其动作电流为 7 A,10 倍动作电流的动作时间为 1 s。WL2 的计算电流为 28 A,WL2 首端 K_1 点的三相短路电流为 500 A,其末端 K_2 点的三相短路电流为 200 A。试整定 KA2 的动作电流和动作时间,并检验其灵敏度。

解:(1)整定继电器 KA2 的动作电流

取 $I_{L.max} = 2I_{30} = 2 \times 28 = 56$ A, $K_{rel} = 1.3$, 而 $K_w = 1$, $K_{re} = 0.8$, $K_i = 50/5 = 10$ 得

$$I_{op2} = \frac{K_{rel}K_w}{K_{re}K_i}I_{L.max} = \frac{1.3 \times 1}{0.8 \times 10} \times 56 = 9.1 \text{ A}$$

故动作电流整定值为 9 A。

(2)整定 KA2 的动作时间

先确定 KA1 的实际动作时间,由于 K_1 点发生三相短路时 KA1 中的电流为

$$I'_{K_1(1)} = I_{K_1}\frac{K_{w(1)}}{K_{i(1)}} = 500 \times \frac{1}{20} = 25 \text{ A}$$

故 $I'_{K_1(1)}$ 对 KA1 的动作电流倍数为

$$n_1 = \frac{I'_{K_1(1)}}{I_{op(1)}} = \frac{25}{7} = 3.6$$

利用 $n_1 = 3.6$ 和 KA1 整定的时限 $t_1 = 1$ s,查图 6.11(b)GL-15 型继电器的动作曲线,得 KA1 的实际动作时间 $t'_1 = 1.6$ s。

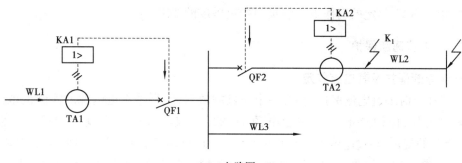

（a）电路图

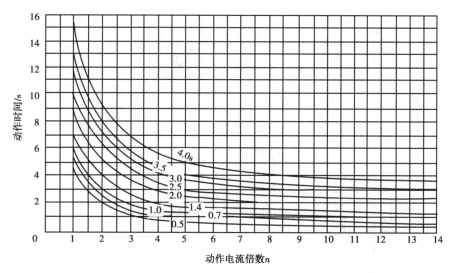

（b）GL-15动作特性曲线

图6.11　例6.1的电路和GL-15动作特性曲线

由此可得，KA2 实际动作时间为

$$t'_2 = t'_1 - \Delta t = 1.6 - 0.7 = 0.9 \text{ s}$$

由于 K_1 点发生三相短路时 KA2 中的电流为

$$I'_{K_1(2)} = I_{K_2} \frac{K_{w(2)}}{K_{i(2)}} = 500 \times \frac{1}{10} = 50 \text{ A}$$

$I'_{K_1(2)}$ 对 KA1 的动作电流倍数为

$$n_2 = \frac{I'_{K_1(2)}}{I_{op(2)}} = \frac{50}{9} = 5.6$$

$n_2 = 5.6$ 和 KA2 的实际动作时限 $t'_2 = 0.9$ s，查图6.11（b）GL-15 型继电器的动作曲线，得 KA2 的 10 倍动作电流的动作时间 $t_2 \approx 0.8$ s。

（3）KA2 灵敏度的校验

KA2 所保护的线路 WL2 末端 K_2 点的两相短路电流为最小短路电流，为

$$I^{(2)}_{k.\min} = 0.866 I^{(3)}_{k_2} = 0.866 \times 200 = 173 \text{ A}$$

故 KA2 的灵敏度为

$$S_{p(2)} = \frac{K_w I^{(2)}_{k.\min}}{K_i I_{op(2)}} = \frac{1 \times 173}{10 \times 9} = 1.92 > 1.5$$

由此可知,KA2 整定的动作电流满足保护灵敏度的要求。

6.2.2 电流速断保护

1)电流速断保护及其电流整定

定时限和反时限过电流保护,都有一个明显的缺点,就是越靠近电源的线路的电流保护,其动作时间越长,而短路电流则靠近电源,它的值就越大,危害也就更加严重。根据 GB 50062—1992 的规定,在过电流保护动作时间超过 0.5 ~ 0.7 s 时,应装设瞬动的电流保护装置,即电流速断保护。如图 6.12 所示为线路上同时装有定时限过流保护和电流速断保护的电路图。

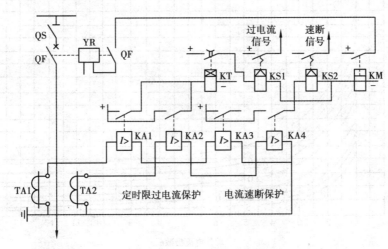

图 6.12 线路的定时限过电流保护和电流速断保护电路图

电流速断保护是一种瞬间动作的过电流保护。其动作电流(即速断电流)I_{qb} 应满足以下条件:①为了保证保护装置的选择性,在下一段线路上发生最大短路电流时保护装置不动作;②在本段线路内发生最小短路电流时,保护装置应动作。速断保护的动作电流必须躲过其末端在最大运行方式下发生短路电流来整定。这样就能避免在后一级速断保护所保护的线路首端发生短路时前一级速断保护动作的可靠性,以保证选择性。如图 6.13 所示,前一段线路 WL1 末端 K_1 点的短路电流,实际上与后一段线路 WL2 首端 K_2 的短路电流是几乎相等的。可得电流速断保护动作电流的整定计算公式为

$$I_{qb} = \frac{K_{re1} K_w}{K_i} I_{k.max} \tag{6.8}$$

式中　K_{re1}——可靠系数,对 DL 型继电器,取 1.2 ~ 1.3;对 GL 型继电器,取 1.4 ~ 1.5;对过电流脱扣器,取 1.8 ~ 2。

2)电流速断保护的"死区"及其弥补

电流速断保护装置中存在不能保护的区域,称为"死区",如图 6.13 所示。电流速断保护的整定动作电流躲过了线路末端的最大短路电流,而当靠近末端的一段线路上发生的不是最大短路电流时,电流速断保护装置就不会动作,从而造成"死区"。电流速断保护不可能保护线路全长。

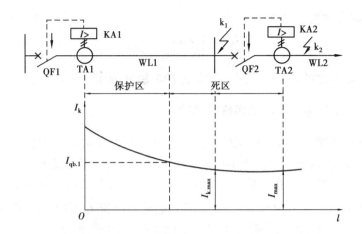

图 6.13　线路电流速断保护的保护区

$I_{k.max}$—前一级保护躲过的最大短路电流；

I_{max}—前一级保护整定的一次动作电流

为了弥补"死区"得不到保护的缺陷，在所有装设电流速断保护的线路中，必须配备带时限的过电流保护，即定时限或反时限过电流保护，且过电流保护的动作时间比电流速断保护至少长一个时间差 $\Delta t = 0.5 \sim 0.7$ s，前后的过电流保护动作时间又要符合"阶梯原则"，以保证选择性。

要注意的是：在电流速断的保护区内，速断保护为主要保护，过电流保护作为后备；在电流速断的"死区"内，过电流保护为基本保护。

3）电流速断保护的灵敏度

电流速断保护的灵敏度按其安装处（即线路首端）在系统最小运行方式下的两相短路电流 $I_k^{(2)}$ 作为最小短路电流 $I_{k.min}$ 来检验，电流速断保护的灵敏度必须满足的条件为

$$S_p = \frac{K_w I_k^{(2)}}{K_i I_{qb}} \geqslant 1.5 \tag{6.9}$$

按 GB 50062—1992 规定，$S_p \geqslant 1.5$（按 JBJ6—1996 规定，$S_p \geqslant 2$）。

【例 6.2】　试整定例 6.1 中 KA2 继电器的速断电流，并检验其灵敏度。

解：（1）整定 KA2 的速断电流

由例 6.1 知，WL2 末端的 $I_{k.max} = 200$ A；又 $K_w = 1$；$K_i = 10$；取 $K_{rel} = 1.4$。

故速断电流为

$$I_{qb} = \frac{K_{rel} K_w}{K_i} I_{k.max} = \frac{1.4 \times 1}{10} \times 200 = 28 \text{ A}$$

而 KA2 继电器过电流保护的 $I_{op} = 9$ A，速断电流倍数为

$$n_{qb} = \frac{I_{qb}}{I_{op}} = \frac{28}{9} = 3.1$$

（2）检验 KA2 的保护灵敏度

$I_{k.max}$ 取 WL2 首端 K_1 点的两相短路电流，即

$$I_{k.min} = I_{k_1}^{(2)} = 0.866 I_{k_1}^{(3)} = 0.866 \times 500 = 433 \text{ A}$$

故速断保护的灵敏度为

$$S_p = \frac{K_w I_k^{(2)}}{K_i I_{qb}} = \frac{1 \times 433}{10 \times 28} = 1.55 > 1.5$$

由此可知,KA2 整定的速断电流基本满足保护灵敏度的要求。

6.2.3　中性点不接地系统的单相接地保护

在电力系统中,当变压器或发电机的三相绕组为星形联结时,其中性点有两种运行方式:中性点接地和中性点不接地。中性点不接地系统又称为小电流接地系统。该系统的特点是当发生单相接地故障时,线电压值不变,故障相对地电压为零,非故障相对地电压为原来对地电压的 $\sqrt{3}$ 倍,流经故障点的电容电流 I_c 是正常时对地电容电流 I_{c0} 的 3 倍。在供配电系统中发生概率最多的单相接地故障时,一般并不要求立刻将电源切断,而是使其继续运行,这是因为故障时,线电压不变,不影响线电压上的设备。但如果流过故障点的接地电流数值较大时,就会在接地点间产生间歇性电弧以致引起过电压,损坏绝缘,最后导致相间或两相对地短路,扩大故障。对中性点不接地系统应当装设绝缘监视装置,必要时还可装设零序电流保护。

1)绝缘监视装置

绝缘监视装置只用在小电流接地的供电系统中,目的是及时发现单相接地故障,并迅速处理,避免故障发展为两相接地短路,造成停电事故。

6~10 kV 系统的绝缘监视装置可采用 3 个单相双绕组电压互感器和 3 只电压表接线,如图 6.14 所示。这种装置是利用系统接地后出现的零序电压给出信号。在变电所的母线上接一个三相五芯式电压互感器,其二次侧的星形联结绕组接有 3 个电压表,以测量各相对地电压;另一个二次绕组接成开口三角形,接入电压继电器,用来反映线路单相接地时出现的零序电压。系统正常运行时,三相电压对称,不出现零序电压,电压继电器不动作,当任一回路发生单相接地故障时,故障相对地电压为零,其他两相对地电压升高为原来对地电压的 $\sqrt{3}$ 倍,同时出现零序电压,零序电电压使电压继电器动作,发出报警的灯光信号和音响信号。这种保护装置简单,但给出的信号没有选择性,值班人员无法判断是哪条线路发生故障。这种监视装置只可用于出线不多,负荷电流允许短时间内切断的供电网络中。

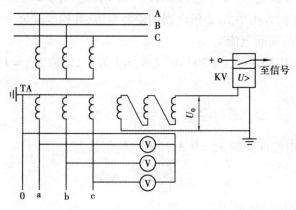

图 6.14　绝缘监视装置接线图

必须注意,在电网正常运行时,由于电流互感器本身有误差以及高次谐波电压的存在,开口三角形绕组有不平衡电压输出。因此,继电器的动作电压要躲过这一不平衡电压,一般整定为 15 V。

2)零序电流保护

利用单相接地故障的特点,实现有选择性地跳闸或发出信号。对架空线采用如图 6.15 所示的零序电流过滤器。电流继电器的整定值需要躲过正常负荷电流下产生的不平衡电流 I_{dq1} 和其他线路接地时本线路的电容电流 I_c,即

$$I_{op} = K_{re1}\left(I_{dq1.k} + \frac{I_c}{K_i}\right) \tag{6.10}$$

式中　K_{re1}——可靠系数;

$I_{dq1.k}$——正常运行负荷电流不平衡时,在零序电流过滤器输出端出现的不平衡电流;

I_c——其他线路接地时本线路的电容电流,如果是架空线路,$I_c \approx U_N L/350(A)$,若是电缆线路 $I_c \approx U_N L/10(A)$,其中,U_N 为线路的额定电压(kV),L 为线路长度(km);

K_i——电流互感器变流比。

对电缆线路则采用如图 6.15(b)所示的专用零序电流互感器接线。整定动作电流时只需躲过本线路的电容电流 I_c 即可,因此

$$I_{op} = K_{re1}I_c \tag{6.11}$$

无论是架空线还是电缆,单相接地时,在接地故障电流 $I_E^{(3)} = I_{C\Sigma} - I_c$ 的作用下,保护装置应可靠地动作并满足灵敏度要求。其动作电流的整定值还需满足下式

$$I_{op} \le \frac{I_E^{(1)}}{K_S^{(1)}} = \frac{I_{C\Sigma} - I_C}{K_S^{(1)}} \tag{6.12}$$

式中　$K_S^{(1)}$——单相接保护的灵敏度,对架空线路,取 $K_S^{(1)} = 1.5$;对电缆线路,取 $K_S^{(1)} = 1.25$;

$I_{C\Sigma}$——系统发生单相接地时,若设计中无实测数据,电网所有线路接地电容电流之和可按下列经验公式估算,即 $I_{C\Sigma} = U_N(L_w + 35L_{cab})/350$,其中,$U_N$ 为电网额定电压(kV),L_w 为同一电压下的架空线路长度(km),L_{cab} 为同一电压下的电缆线路长度(km)。

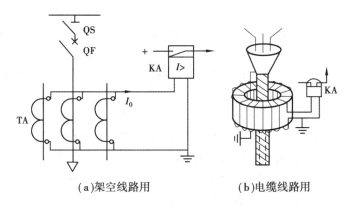

(a)架空线路用　　　　　　(b)电缆线路用

图 6.15　零序电流保护装置

【任务实施】

1. 工作准备
①预习本次任务实施的相关知识部分。
②根据单端网络保护方式的原理和方式来确定供电网络中的保护方式。
③填写任务工单。
2. 组织过程
教师举例,教师提供具体数据或案例让学生根据已学知识进行单端网络保护方式的选择和判别。
(1)任务实施前的准备工作
①复习前面所学知识内容。
②结合书中的例题完成相应的计算和分析。
(2)任务实施过程
①接收老师下发的设计数据。
②组织学生研讨单端网络的保护方法和基本原理。
③学生进行设计。
④老师指导学生进行设计工作。

【学习小结】

本任务主要学习单端供电网络的保护装置,通过学习和实训应当掌握 10 kV 供电网络中的保护方法。在任务的学习中通过分析电力系统中电气设备或线路发生的故障状态来掌握保护的方法和基本原理。

【自我评估】

1. 分析定时限过电流保护的原理。

2. 作为绝缘监视用的 $Y_0/Y_0/\triangle$ 接法的三相电压互感器,为什么要用五芯柱的而不能用三芯柱的? 绝缘监视装置与单相接地保护(零序电流保护)各有什么优点? 各适用于什么情况?

3. 某 10 kV 线路,采用两相两继电器式接线的去分流跳闸原理的时限过电流保护装置,电流互感器的变流比为 200/5,线路的最大负荷电流(含尖峰电流)为 180 A,线路首端的三相短路电流有效值为 2.8 kA,末端的三相短路电流有效值为 1 kA。试整定该线路采用的 GL-15/10 型电流继电器的动作电流和速断电流倍数,并检验其保护灵敏度。

4. 现有前后两级反时限过电流保护,都采用 GL-15 型过电流继电器,前一级按两相两继电器式接线,后一级按两相电流差接线。后一级继电器的 10 倍动作电流的动作时间已整定 0.5 s,动作电流整定为 9 A,前一级继电器的动作电流已整定为 5 A。前一级电流互感器的变流比为 100/5。后一级电流互感器的变流比为 75/5。后一级线路首端的 $I_K^{(3)} = 400$ A。试整定前一级继电器的 10 倍动作时间(取 $\Delta t = 0.7$ s)。

任务6.3　电力变压器和高压电动机的保护

【任务简介】

任务名称：电力变压器和高压电动机的保护

任务描述：电力变压器和高压电动机是工矿供电系统中非常重要的设备之一。通过本任务的学习，掌握变压器的保护方法和装置、高压电动机的保护方法和基本原理。

任务分析：通过分析电力系统中变压器的故障或不正常运行状态来学习和掌握电力变压器、高压电动机的保护方法和基本原理。

【任务要求】

知识要求：1. 掌握变压器、高压电动机保护装置的作用、结构。

2. 掌握变压器、高压电动机气体继电保护装置的作用与要求。

3. 掌握变压器、高压电动机电气继电保护装置的作用与要求。

能力要求：1. 会说出变压器、高压电动机保护装置的基本特点、作用和使用场合。

2. 能说出变压器、高压电动机保护装置的基本原理。

【知识准备】

变压器是供电系统中的重要设备，它的故障对供电的可靠性和用户的生产将产生严重影响。根据 GB 50062—1992《电力装置的继电保护和自动装置设计规范》规定：对电力变压器的下列故障及异常运行方式，应装设相应的保护装置：

①绕组及其引出线的相间短路和在中性点直接接地侧的单相接地短路。

②绕组的匝间短路。

③外部相间短路引起的过电流。

④中性点直接接地电力网中外部接地短路引起的过电流及中性点过电压。

⑤过负荷。

⑥油面降低。

⑦变压器温度升高或油箱压力升高或冷却系统故障。

在这里，主要介绍变压器的气体继电保护、电气继电保护以及变压器差动保护。

6.3.1　变压器的气体继电保护

气体继电保护是保护油浸式电力变压器内部故障的一种基本的保护装置。按 GB 50062—1992 规定，800 kV·A 及以上的一般油浸式变压器和 400 kV·A 及以上的车间内油浸式变压器，均应装设气体保护（也称瓦斯保护）。

气体保护的主要元件是气体继电器，它装设在变压器的油箱与油枕之间的连通管上。为了使油箱内产生的气体能够顺畅地通过气体继电器排往油枕，变压器安装应取 1%～1.5% 的倾斜度。变压器在制造时，连通管对油箱顶盖也有 2%～4% 倾斜度。

1)气体继电器的结构和工作原理

气体继电器主要有浮筒式和开口杯式两种类型,现在广泛应用的是开口杯式,这里只介绍开口杯式气体继电器。FJ3-8 型开口杯式气体继电器的结构示意图如图 6.16 所示。开口杯式与浮筒式相比,其抗震性能较好,误动作的可能性大大减少,可靠性大大提高。

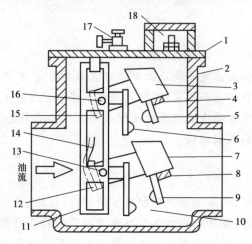

图 6.16 FJ3-80 型气体继电器的结构示意图

1—盖;2—容器;3—上油杯;4、8—永久磁铁;5—上动触点;6—上静触点;

7—下油杯;9—下动触点;10—下静触点;11—支架;12—下油杯平衡锤;

13—下油杯转轴;14—挡板;15—上油杯平衡锤;16—上油杯转轴;17—放气阀;18—接线盒

在变压器正常运行时,气体继电器的容器内(包括其中的上下开口油杯)都是充满油的:而上下油杯因各自平衡锤的作用而升起,如图 6.17(a)所示。此时上下两对触点都是断开的。

当变压器油箱内部发生轻微故障时,由故障产生的少量气体慢慢升起,进入气体继电器的容器,并由上而下地排除其中的油,使油面下降,上油杯因其中盛有残余的油而使其力矩大于另一端平衡的力矩而降落,如图 6.17(b)所示。这时上触点接通信号回路,发出音响和灯光信号,这称为"轻瓦斯动作"。

当变压器油箱内部发生严重故障时,由故障产生的气体很多,带动油流迅猛地由变压器油箱通过连通管进入油枕。这种大量的油气混合体在经过气体继电器时冲击挡板,使下油杯下降,如图 6.17(c)所示。这时下触点接通跳闸回路(通过中间继电器),使断路器跳闸,同时发出音响和灯光信号(通过信号继电器),这称为"重瓦斯动作"。

如果变压器油箱漏油,使得气体继电器内的油也慢慢流尽,如图 6.17(d)所示。先是继电器的上油杯下降,发出报警信号,接着继电器的下油杯下降,使断路器跳闸,同时发出跳闸信号。

2)变压器气体保护的接线

如图 6.18 所示为变压器气体保护的接线图。当变压器内部发生轻微故障(轻瓦斯)时,气体继电器 KG 的上触点 KG1-2 闭合,动作于报警信号。当变压器内部发生严重故障(重瓦斯)时,KG 的下触点 KG3-4 闭合,通常经中间继电器 KM 动作于断路器 QF 的跳闸机构 YR,同时通过信号继电器 KS 发出跳闸信号。但 KG3-4 闭合,也可以利用切换片 XB 切换位置,串接限流电阻 R,只动作于报警信号。

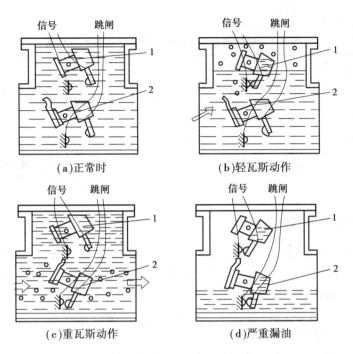

图 6.17　气体继电器的动作示意图
1—上开口油杯;2—下开口油杯

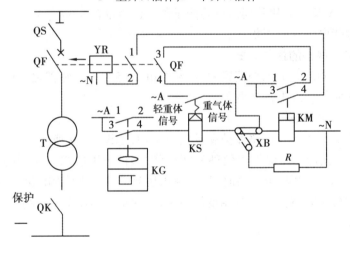

图 6.18　变压器瓦斯保护的接线

由于气体继电器下触点 KG3-4 在重瓦斯故障时可能有"抖动"(接触不稳定)的情况,因此,为了使断路器足够可靠地跳闸,这里利用中间继电器 KM 的上触点 KM1-2 作"自保持"触点。只要 KG3-4 因重瓦斯动作一闭合,就使 KM 动作,并借其上触点 KM1-2 的闭合而保持动作状态,同时其下触点 KM3-4 也闭合,使断路器 QF 跳闸。断路器跳闸后,其辅助触点 QF1-2 断开跳闸回路,以减轻中间继电器的工作,而其另一对辅助触点 QF3-4 则切断中间继电器 KM 的自保持回路,使中间继电器返回。

3)变压器气体保护动作后的故障分析

变压器气体保护动作后,可由蓄积于气体继电器内的气体性质来分析和判断故障的原因及处理要求,见表6.1。

表6.1　气体继电器动作后的气体分析和处理要求

气体性质	故障原因	处理要求
无色、无臭、不可燃	变压器内含有空气	允许继续运行
灰白色、有剧臭、可燃	纸质绝缘烧毁	应立即停电检修
黄色、难燃	木质绝缘烧毁	应停电检修
深灰色或黑色、易燃	油内闪络、油质碳化	应分析油样,必要时停电检修

6.3.2　变压器的电气继电保护

对于高压侧6～10 kV的车间变电所主变压器来说,通常装设有带时限的过电流保护。如过电流保护动作时间大于0.5～0.7 s时,还应装设电流速断保护。容量在800 kV·A及以上的油浸式变压器和400 kV·A及以上的车间内油浸式变压器,按规定应装设气体保护。容量在400 kV·A及以上的变压器,当数台并列运行或单台运行并作为其他负荷的备用电源时,应根据可能过负荷的情况装设过负荷保护。

对于高压侧为35 kV及以上的工厂总降压变电所主变压器来说,应装设过电流保护、电流速断保护和气体保护。在有可能过负荷时,需装设过负荷保护。但是,如果单台运行的变压器容量在10 000 kV·A及以上和并列运行的变压器每台容量在6 300 kV·A及以上时,则要求装设差动保护来取代电流速断保护。

1)变压器过电流保护的接线方式

电力变压器高压侧的继电保护装置中,启动继电器与电流互感器之间的连接方式主要有两相两继电器式和两相一继电器式两种。

(1)两相两继电器式接线

这种接线方式适于作相间短路保护和过负荷保护,如图6.19所示。关于保护灵敏度,对Yyn0联结的变压器,无论低压侧发生何种相间短路,保护灵敏度都是相同的。而对Dyn11联结的变压器,在低压侧发生两相短路时,保护灵敏度有差别,但不影响保护装置的可靠动作。当低压侧发生单相短路时,对Yyn0联结变压器来说,保护灵敏度只有相间短路保护的1/3,显得过低,不满足要求。

(2)两相一继电器式接线

这种接线可作相间短路保护,而且少用一个继电器,但不同的相间短路,保护灵敏度不同。这种接线对某些低压单相短路,保护装置根本不动作。

2)变压器低压侧的单相短路保护

对变压器低压侧的单相短路,可采用下列措施之一:

①在变压器低压侧装设三相都带过流脱扣器的低压断路器。这一低压断路器,可作低压主开关,同时操作方便,且便于实现自动化,又可用来保护低压侧的相间短路和单相短路。

②在变压器低压侧装设熔断器。这同样可用来保护低压侧的相间短路和单相短路,但熔断器不能作为控制开关使用,而且它熔断后需更换熔体才能恢复供电,只适用于不重要负荷的变压器。

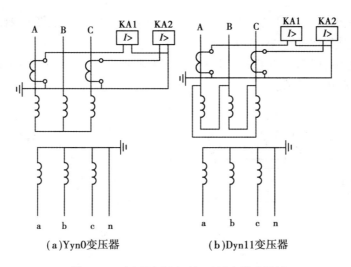

图6.19　高压侧采用两相两继电器式接线

③在变压器低压侧中性点引出线上装设零序电流保护,如图6.20所示。这种零序电流保护的动作电流 $I_{op(0)}$,按躲过变压器低压侧最大不平衡电流来整定,其整定计算公式为

$$I_{op(0)} = \frac{K_{rel}K_{dsq}}{K_i}I_{2N \cdot T} \tag{6.13}$$

式中　$I_{2N \cdot T}$——变压器额定二次电流;

　　　K_{rel}——可靠系数,可取1.3;

　　　K_{dsq}——不平衡系数,一般取0.25;

　　　K_i——零序电流互感器的变流比。

零序电流保护的动作时间一般取0.5~0.7 s。其保护灵敏度,按低压干线末端发生单相短路来检验。对架空线,$S_p \geq 1.5$;对电缆线,$S_p \geq 1.25$。采用此种保护,灵敏度较高,但投资较多。

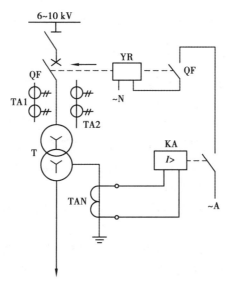

图6.20　变压器的零序电流保护

④采用两相三继电器接线或三相三继电器接线的过电流保护,如图6.21所示。这种保护使低压侧发生单相短路时的保护灵敏度大大提高。

以上4种措施中,以第一项措施应用最广泛,既满足了低压侧单相短路保护要求,又操作方便,易于实现自动化的要求。

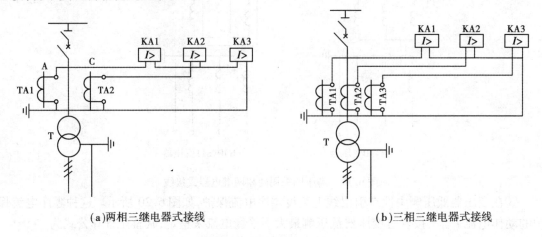

(a)两相三继电器式接线　　　　　　　　　(b)三相三继电器式接线

图6.21　用于变压器低压侧单相短路保护的两种接线方式

3)变压器的过电流保护、电流速断保护和过负荷保护

(1)变压器的过电流保护

无论采用电流继电器还是采用脱扣器,无论是定时限还是反时限,变压器过电流保护的组成、原理与线路过电流保护的组成、原理是完全相同的。变压器过电流保护的动作电流整定计算公式与线路过电流保护基本相同,只是式(6.2)中的$I_{L.max}$应考虑为$(1.5 \sim 3)I_{1N.T}$,这里$I_{1N.T}$为变压器的额定一次电流。其动作时间也按"阶梯原则"整定,与线路过电流保护完全相同。但对车间变电所(电力系统的终端变电所),其动作时间可整定为最小值(0.5 s)。

变压器过电流保护的灵敏度,按变压器低压侧母线在系统最小运行方式下发生两相短路的高压侧穿越电流值来检验,要求$S_p \geq 1.5$。如保护灵敏度达不到要求,可采用低电压闭锁的过电流保护。

(2)变压器的电流速断保护

变压器的电流速断保护组成、原理与线路的电流速断保护完全相同。变压器电流速断保护动作电流(速断电流)的整定计算公式也与线路电流速断保护基本相同,只是式(6.8)中的$I_{k.max}$为低压母线的三相短路电流周期分量有效值换算至高压侧的穿越电流值,即变压器电流速断保护的速断电流按躲过低压母线三相短路电流周期分量有效值来整定。

变压器电流速断保护的灵敏度,按保护装置装设处(高压侧)在系统最小运行方式下发生两相短路的短路电流$I_k^{(2)}$来检验,要求$S_p \geq 1.5$。

变压器的电流速断保护,与线路电流速断保护一样,也有"死区"。弥补死区的措施,也是配备带时限的过电流保护。

考虑变压器在空载投入或突然恢复电压时将出现一个冲击性的励磁涌流,为了避免电流速断保护误动作,可在速断电流整定后,将变压器空载投入若干次,以检查速断保护是否误动作。

（3）变压器的过负荷保护

变压器的过负荷保护组成、原理与线路的过负荷保护完全相同。其动作电流的整定计算公式为

$$I_{\text{op(oL)}} = \frac{1.2 \sim 1.3}{K_i} I_{\text{1N.T}} \qquad (6.14)$$

动作时间一般取 10 ~ 15 s。

如图 6.22 所示为变压器的定时限过电流保护、电流速断保护和过负荷保护的综合图。

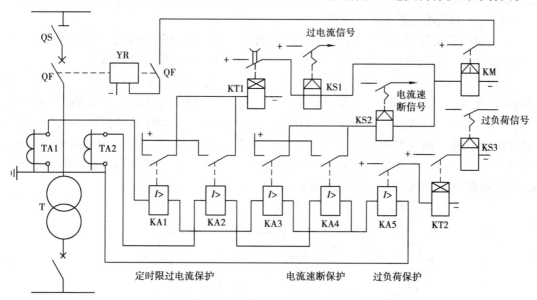

图 6.22　变压器的定时限过电流保护、电流速断保护和过负荷保护的综合电路图

【例 6.3】　某车间变电所装有一台 6/0.4 kV、1 000 kV·A 的电力变压器。已知变压器额定一次电流为 96 A,变电所低压母线三相短路电流换算到高压侧电流值 $I_k^{(3)} = 880$ A,高压侧保护用电流互感器的变流比为 200/5,接成两相两继电器式,继电器为 GL-25 型。试整定该继电器的反时限过电流保护的动作电流、动作时间及电流速断保护的速断电流倍数。

解：　（1）过电流保护动作电流的整定

取　$K_{\text{rel}} = 1.3$；$I_{\text{L.max}} = 2I_{\text{1N.T}} = 2 \times 96 = 192$ A；又 $K_w = 1$；$K_i = 200/5 = 40$；$K_{\text{re}} = 0.8$。

有　　　　　$I_{\text{op}} = \frac{K_{\text{rel}} K_w}{K_{\text{re}} K_i} I_{\text{L.max}} = \frac{1.3 \times 1}{0.8 \times 40} \times 192 = 7.8$ A

故动作电流整定为 8 A。

（2）过电流保护动作时间的整定

考虑此为终端变电所的过电流保护,其 10 倍动作电流动作时间就整定为最小值 0.5 s。

（3）电流速断保护速断电流的整定

$$I_{\text{qb}} = \frac{K_{\text{rel}} K_w}{K_i} I_{\text{k.max}} = \frac{1.5 \times 1}{40} \times 880 = 33 \text{ A}$$

故速断保护电流倍数整定为

$$n_{\text{qb}} = \frac{I_{\text{qb}}}{I_{\text{op}}} = \frac{33}{8} \approx 4$$

4)**变压器的差动保护**

差动保护分纵联差动和横联差动两种形式,纵联差动保护用于单回路,横联差动保护用于双回路。这里讲的变压器差动保护是纵联差动保护。差动保护利用故障时产生的不平衡电流来动作,保护灵敏度很高,而且动作迅速。按 GB 50062—1992 规定:10 000 kV·A 及以上的单运行变压器和 6 300 kV·A 及以上的并列运行变压器,应装设纵联差动保护;6 300 kV·A 及以下单独运行的重要变压器,也可装设纵联差动保护。当电流速断保护不符合要求时,也宜装设纵联差动保护。

(1)变压器差动保护的基本原理

变压器的差动保护,主要用来保护变压器内部以及引出线和绝缘套管的相间短路,还可用来保护变压器的匝间短路,其保护区在变压器一、二侧所装电流互感器之间。

如图 6.23 所示为变压器纵联差动保护的单相原理电路图。在变压器正常运行或差动保护的保护区 K_1 点发生短路时,如果 TA1 的二次电流 I_1' 与 TA2 的二次电流 I_2' 相等(或相差极小),则流入继电器 KA(或差动继电器 KD)的电流 $I_{KA} = I_1' - I_2' = 0$(或差值极小),继电器 KA(或 KD)不动作。而在差动保护的保护区内 K_1 点发生短路时,对于单端供电的变压器来说,$I_2' = 0$,所以 $I_{KA} = I_1'$,继电器 KA(或 KD)瞬时动作,然后通过出口继电器 KM 使断路器 QF 跳闸,切除短路故障,同时由信号继电器 KS 发出信号。

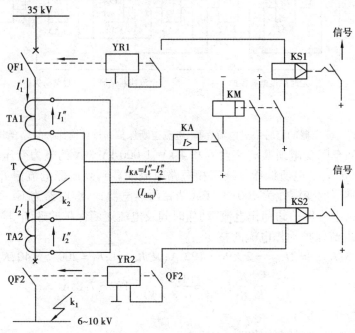

图 6.23 变压器纵联差动保护的单相原理图

(2)变压器差动保护中的不平衡电流及其减小措施

变压器差动保护是利用保护区内发生短路故障时变压器两侧电流在差动回路(即差动保护中联接继电器的回路)中引起的不平衡电流而动作的一种保护。不平衡电流用 I_{dsq} 表示,$I_{dsq} = I_1' - I_2' I_1' I_2' = 0$。在变压器正常运行或保护区外部短路时,希望 I_{dsq} 尽可能地小,理想情况下是 $I_{dsq} = 0$。但这几乎是不可能的,I_{dsq} 不仅与变压器及电流互感器的接线方式和结构性能等因素有关,而且与变压器的运行有关,因此只能设法使之尽可能地减小。下面简述不平衡电流产生的原因及其减小或消除的措施。

①由变压器接线而引起的不平衡电流及其消除措施

工矿总降压变电所的主变压器通常采用 Yd11 联结组,这就造成变压器两侧电流有 30°相位差。虽然可以通过适当选择变压器两侧电流互感器的变流比,使互感器二次电流相等,但由于这两个电流之间存在着 30°相位差,因此在差动回路中仍然有相当大的不平衡电流 $I_{dsq} = 0.286I_2$,I_2 为互感器二次侧电流。为了消除差动回路的这一不平衡电流 I_{dsq},可将装设在变压器星形联结一侧的电流互感接成三角形联结,而变压器三角形联结一侧的电流互感器接成星形联结,如图 6.24(a)所示。由图 6.24(b)的相量图可知,这样即可消除差动回路中因变压器两侧电流相位不同而引起的不平衡电流。

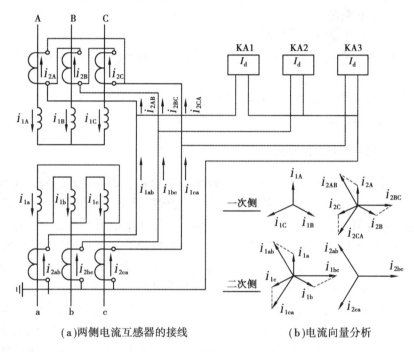

(a)两侧电流互感器的接线　　　　(b)电流向量分析

图 6.24　Yd11 变压器的纵联差动保护接线

②由两侧电流变压器变流比选择而引起的不平衡电流及其消除措施

由于变压器的电压比和电流互感器的变流比各有标准,因此不可能使之完全配合恰当,从而不能使差动保护两边的电流完全相等,这就必然在差动回路中产生不平衡电流。为消除这一不平衡电流,可以在互感器二次回路接入自耦电流互感器来进行平衡,或利用速饱和电流互感器中专门的差动继电器中的平衡线圈来实现平衡,消除不平衡电流。

③由变压器励磁涌流引起的不平衡电流及其减小措施

由于变压器在空载投入产生的励磁涌流只通过变压器一次绕组,而二次绕组因空载而无电流,从而在差动回路中产生相当大的不平衡电流。它可通过差动回路中接入速饱和电流互感器,而将继电器接在速饱和电流互感器的二次侧,以减小励磁涌流对差动保护的影响。

此外,在变压器正常运行和外部短路时,由于变压器两侧电流互感器的形式和特性不同,从而也在差动回路中产生不平衡电流。变压器分接头电压的改变,改变了变压器的电压比,而电流互感器的变流比不可能相应改变,从而破坏了差动回路中原有的电流平衡状态,也会产生新的不平衡电流。总之,产生不平衡电流的因素很多,不可能完全消除,而只能设法使之减小到最小值。

(3)变压器差动保护动作电流的整定

变压器差动保护的动作电流 $I_{op(d)}$ 应满足以下3个条件:

①应躲过变压器差动保护区外短路时出现的最大不平衡电流 $I_{dsq.max}$,即

$$I_{op(d)} = K_{rel}I_{dsq.max} \tag{6.15}$$

式中 K_{rel}——可靠系数,取1.3。

②应躲过变压器励磁涌流,即

$$I_{op(d)} = K_{rel}I_{1N.T} \tag{6.16}$$

式中 $I_{1N.T}$——变压器额定一次电流;

K_{rel}——可靠系数,取1.3~1.5。

③在互感器二次回路断线且变压器处于最大负荷时,差动保护不应误动作,即

$$I_{op(d)} = K_{rel}I_{L.max} \tag{6.17}$$

式中 $I_{L.max}$——最大负荷电流,取$(1.2~1.3)I_{1N.T}$;

K_{rel}——可靠系数,取1.3。

6.3.3 高压电动机的过负荷保护

在工矿中大量采用高压异步电动机和同步电动机,这些设备在运行过程中有可能发生各种短路故障和不正常工作状态,若不及时处理,就会造成严重烧毁。根据 GB 50062—1992《电力装置的继电保护和自动装置设计规范》规定,必须装设相应的保护装置,尽快切除故障,以防故障扩大,保证电动机的安全运行。常用的高压电动机保护装置有:①定子绕组相间短路保护;②定子绕组单相接地保护;③定子绕组过负荷保护;④定子绕组低电压保护;⑤同步电动机失步保护;⑥同步电动机失磁保护;⑦同步电动机出现非同步冲击电流保护。

高压电动机所带机械负载过重时会引起过负荷,一旦出现过负荷,就会造成电动机过热,绝缘老化,是最常见的不正常工作状态。过负荷保护通常装在容易引起过载的电动机上,如球磨机、破碎机等。根据允许过热条件,过负荷倍数越大,允许持续运行的时间应越短。根据这种特点,高压电动机的过负荷保护宜选用具有反时限特性的继电器作保护,且反时限的动作时限特性曲线不应超过电动机过负荷允许持续时间曲线,只有这样才能起到保护作用。当发生过负荷时,一般应发出警告信号,以便及时减轻所带机械负载。若不能减轻机械负载或不能允许带机械负载自启动时,也可以及时切除电动机。

目前,在国内广泛采用 GL 型继电器构成电动机的电流保护,利用其具有的反时限特性的感应系统实现过负荷保护,利用其瞬动的电磁系统实现电流速断保护作为过负荷保护,一般可采用一相一继电器式接线,如图6.25所示。

过负荷保护的动作电流 $I_{op(OL)}$,按躲过电动机的额定电流 $I_{N.M}$ 来整定,整定计算公式为

$$I_{op(oL)} = \frac{K_{rel}K_W}{K_{re}K_i}I_{N.M} \tag{6.18}$$

式中 K_{re}——继电器的返回系数,一般取0.8;

K_{rel}——保护装置的可靠系数,对 GL 型继电器取1.3。

过负荷的动作时间,应大于电动机启动所需时间,一般取10~16 s,对于启动困难的电动

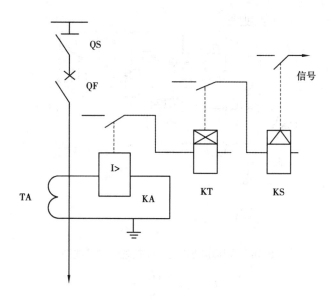

图 6.25   高压电动机的过负荷保护

机,可按躲过实测的启动时间来整定。

对于 2 000 kW 以下的电动机定子多相短路故障常利用电流速断保护,一般接线按两相电流差接线。电动机速断保护的动作电流应大于电动机正常动作电流和启动电流。

在给高压电动机供电的网络近处发生短路时,电动机反馈送出短路电流。在这种情况下,速断保护不应动作。一般来说,高压感应电动机的自动作电流常常大于电网短路时电动机送出的电流。但同步电动机在电网短路时,送出的短路电流较同容量的异步电动机稍大。因为它的电抗小,所以速断保护的动作电流比同容量的异步电动机稍大。因为它的电抗小,所以速断保护的动作电流为

$$I_{qb} = \frac{K_{rel}K_W}{K_i}I_{st.\,max} \qquad\qquad (6.19)$$

式中 K_W——接线系数;

K_i——互感器变比;

$I_{st.\,max}$——电动机的最大启动电流;

K_{rel}——保护装置的可靠系数,对 DL 型电流继电器,取 1.4 ~ 1.6,对 GL 型电流继电器,取 1.8 ~ 2。

6.3.4   电动机的单相接地保护

在中性点不接地电力系统中,当电动机发生单相接地时,其接地电流大于 5 A,则被认为是危险的,有可能过渡到相间短路,甚至造成电机着火。按 GB 50062—1992 规定,当接地电流大于 5 A 时,电动机应装设单相接地保护;如果接地电流大于 10 A,接地保护一般动作跳闸;接地电流为 5 ~ 10 A 时,可作用于信号或跳闸。但容量为 2 000 kV·A 及以下的电动机接地电流达 5 A,即应装设单相接地保护去跳闸,如图 6.26 所示。

单相接地保护的动作电流 $I_{op(E)}$,按躲过保护区外(即 TAN 以前)发生单相接地故障时流过 TAN 的电动机本身及其配电电缆的电容电流 $I_{C.M}$ 计算,即整定计算公式为

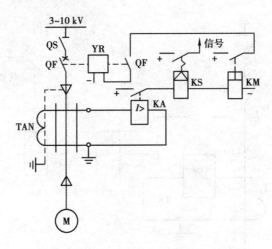

图 6.26　高压电动机的单相接地保护接线图

$$I_{op(E)} = \frac{K_{rel}I_{C \cdot M}}{K_i} \tag{6.20}$$

式中　K_{rel}——保护装置的可靠系数,取 4～5;

　　　K_i——TAN 的变流比。

6.3.5　电动机的差动保护

在 6～10 kV 系统中,当电动机容量为 2 000 kV·A 及以上,应装设差动保护。容量虽在 2 000 kV·A 以下,但具有 6 个引出线的重要电动机,或者采用速断保护灵敏度不够时,也装设差动保护作为电动机内部及引出线相间短路保护。电动机差动保护可采用两相两继电器式接线,如图 6.27 所示。继电器 KA 可采用 DL-11 型继电器,也可采用专门的差动继电器。

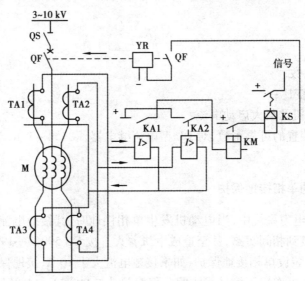

图 6.27　高压电动机纵联差动保护接线图

差动保护的动作电流 $I_{op(d)}$ 应按躲过电动机额定电流 $I_{N.M}$ 来整定,整定的计算公式为

$$I_{\text{op(d)}} = \frac{K_{\text{rel}} I_{\text{N.M}}}{K_{\text{i}}}$$

式中　K_{rel}——保护装置的可靠系数,对 DL 型电流继电器,取 1.5～2。

也可按保护的灵敏度系数 S_{p}(一般取 1.5)来近似地整定,即

$$I_{\text{op(d)}} = \frac{I_{\text{c}} - I_{\text{C.M}}}{K_{\text{i}} S_{\text{p}}} \qquad (6.21)$$

式中　I_{c}——与高压电动机定子绕组有联系的整个电网的单相接地电容电流;

　　　$I_{\text{C.M}}$——保护电动机及其配电电缆的电容电流。

6.3.6　电动机的低电压保护

电动机的低电压保护是一种辅助保护,在下列情况下装设低电压保护:

①为了保证重要电动机、水泵、通风机等 I 类负荷电动机的启动,对不重要的电动机装设带短时限的低电压保护,动作于断路器跳闸。

②在不准自启动的电动机上,以及由于生产工艺条件和技术保护要求,不允许长期失电后再启动的电动机上,应装设带时限的低电压保护。第一种情况,其低电压保护的动作时限常整定为 0.5～1.5 s。第二种情况,其低电压保护的动作时限常整定为 5～10 s。在拟订低电压保护装置的接线时应满足以下基本要求:

a. 三相电压下降到整定值时能可靠启动,并闭锁电压回路断线信号,不致误发信号。

b. 当电压互感器二次熔断器一相、二相或三相同时熔断时,低电压保护也不应误动。为此,装设三相低电压启动元件,并在第三只继电器上增装分路熔断器。

c. 当母线电压降低到额定电压的 60%～70% 时,首先应以 0.5～1.5 s 的时限切除次要电动机;当电压继续下降至 50%～55% 额定电压时,低电压保护装置才以 5～10 s 的时限切除不允许长期失电后再启动的重要电动机。

d. 电压互感器一次隔离开关断开时,低电压保护装置应予闭锁,不致误动作。

6.3.7　高压同步电动机的失步保护

同步电动机除装设上述保护装置外,还应装设失步保护。同步电动机失步运行时,在其转子回路中将感应出交变电流,同时在定子回路中也有较大的脉动电流流入,而且电流和电压的相位角也会发生变化。根据这些特点,可以利用过电流保护装置或其他特殊的保护装置来实现失步保护。

1)利用具有反时限特性的电流保护装置

采用 GL 型继电器反应电动机失步后在定子线圈内出现的脉动电流来作为失步保护,其中,继电器磁系统(速断部分)还可用作短路保护。失步保护的动作电流,可根据过负荷保护装置的动作电流公式计算,其中,返回系数应取 1,可靠系数取 1.2～1.3。当电动机失步后,在定子线圈中流过脉动电流峰值要比电动机额定电流值大好几倍,而最低值有时比额定电流还小。在这种情况下,继电器也不应返回。应用 GL 型继电器时,必须使流入继电器的脉动电流峰值大于启动值的 2～4 倍。这种保护的优点是简单,并可与过负荷相互结合使用,缺点是保护装置动作时限较长,灵敏度低。

2)利用具有定时限特性的过电流装置

为了保证保护装置在失步时可靠动作,在电流继电器和时间继电器之间接入一个辅助中

间继电器,此继电器接点瞬间闭合,开断时须经过一定的延时后才能断开,以便保证在此延时范围内在脉动电流的两个峰值之间来不及打开其接点,使时间继电器不会失电返回,仍以原整定时间继续动作。

此外,有的同步电动机还采取自动再同步装置,即当电动机由于某种原因失去同步时,由再同步装置把电动机转换成同步工作状态。当引起失步原因消失后,这种装置又能把电机再拉入同步运行。

【任务实施】

1. 工作准备

①预习本次任务实施的相关知识部分。

②根据电力变压器和高压电动机保护方式的原理和方式完成相应的分析和计算,每个同学或小组根据相应的任务完成电力变压器和高压电动机保护方式的分析。

③填写任务工单。

2. 组织过程

教师举例,教师提供具体数据或案例让学生对电力变压器和高压电动机的保护方式进行分析和计算。

(1)任务实施前的准备工作

①复习前面所学知识内容。

②结合书中的例题完成相应的计算和分析。

(2)任务实施过程

①接收老师下发的设计数据。

②组织学生研讨电力变压器和高压电动机的保护方法和基本原理。

③学生进行设计。

④老师指导学生进行设计工作。

【学习小结】

1. 电力系统中变压器的常见保护方式,其主要包含瓦斯保护、差动保护、速断保护和过流保护。瓦斯保护可保护变压器油箱内的各种故障;差动保护可保护变压器两侧电流互感器之间的短路故障;速断保护仅能保护变压器一次侧短路电流较大的故障,变压器容量较大时,灵敏度较低;过电流保护还应作为下级线路的远后备保护。

2. 矿用高压电动机的保护装置原理和使用,通过学习学生能够掌握高压电动机的保护方法。

3. 高压电动机的保护装置在使用中的维护知识。

【自我评估】

1. 对变压器低压侧的单相短路,可有哪几种保护措施? 最常用的单相短路措施是哪一种?

2. 瓦斯保护规定在什么情况下应予装设? 在什么情况下"轻瓦斯"动作? 在什么情况下"重瓦斯"动作?

3. 高压电动机的电流速断保护和纵联差动保护各适用于什么情况?

任务 6.4　过电压及其保护

【任务简介】

任务名称:过电压及其保护

任务描述:本任务主要学习雷电过电压形成的原因和造成的危害,能正确选用避雷装置,学习避雷针保护范围的计算;掌握供配电系统中变电所、电机、输电线路的防雷保护等相关知识。

任务分析:常见的过电压有大气过电压和内部过电压两种。通过对过电压的学习,掌握变配电所避雷装置的选择。在工矿供配电设计中能够合理选择和设计过电压的防护装置。

【任务要求】

知识要求:1. 了解雷电的种类。

2. 了解雷电的形成原因及其危害。

3. 了解变电所、电机、输电线路的防雷保护方法。

4. 了解防雷装置接地的种类和类型。

能力要求:1. 能正确选用避雷装置。

2. 能进行避雷针保护范围计算。

3. 掌握变电所防雷保护的设施和选用原则。

【知识准备】

6.4.1　过电压的形成及其危害

电动机、变压器、输配电线路和开关设备等的对地绝缘,在正常工作时只承受相电压。但由于某些原因,电网的电磁能量发生突变,使设备对地或相间电压异常升高,对电气设备的绝缘有破坏性的电压称为过电压。常见的过电压有大气过电压和内部过电压两种。

1)大气过电压

大气过电压是指由雷云直接对地面上的电气设备放电或对设备附近的物体放电而在电气设备上引起的过电压。前者称为直接雷击过电压,后者称为感应雷击过电压。

(1)直接雷击过电压

天空中的云块因相互摩擦从而带有正电荷或负电荷,继而形成雷云。因静电感应的作用,在雷云和大地之间形成一个巨大的"电容器",当其间电场强度达到 $25\sim30\ kV/cm$ 时,雷云对大地放电,形成一段导电通路,称为雷电先导。当雷电先导达到离地面 $100\sim300\ m$ 时,大地感应的异性电荷聚集在较突起部分或较高的地面,形成迎雷先导。当雷电先导和迎雷先导接触时,便出现电闪雷鸣。这种直击雷持续的时间很短,但电压可达数百万伏,对设备的破坏性极大,应加强防雷措施。

（2）感应雷击过电压

当雷云落在线路附近时，将使线路产生感应过电压。在雷云放电的初始阶段，线路上的电荷因受雷云的束缚，所以导线上的雷电流很小；当雷云对附近地面放电结束时，线路上的电荷因失去束缚力而转变为自由电荷，在感应电压的推动下以电磁波的速度向两侧冲击流动，使所到之处的电压升高，形成感应过电压。

感应过电压的幅值一般不超过 300 kV，其危害较直接雷击过电压小，但感应过电压所造成的雷害事故占总雷害事故的 70% 左右，应采用避雷器保护。

2）内部过电压

内部过电压是由于操作、故障或某些非正常运行状态，在使电力系统由一种稳态过渡到另一种稳态的过程中，系统内部电源能量的振荡、互相转换及重新分布时，在某些设备上或系统中出现的过电压。

（1）操作过电压

常见的操作过电压包括切断小电感电流负载的截流过电压和开断电容性负载的电弧多次重燃过电压。前者是利用真空断路器切除空载变压器和电动机时，由于开关熄弧能力强，使电流在未自然过零前强迫熄灭，在电感电路中产生电磁振荡而形成的过电压；后者是因断路器开断空载线路和电容器组时，由于断路器断口介质电压恢复速度慢，造成触头间隙产生多次重燃，产生较高的过电压。

（2）弧光接地过电压

在中性点不接地系统中，当发生一相接地时，如果电网中的接地电流较大，在故障处的电弧就难于自动熄灭。但这种接地电容电流又不足以形成稳定电弧，出现时燃时灭的间歇性电弧，使接地电网中的电容、电感回路产生电磁振荡，从而产生遍及全网的弧光接地过电压。这种过电压可采用中性点经消弧线圈接地的措施来加以消除。

（3）铁磁谐振过电压

铁磁谐振是由于电路中电感元件的铁芯出现磁饱和现象，使电感量变化构成谐振条件而产生的。电力系统中常见的谐振非线性过电压，有非全相拉合闸、输电线路一相断线后一端接地的铁磁谐振过电压和电压互感器铁磁饱和谐振过电压。谐振线性过电压主要是电容传递过电压。

6.4.2　防雷装置

1）避雷针及避雷线

避雷针是接地良好的、顶端尖尖的金属棒。它由接闪器、接地引下线和接地极 3 部分组成。接闪器由直径为 12~20 mm，长为 1~2 m 的圆钢或直径为 20~25 mm 的铜管制成；接地引下线由截面大于 25 mm² 的镀锌钢绞线制成；接地极为埋入土壤中的金属板或金属管。3 部分必须牢固地熔焊连接。避雷线是接地良好的架空金属线。

（1）避雷针及避雷线的作用

避雷针及避雷线是防止直接雷击的装置，它能够把雷电引向自身，防止电气设备、架空线路及建筑物等遭受直接雷击的危害。

（2）避雷针及避雷线的保护范围

避雷针及避雷线的保护范围是指能够保护避雷针（线）周围的物体免遭直接雷击的空间

范围。其保护范围的大小与避雷针(线)的高度和数量有关。

①避雷针的保护范围

避雷针的保护范围是通过模拟实验和运行经验确定的。由于雷云放电路径的随意性,要使被保护物绝对不遭受雷击十分困难,一般采用0.1%雷击概率作为防直接雷击的标准。单支避雷针的保护范围如图6.28所示。它是折线圆锥形保护空间,确定的方法:从针顶向下作与针成45°角的斜线,与从针底1.5H处向针0.75H处所作的连线交于H/2处,此交点把圆锥形保护范围分为上、下两个空间,每个空间内不同高度上的保护半径与避雷针高度有关,避雷针在地面上的保护半径R为

$$R = 1.5H \tag{6.22}$$

式中　H——避雷针在地面上的高度,m。

在被保护物高度水平面上的保护半径,按下式计算为

$$H_x \geqslant 0.5H \text{ 时}, r_x = (H - H_x)K_b = H_aK_b \tag{6.23}$$

$$H_x < 0.5H \text{ 时}, r_x = (1.5H - 2H_x)K_b \tag{6.24}$$

式中　H_x——被保护物的高度,m;

　　　H_a——避雷针的有效高度,m;

　　　K_b——高度影响系数,当$H \leqslant 30$ m 时,$K_b = 1$;当30 m $< H < 120$ m 时,$K_b = 5.5\sqrt{H}$。

②避雷线的保护范围

避雷线主要保护输电线路或狭长的建筑物及设施。

单根避雷线的保护范围如图6.29所示。由避雷线向下作与其垂直成25°角的斜面,构成保护空间的上部;在H/2处转折,与地面上离避雷线水平距离为H的直线相连的平面。

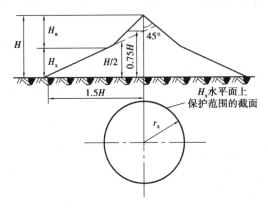

图6.28　单支避雷针的保护范围

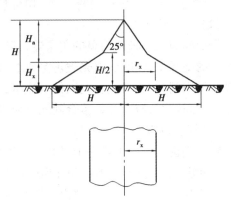

图6.29　单根避雷线的保护范围

单根避雷线的保护宽度,可按下式计算为

$$H_x \geqslant \frac{H}{2} \text{ 时}, r_x = 0.47(H - H_x)K_b \tag{6.25}$$

$$H_x < \frac{H}{2} \text{ 时}, r_x = (H - 1.53H_x)K_b \tag{6.26}$$

式中　H_x——被保护物的高度,m;

　　　H——避雷线的高度,m;

　　　r_x——避雷线一侧在H_x水平面上的保护宽度,m。

2)避雷器

避雷器主要用于防止感应过电压所产生的感应冲击波沿线路传入电气设备,使其绝缘击穿损坏。

其工作原理是避雷器一端与被保护设备相并联,另一端接地,且避雷器的对地放电电压低于被保护设备的绝缘水平,如图6.30所示。当雷电冲击波沿线路传来时,避雷器首先放电,将雷电流导入大地。当过电压消失后,避雷器能自动恢复原来的状态。避雷器具有以下特点:

①避雷器的伏秒特性(即避雷器的放电电压和时间关系的特性)要比被保护物的绝缘伏秒特性低,否则避雷器失去保护作用。

②当有大电流流过避雷器时,避雷器不应损坏,且其电压降应小于被保护物的绝缘耐压值。

③当过电压消失后,迅速将电弧熄灭,切断续流。

避雷器分为保护间隙、管型避雷器、阀型避雷器和压敏型避雷器。

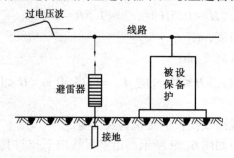

图6.30　避雷器的连接

(1)保护间隙

保护间隙是一种最简单的避雷器,其结构如图6.31(a)所示。当雷电波沿线路侵入时,由于间隙的绝缘水平较低,首先被击穿放电,使雷电波泄漏入地,从而保护了设备免遭过电压的危害。但当间隙被击穿后,电网的电流可经间隙电弧而接地,造成单相接地或接地短路事故。采用保护间隙时,应与自动重合闸配合使用,以增强供电的可靠性。

(2)管型避雷器

管型避雷器实质上是一个具有较高熄弧能力的保护间隙,其结构如图6.31(b)所示。内部火花间隙 S_1 由棒形电极4和环形电极5组成,装在产气管3内。当工频续流通过 S_1 时,电弧高温使管壁的产气材料分解出大量气体,管内压力猛增并从环形电极喷口处迅速喷出,形成强烈的纵吹作用,使工频续流在第一次过零时熄灭。续流切断后,外部间隙 S_2 由空气恢复绝缘,使管型避雷器与电系统隔离。S_2 的另一个作用是使产气管平时不承受工频电压,以防管子表面长时通过工频泄流而产生变质或损坏。

使用管型避雷器应注意以下3点:

①熄弧能力与开断电流有关。续流太小时,产生气体少,不能灭弧;续流太大时,管内压力过高易使管子爆裂。管型避雷器通过的续流能力应在允许范围内。

②下限电流与电弧接触管壁的紧密程度有关。由于多次动作,材料气化,管壁变薄,内径增大,其上下限电流之间的范围缩小。当内径增大到120% ~125%时,就不可再用。

③管型避雷器只用于保护线路的某些绝缘弱点和变电所的进线段,不可用来保护变压器。

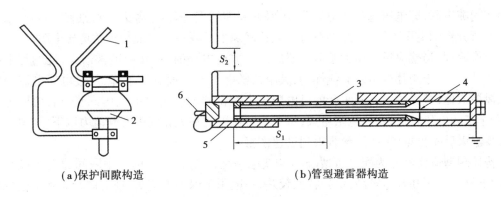

（a）保护间隙构造　　　　　　　　　（b）管型避雷器构造

图6.31 保护间隙及管型避雷器

1—羊角形电极；2—支持绝缘子；3—产气管；4—棒形电极；5—环形电极；

6—塞子式动作指示器；S_1—内部间隙；S_2—外部间隙

（3）阀型避雷器

①普通阀型避雷器 阀型避雷器的基本元件是火花间隙和非线性电阻，全部元件都装在密封的瓷套内。工作时，瓷套上端引线与电源导线相连，下端引线接地，如图6.32所示。

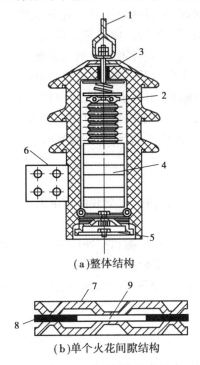

（a）整体结构

（b）单个火花间隙结构

图6.32 普通阀型避雷器

1—上接线端；2—火花间隙；3—瓷套管；4—阀电阻片；

5—下接线端；6—固定件；7—黄铜电极；8—云母垫圈；9—主间隙

非线性电阻又称阀片，是由碳化硅和黏合剂在一定温度下烧结而成的。阀片电阻值与通过的电流成非线性反比关系，当雷电流通过时电阻很小，避雷器上残压不高；当续流通过时电阻很大，把续流限制在很小的数值上，为火花间隙切断续流创造条件。

火花间隙由多个黄铜电极和云母垫圈串联而成。为了适应较高工频放电电压的要求，可

165

采用多间隙串联,即电压越高的避雷器,串联的间隙越多,但由于各火花间隙有电容存在,使各间隙上所分布的电压不同,为此要在每个火花间隙上并联一个阻值相等的均压电阻。

工作原理:当感应过电压大于避雷器的冲击放电电压时,火花间隙被击穿,使阀片上的外加电压升高,由于阀片电阻是非线性的,其阻值随电压升高而迅速下降,使过电压电流经阀片电阻泄漏入地,被保护设备所承受的过电压仅为避雷器的冲击放电电压或残压。感应过电压后,由于工频电压较低,阀片电阻增大,将工频续流限制在火花间隙开断能力以下,使电流第一次过零熄灭后不再重燃,线路绝缘得到迅速恢复。

普通阀型避雷器分为配电所型(FS)和变电站型(FZ)两种。前者串联间隙上不设并联电阻,冲击放电电压和残压较高,保护特性较差,一般用于保护电缆头、柱上油开关和配电变压器等;后者主要用于变电所电气设备的防雷保护。

②磁吹型避雷器 磁吹型避雷器是利用电磁力来吹动火花间隙中的电弧,提高间隙灭弧能力,从而减少火花间隙的串联数目,使冲击放电电压有所降低。它采用了通流能力大的高温烧结阀片,使阀片的阻值相应减少,避雷器的残压有所下降,保护能力比普通型有所改善。

(4)压敏型避雷器

压敏型避雷器是一种新型避雷器,它仅有压敏电阻阀片,而无火花间隙。压敏电阻由氧化锌、氧化铋等金属氧化物烧结而成,为多晶半导体陶瓷非线性电阻元件,通常做成阀片状。其中氧化锌晶粒是低电阻率的,其间充填的其他多种金属氧化物粉末组成的晶界层是高电阻率的。在正常电压下,晶界层呈高阻态,只有很小的微安级泄漏电流。当线路上出现的过电压高于避雷器额定电压时,晶界层迅速变为低阻态,雷电流得以通过而泄漏入地。浪涌电压过后为工频电压时,晶界层又恢复为高阻态,阻断了续流,不出现普通阀型避雷器的续流。

在低压系统和电子线路中,压敏电阻避雷器可用来吸收大气过电压的浪涌和内部过电压,用它既可保护变压器的低压侧免遭低压侧落雷击穿绝缘,又可保护因高压侧落雷的反变换。

6.4.3　变电所的防护

变电所的过电压保护主要是直接雷击保护和由雷电波侵入的感应冲击波保护。

1)直接雷击的防护

对直接雷击的防护措施,是根据建筑物和室外设备占地面积及其高度装设避雷针,使变电所进线杆塔、电气设备和构架及建筑物全部置于避雷针的保护范围之内。通常应装设 4 根避雷针。避雷针与被保护物之间应保持 5 m 以上的距离,以防止在避雷针上落雷时造成向被保护设备产生"反击"过电压。避雷针接地极与被保护物接地极之间必须保持 3 m 以上的距离,且接地电阻不得大于 10 Ω。

2)雷电波入侵的防护

雷电波入侵的保护主要是依靠在变电所各段母线上装设阀型避雷器。

变电所的主变压器绝缘较弱,它的防雷保护是在进线母线上装设 FZ 型阀型避雷器。由于避雷器的装设点距变压器越远,变压器承受的过电压幅值越大,所以变压器与避雷器之间应有一最大允许距离,在安装时应满足表 6.2 的规定。

表 6.2   阀型避雷器与被保护设备间的最大距离

电压等级/kV	装设避雷器的范围	到变压器或电压互感器的距离/m				到其他电器设备的距离/m
		进(出)线回路数				
		1	2	3	3 以上	
3～10		15	23	27	30	按到变压器距离增加 35% 计算
35	进线段	25	35	40	45	
	全线	55	80	90	105	
60	进线段	40	65	75	85	
	全线	80	110	130	145	
110	全线	90	135	155	175	

为了限制雷电波入侵的幅度和陡度,当电源进线线路未沿全线装设避雷线时,必须在变电所进线段装设避雷线,以防在变电所附近落雷时产生的雷电入侵波对电气设备的危害,还可消减外来雷电入侵波的陡度。为了降低雷电入侵波的幅值,在进线保护段的始端装设管型避雷器。对于不同电源电压等级和变压器容量,应采取不同的保护措施,如图 6.33 所示。

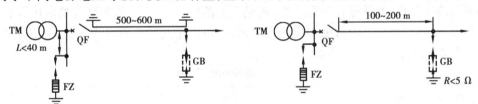

(a)容量为 3 150～5 000 kV·A 的变电所   (b)容量为 1 000～3 150 kV·A 的变电所

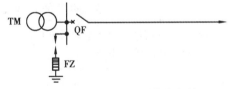

(c)容量为 10 000 kV·A 以下的变电所

图 6.33   变电所进线保护方式

QF—断路器;TM—变压器;FZ—阀型避雷器;GB—管型避雷器

对于 3～10 kV 配电装置,防止入侵波的保护措施是在回路进、出口线和每一组母线上装设阀型避雷器,如图 6.34(a)所示。用电缆布线的架空线路,阀型避雷器装在电缆头附近,如图 6.34(b)所示。若出线带有电抗器时,在电抗器与电缆头之间装设阀型避雷器,如图 6.34(c)所示,以防电抗器端电压升高而威胁电缆绝缘。

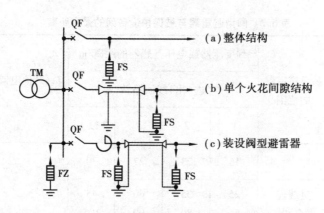

图 6.34　3～10 kV 配电装置防雷保护线

QF—断路器;TM—变压器;FZ、FS—两种不同型号的阀型避雷器

6.4.4　电动机的防雷保护

旋转电机应采用防雷性能较好的 FCD 磁吹阀型避雷器保护,设在电动机电源的入口处或发电机出口处,并在避雷器上并联一组 0.25～0.5 μF 的电容器,以降低入侵波的陡度,保护电机匝间绝缘。

6.4.5　输电线路的防雷保护

架空线路距离长,且暴露在旷野之中,遭受雷击的机会较多,应根据网路的电压等级、负荷的重要性,以及所经地段雷电日的多少和投资情况,可沿全线或仅在变电所进、出线段装设避雷线。参照表 6.3 安装。

表 6.3　装设避雷线的一般规定

线路的电压等级/kV	避雷线的装设情况
1～10	一般不装设
35	仅在变电所的进线段装设
60	负荷重要且所经地段年平均雷电日在 30 d 以上时,沿全线装设;否则仅在变电所进线段装设
110 及以上	沿全线装设

6.4.6　防雷装置的接地

为了使雷电流畅通泄漏入地,所有的防雷设备都必须有良好的接地装置。一般要求单体接地体的长度应小于接地体之间的距离。通常接地体组是用一根或几根接地体并联用扁钢相连。

【任务实施】

1. 实施地点

专业实训室、多媒体教室。

2. 实施所需器材

多媒体设备、常用避雷器、常用接地装置等。

3. 实施内容与步骤

①学生分组。

②教师布置工作任务。

③教师通过图片、实物或多媒体展示让学生识别各种避雷器、了解供配电设备的防雷保护结构和常见的接地装置。

【学习小结】

通过本任务的学习,应当理解常见的过电压有大气过电压和内部过电压两种。防雷保护装置主要包括避雷针、各种避雷器、避雷线等,它们的合理设计、组合可以避免变电所与建筑物遭受雷击的伤害。变电所对直击雷的防护方法主要是装设避雷针,将变电所的进线杆塔和室外电气设备全部置于避雷针的保护范围之内。

【自我评估】

1. 对变电所过电压如何保护?

2. 输电线路的防雷保护一般有什么规定?

3. 防雷装置接地的作用是什么?

4. 什么是大气过电压? 它有什么危害?

5. 什么是内部过电压? 常见的内部过电压有哪几种?

6. 避雷针和避雷线有什么作用? 避雷针为什么能使其被保护物免遭直接雷击?

7. 避雷器有哪几种? 它们各自的保护对象是什么? 是怎样起防雷作用的?

8. 说明管型避雷器和阀型避雷器的工作原理。

任务6.5　保护接地

【任务简介】

任务名称:保护接地

任务描述:本任务主要了解电气设备的接地类型和敷设方式,能正确选择保护接地和保护接零的供电方式,能根据实际情况确定接地电阻的阻值,并能进行接地电阻的测试。

任务分析:为了进一步提高保护接地的安全性和可靠性,井下供电系统必须构成保护接地网,从而减少事故的发生。本任务要求掌握接地保护的基本原理和特点。

【任务要求】

知识要求：1. 了解接地的种类和类型。

2. 了解保护接地和保护接零的原理。

3. 了解井下保护接地网的原理。

4. 掌握井下保护接地装置设置要求。

能力要求：1. 能正确选用保护接地和保护接零的供电方式。

2. 能按实际需要正确选择接地电阻。

3. 能设计接地装置的敷设方法。

4. 能制作接地装置并维修、检修井下保护接地装置。

【知识准备】

6.5.1　接地的基本概念

1)"地"的概念

大地是一个电阻非常低、电容量非常大的物体,拥有吸收无限电荷的能力,而且在吸收大量电荷后仍能保持电位不变,适合作为电气系统中的参考电位体。这种"地"是"电气地",并不等于"地理地",但却包含在"地理地"之中。"电气地"的范围随着大地结构的组成和大地与带电体接触的情况而定。

2)接地的概念

①接地线和接地体(极)与大地直接接触的金属物体称为接地体或接地极。连接接地体及设备接地部分的导线称为接地线。接地体和接地线合称为接地装置。由若干接地体在大地中互相连接而组成的总体称为接地网。

②接地将电气设备的某金属部分经接地线连接到接地极,或是直接将电气设备与大地作良好的电气连接,称为接地。"电气设备"通常是指发电、变电、输电、配电或用电的任何设备,如电机、变压器、电器、测量仪表、保护装置、布线材料等。电气设备中接地的一点一般是中性点,也可能是相线上某一点。电气装置的接地部分则为外露导电部分。"外露导电部分"为电气装置中能被触及的导电部分,它在正常时不带电,但在故障情况下可能带电,一般指金属外壳。有时为了安全保护的需要,将装置外导电部分与接地线相连进行接地。"装置外导电部分"也可称为外部导电部分或自然接地体,不属于电气装置,一般是水、暖、煤气、空调的金属管道以及建筑物的钢筋混凝土等金属结构。

6.5.2　接地的类型

工厂供电系统和设备接地的方式有以下几种:

1)工作接地

在正常或事故情况下,为了保证电气设备可靠运行,必须在电力系统中某一点进行接地,称为工作接地。这种接地可采取直接接地或经特殊装置接地。如变压器中性点的直接接地或经消弧线圈接地。

2）保护接地

为防止因绝缘损坏而遭受触电的危险,将与电气设备带电部分相绝缘的金属外壳或构架,同接地体之间作良好的连接,称为保护接地。如变压器底座和外壳接地、配电盘的框架接地、互感器的二次绕组接地,将与带电部分相绝缘的电气设备的金属外壳或构架,与中性点直接接地系统中的保护中性线相连接等。保护接地是防止人身触电的一项极其重要的措施,如图6.35所示。

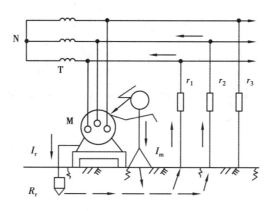

图6.35　保护接地

当电气设备内部绝缘损坏而使一相带电体碰壳时,若人身接触设备外壳,电流经过人身电阻和接地装置的电阻流入大地,再经过其他两相对地绝缘阻抗回到电源。接地装置的接地电阻与人身电阻并联,根据并联分流原理,流过人身的电流与人体电阻成反比,即

$$\frac{I_d}{I_r} = \frac{R_r}{R_d} ; I_r = \frac{R_d}{R_r} I_d \tag{6.27}$$

式中　R_d——接地装置的接地电阻;

　　　I_d——流过接地极的电流;

　　　R_r——人身电阻;

　　　I_r——流过人身的电流。

由式(6.27)可知,流过人身的电流取决于接地电阻的大小,若接地电阻小至某个值时,即可降低人身触电伤亡的危险性。此外,由于装设了保护接地装置,带电导体碰壳处的漏电电流经接地装置流入大地,即使设备外壳与大地接触不良而产生火花,但是由于接地装置的分流作用,可减少入地电流火花能量和降低引燃瓦斯、煤尘的可能性,提高了矿井安全性。

3）重复接地

将中性线上的一点或多点与大地再次作金属连接,称为重复接地。如在三相四线制的中性线首端、分支点及沿线每1 km处和接户线处作的接地、与高压线路同杆架设的低压线路的中性线在共敷段首末段接地等。

4）防雷接地

为了防止人、畜、建筑物、架空线路等遭受雷击而作的接地,称为防雷接地。如与建筑物顶部避雷针及高压架空线路避雷线相连而作的接地等。

5）保护接零

电气设备的外壳与接地的零线连接称为保护接零。在中性点直接接地系统中,人身触及带电外壳时加在人体上的电压接近于相电压,流过人体的电流较大,危及人身安全。采用保护接零后,发生单相碰壳事故时将形成单相金属性短路,从而使继电保护动作,切断电源。

几种接地形式如图6.36所示。

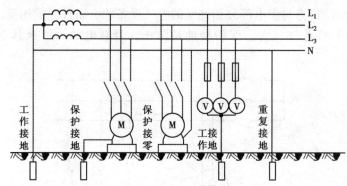

图6.36 接地的类型

6.5.3 接地装置的选择及其要求

1)接地电阻

接地电阻是接地体的流散电阻与接地线和接地体电阻的总和。由于接地线和接地体的电阻值相对很小,可忽略不计,因此可以认为接地电阻就是指接地体流散电阻。在数值上等于电气设备的接地点对地电压与通过接地体流入地中电流的比值。接地电阻 R_d 的表示式为

$$R_d = \frac{U_d}{I_d} \tag{6.28}$$

式中 U_d——接地电压,V;

I_d——接地电流,A。

工频接地电流流经接地装置所呈现的接地电阻,称为工频接地电阻;雷电流流经接地装置时所呈现的接地电阻,称为冲击接地电阻。

2)接地电阻规范要求

防雷保护的基本原理是利用低电阻通道,能在雷电发生时,将强大的雷电流迅速泄流到大地,从而防止建筑物和供电系统被损坏或发生人员伤害事故。为避免雷电危害,所有防雷设备都必须有良好的接地装置,同时接地装置的接地电阻越小,接地电压也就越低。我国对各种场所的接地电阻也有相关的规定。

①独立的防雷保护接地电阻应小于等于10 Ω。

②独立的安全保护接地电阻应小于等于4 Ω。

③独立的交流工作接地电阻应小于等于4 Ω。

④独立的直流工作接地电阻应小于等于4 Ω。

⑤防静电接地电阻一般要求小于等于100 Ω。

⑥共用接地体(联合接地)应不大于接地电阻1 Ω。

避雷针的地线属于防雷保护接地,如果避雷针接地电阻和防静电接地电阻都是按要求设置的,就可以将防静电设备的地线与避雷针地线接在一起。因为避雷针的接地电阻比静电接地电阻小10倍,所以发生雷电事故时,大部分雷电将从避雷针地线泄放,经过防静电地线的电

流则可以忽略不计。

3）常见接地装置检查和测量周期

对运行中的接地装置要按规程要求进行定期检查并测量,若发现接地装置电阻不符合要求时,应及时处理。常见接地装置检查和测量周期见表6.4。

表6.4　常见接地装置检查和测量周期

接地装置类别	检查周期	测量周期
变配电所接地网	一年一次	一年一次
车间电气设备的接地	一年至少两次	一年一次
各种防雷保护接地装置	每年雷雨季节前检查一次	两年一次
独立避雷针接地装置	每年雷雨季节前检查一次	五年一次
10 kV 及以下线路变压器工作接地装置	随线路检查	两年一次
手持电动工具的接地线	每年使用前检查一次	两年一次
有腐蚀性化学成分土坡中的接地装置	每五年局部挖开检查腐蚀情况	两年一次

6.5.4　煤矿井下保护接地

煤矿井下供电系统采用中性点不接地方式,考虑电气设备布置比较分散,距离较远,很难用一个集中接地装置来满足保护接地的要求,接地电阻的大小将直接影响电气设备金属外壳对地电压的高低。即使每个电气设备装设单独的保护接地装置,也不能完全消除人身触电的危险。如图6.37(a)所示,当一台设备已因绝缘损坏发生一相接地,而另一台设备的其他相又发生接地故障时,便造成系统两相接地短路。此时两相接地短路电流 $I_K^{(2)}$ 便经过两个局部接地极的接地电阻流通。由于局部接地极的接地电阻都较大(几欧到几十欧),使得两相接地短路电流较小而不足以使熔断器或过电流继电器动作,这样会导致故障不能及时被切除,电气设备外壳将带有危险的电压,两电动机对地电压的大小与两电动机的接地电阻成正比,若电动机 M_1 和 M_2 的接地电阻大小相等,则两电动机外壳对地电压也相等,分别为电网电压的一半。对于 660 V 电网,对地电压为 330 V,一旦人体触电,危险性极大。

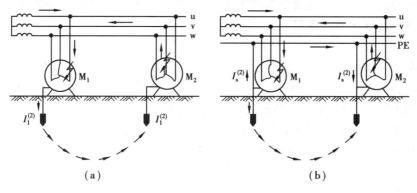

图 6.37　电网两点两相接地短路故障示意图

为了进一步提高保护接地的安全性和可靠性,通常利用高低压铠装电缆的铅皮、铠装层以

173

及橡套电缆的接地芯线或屏蔽护套,把分布在井底车场、运输大巷、采区变电所、工作面配电点的电气设备的金属外壳在电气上连接起来,再与各处埋设的局部接地极和矿井主、副水仓主接地极连接起来,组成保护接地地网,如图 6.38 所示。这样在发生不同设备、不同相接地短路时,短路电流将主要经过接地线流通。系统接地短路回路电阻远远小于两个局部接地极的接地电阻,两相接地短路电流较大,近似于金属性两相短路,一般都能使熔断器熔断或使电流继电器动作,从而保证迅速切断故障电源,制止事故的持续蔓延,如图 6.37(b) 所示。

6.5.5　煤矿保护接地装置的运行与维护

根据 2010 版《煤矿安全规程》第 484 条规定:所有电气设备的保护接地装置(包括电缆的铠装铅皮接地芯线)和局部接地极应与主接地极连接成一个总的接地网。主接地极应在主、副水仓中各埋设 1 块。主接地极应用耐腐蚀的钢板制成,其面积不得小于 0.75 m^2,厚度不得小于 5 mm。在钻孔中敷设的电缆不能与主接地极连接时,应单独形成一个分区接地网,其接地电阻不得超过 2 Ω。

1)接地装置的设置与要求

矿井应在下列地点装设局部接地极:采区变电所(包括移动变电站和移动变压器);井下电气设备的硐室和单独装设的高压电气设备;低压配电点或 3 台以上电气设备的地点;无低压配电点的采煤机工作面的运输巷、回风巷、集中运输巷(胶带运输机)以及由变电所单独供电的掘进工作面,至少应分别设置 1 个局部接地极;连接高压电缆的金属连接装置等。

局部接地极可设置于巷道水沟内或其他就近的潮湿处。设置在水沟中的局部接地极应用面积不小于 0.6 m^2、厚度不小于 3 mm 的钢板或具有同等有效面积的钢管制成,并应平放于水沟深处。设置在其他地点的局部接地极,可用直径不小于 35 mm、长度不小于 1.5 m 的钢管制成,管上应至少钻 20 个直径不小于 5 mm 的透孔,并全部垂直埋入底板;也可用直径不小于 22 mm、长度为 1 m 的两根钢管制成,每根管子上应钻 10 个直径不小于 5 mm 的透孔,两根钢管间距不得小于 5 m,并联后垂直埋入底板,垂直埋深不得小于 0.75 m。

连接主接地极的接地母线应采用截面不小于 50 mm^2 的铜线或截面不小于 100 mm 的镀锌铁线,或厚度不小于 4 mm、截面不小于 100 mm^2 的扁钢。电气设备的外壳与接地母线或局部接地极的连接以及电缆连接装置两头铠装、铅皮的连接,应采用截面不小于 25 mm^2 的铜线或截面不小于 50 mm^2 的镀锌铁线。橡套电缆的接地芯线除用于监测接地回路外,不得兼作他用。

2)接地网中接地电阻的确定

保护接地是将设备上的故障电压限制在安全范围内的一种安全措施,同时也可作为漏电保护的后备保护。根据煤矿井下规定的额定安全电压的空载上限值为 40 V 和矿井高压电网的单相接地电容电流不得超过 20 A 的规定,接地网上任一保护接地点的接地电阻不得超过 2 Ω。每个移动式和手持式电气设备至局部接地极之间的保护接地用的电缆芯线和接地连接导线的电阻值不得超过 1 Ω。同理,按照井下低压电网的单相接地电流一般不超过 0.5 A 的规定,局部接地极的电阻值不超过 80 Ω。

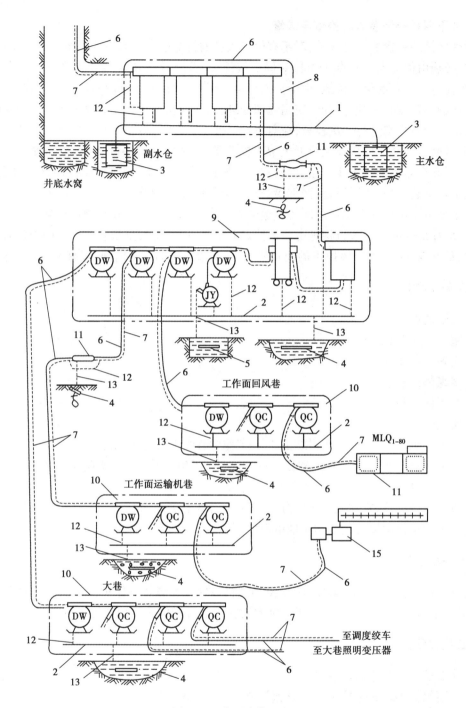

图 6.38 井下总接地网

1—接地母线;2—辅助接地母线;3—主接地极;4—局部接地极;5—漏电保护辅助接地极;
6—电缆;7—电缆接地层(线);8—中央变电所;9—采区变电所;10、11—电缆接线盒;
12—连接导线;13—接地导线;14—输送机

3）井下保护接地装置的检查与维修

为确保接地装置的完好有效,对于有值班人员的机电硐室和有专职司机的电气设备,在交接班时,必须由值班人员和专职司机对局部接地极、接地导线及连接导线等进行一次表面检查;对其他电气设备的保护接地,由维护人员每周至少进行一次表面检查,重点是连接情况,一旦发现接触不良或有锈蚀等情况,应当立即处理,以免使接地电阻位增大;每年应至少将主接地极吊出水仓或水沟进行一次检查,在对主接地极作检查时,另一个必须处于工作状态。

对于钢管接地极,如接地极附近土壤比较干燥,在其周围应用砂子、木炭和食盐等混合物填满,砂子和食盐比例为 6:1。埋设后再进行浇水,以降低接地电阻,保持良好的导电状态。电气设备在安装、检修搬迁后,应详细检查接地装置的完好情况。

每季度至少进行一次总接地网的接地电阻测定,由专人负责,并有测定数据记录。对有瓦斯、煤尘爆炸危险的矿井进行接地电阻的测定时,应选用本质安全型测试仪。如用普通测试仪测定时,只准在瓦斯浓度 1% 以下的地点使用,并采取一定的安全措施,报有关部门批准。

【任务实施】

1. 实施地点

教室、专业实训室。

2. 实施所需器材

①多媒体设备。

②常用接地装置等。

3. 实施内容与步骤

①学生分组。3~4 人一组,指定组长。工作中各组人员尽量固定。

②教师布置工作任务。学生阅读工作任务书,了解工作内容,明确工作目标,制订实施方案。

③教师通过图片、实物或多媒体分析演示,让学生识别各种接地装置或指导学生自学。

④实际测量常用接地装置的接地电阻值,并记录测量结果。

【学习小结】

通过本任务的学习,了解接地的种类、类型和原理;了解井下保护接地网的原理和设置要求;掌握井下保护接地装置设置要求。能够对接地装置和保护接地装置进行正确安装和维护。

【自我评估】

1. 什么是接地? 什么是接地体?

2. 简述保护接地和保护接零的概念并画出接线原理图。

3. 如何计算接地电阻值?

4. 为什么要定期测量接地电阻?

【知识目标】

1. 了解触电的概念和触电的危害程度相关的因素。

2. 预防触电的措施及急救的方法。

3. 了解漏电保护装置的结构及漏电保护原理。

【能力目标】

1. 会触电急救。

2. 会使用和维护漏电保护装置。

任务7.1　触电预防与煤矿电气安全

【任务简介】

任务名称:触电预防与煤矿电气安全

任务描述:本任务对人体在工作中的触电危害及预防触电的知识进行学习,可以有效防止触电事故的发生,采取触电的预防和急救措施。煤矿井下空气中存在着瓦斯和煤尘,存在引起爆炸的可能性,要求煤矿电气必须具有防爆性和耐爆性,正确选择和使用矿用电器设备对煤矿安全生产意义重大。

任务分析:通过本任务中触电对人体伤害的分析、研究,结合井下环境提出在工矿企业供电中防止人身触电的预防方法和急救措施。煤矿电气设备要在井下变电所、采掘工作面运行,其运行环境与地面有很大区别,在煤矿中需要考虑电气设备的防爆、防火等性能。

【任务要求】

知识要求:1. 了解触电的危险性以及通过人体的电流对人体组织的危害。

2. 了解预防触电的措施和触电急救的方法。

3.熟悉矿用防爆电气设备的种类。

4.熟悉并掌握防爆性能的检查方法。

能力要求:1.会触电急救。

2.会计算触电电流。

3.会对井下防爆电气设备进行日常维护和故障处理。

【知识准备】

7.1.1 触电的危险性

人体触及带电导体或触及因绝缘损坏而带电的电气设备金属外壳,甚至接近高压带电体而成为电流通路的现象称为触电。煤矿井下空间狭窄、照明不足、空气潮湿以及电气设备和电缆容易受砸而使绝缘损坏,发生人体触电事故远大于地面。

触电对人体组织的破坏过程很复杂。按电流对人体的伤害程度,触电可分为电击和电伤。电击是触电后人体成为电路的一部分,电流流经人体引起热化学作用,电解血液和影响人的呼吸、心脏及神经系统,造成人体内部组织的损伤和破坏,导致残废或死亡。电伤往往是人体触及高压时,强电弧对人体表面的烧伤,当烧伤面积不大时,尚不致有生命危险。在高于1 200 V电网的触电事故中,这两种触电类型都可能发生,对于一般低压电网,则大部分是电击事故。

触电事故是指人体触及带电体或人体接近高压带电体时有电流流过人体而造成的事故。

7.1.2 影响触电程度的因素

触电对人体的危害程度由多种因素决定,但流经人体电流的大小、频率及其途径是主要因素,电流的大小起决定作用。

1)触电电流

发生触电时流过人身的电流称为触电电流,它是直接影响人身安全的重要因素。触电电流越大,对人体组织的破坏作用也越大。根据人体对电流的敏感程度,触电电流可以分为4个等级。

(1)感知电流

以手握带电体,在直流的情况下能感知手心轻微发热,在交流的情况下则因神经受到刺激而感知轻微刺痛,此时的电流称为感知电流。人身的感知电流一般为0.7~1.1 mA。

(2)反应电流

引起预料不到的不自主反应和造成事故的最小触电电流称为反应电流。人身的反应电流范围通常为:在这一数量级电流的突然作用下,可使一位工人从梯子上掉落。

(3)摆脱电流

当人手触摸电源时电流便流入人体,随着电流的增加,发热和刺痛的感觉也增强,继而肌肉发生痉挛,刺痛加剧。如果电流继续增加,触电者将难以摆脱带电体而被"黏结"在电极上。人身难忍受的且刺激肌肉能摆脱带电体的最大电流称为摆脱电流。国际上将人体摆脱电流的极限值定为6~9 mA。

(4)极限电流

极限电流是指可能使人致死的最小触电电流。长期以来,我国煤矿井下取30~50 mA作为人身触电的长时安全电流值,但从 20 世纪 80 年代开始已采用 30 mA 安全电流和 30 mA·s 相结合的规定。

2)触电持续时间

触电持续时间是指从触电瞬间开始到人体脱离电源或电源被切断的时间。它与触电电流一样是影响触电程度的重要因素。在短暂的电流的作用下,触电持续时间越长,对人体越危险。随着电流在人体内持续时间的增加,人体发热出汗,人体的电阻会逐渐减少,触电电流逐渐增大。即使是比较小的电流,若流经人体的时间过长仍会造成伤亡事故;反之,尽管触电电流较大,但若能在很短的时间内脱离接触,也不至于造成生命危险。国内现行 30 mA·s 安全值的规定就是根据这一道理提出来的。该规定的具体含义:30 mA 电流作用于人体 1 s 及以内,对人体无伤害作用。假如电流超过 30 mA,则时间就应小于 1 s;反之也一样,两者的乘积不允许超过 30 mA·s。

3)人体电阻

人体电阻是触电电流所流经的人体各部分组织的电阻之和。它包括两个部分,即体内电阻和皮肤电阻。体内电阻是由肌肉组织、血液、淋巴和神经等组成,其电阻较小,且基本上不受外界条件的影响,一般不小于 500 Ω;皮肤电阻是指皮肤表面角质层的电阻,它是人体总阻抗的主要部分。皮肤表面角质层是一个不完善的电介质,厚度为 0.005~0.200 mm,电阻较大,且受外界条件的影响很大。如果皮肤表面角质层完好干燥,且在低电压的作用下,其电阻可达数百千欧以上,当皮肤被割伤、擦伤或受潮出汗时,其电阻就会急剧降低。随着所加电压的提高,皮肤的保护作用就失去作用,此时人体总阻抗就取决于体内电阻。人体电阻在很大的范围内波动,数值为数百欧至数百千欧,并取决于外加电压、接触面积、电流作用时间、人本身的特性和其他因素。煤矿井下潮湿多尘,工人劳动繁重,容易出汗,手上沾有煤粉,我国把井下工作人员的人体电阻定为 800~1 500 Ω,通常取 1 000 Ω。

4)接触电压

人站在地上身体某一部分碰到带电的导体或金属外壳时,人体接触部分与站点的电位差称为接触电压。接触电压的最大值可达电气设备的相对地电压。流经人体的触电电流与接触电压的高低有直接的关系。一般电压越高,触电电流越大。若以人体电阻 1 000 Ω 计算,人身极限安全电流为 30~50 mA,极限安全接触电压为 30~50 V,我国按工作条件规定允许接触电压的数值,在没有高度危险的条件下(如干燥洁净的场所)为 65 V;在高度危险的条件下(如潮湿的场所)为 36 V;在特别危险的条件下(如潮湿酸性场所)为 12 V。我国煤矿井下安全电压为 36 V。

除了以上主要因素外,影响触电程度的还有电流类型及频率、电流的途径、人体的体质状态以及电网线路的参数等。一般来说,直流电的危险比交流电小,在交流电中,50~60 Hz 的电是对人体伤害最严重的频率。

7.1.3 井下低压电网的人身触电电流

如图 7.1 所示为煤矿井下变压器中性点对地绝缘系统单元电路,T 为动力变压器;$r_1 = r_2 = r_3 = r$ 为各相电缆芯线的对地绝缘电阻;$C_1 = C_2 = C_3 = C$ 为各相对地分布电容,$C = 0 \sim 1~\mu F$;R_{ma} 为人体的模拟电阻。在三相绝缘良好的情况下,中性点电位与大地相等,三相线路对地电压分别等于 3 个相电压且对称,三相线路经对应电阻和电容流入大地合电流为零。

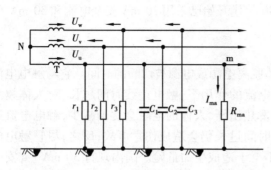

图7.1 中性点对地绝缘系统单元电路

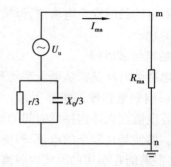

图7.2 人身触及一相时的等效电路

当发生人触及电网一相时,由电工理论得人身触及一相时的等效电路如图7.2所示。由此可计算人体触电电流的公式为

$$I_{ma} = \frac{U_{\varphi}}{R_{ma}\sqrt{1 + \frac{r(r + 6R_{ma})}{9R_{ma}^2(1 + r^2\omega^2C^2)}}} \tag{7.1}$$

式中 I_{ma}——人体触电电流,A;

U_{φ}——电网的相电压,V;

ω——交流电的角频率,$\omega = 314$ rad/s;

R_{ma}——人体电阻,$R_{ma} = 1$ kΩ;

r, C——电网对地绝缘电阻和分布电容。

设电网每相对地电容 $C = 0.5$ μF,每相对地电阻 $r = 35$ kΩ,电网线电压 $U_N = 660$ V,根据式(7.1)可计算出此时人身触电电流为

$$I_{ma} = \frac{\frac{600}{\sqrt{3}}}{1\,000 \times \sqrt{1 + \frac{35\,000(35\,000 + 6 \times 1\,000)}{9 \times 1\,000^2[1 + 35\,000^2 \times 314^2 \times (0.5 \times 10^{-6})^2]}}} = 154 \text{ mA}$$

若在式(7.1)中令 $r \to \infty$,得到

$$I_r = \frac{3\omega c U_{\varphi}}{R_r\sqrt{1 + 9R_r^2\omega^2c^2}} \tag{7.2}$$

将以上参数代入得

$$I_r = \frac{3 \times 314 \times 0.5 \times 10^{-6} \times \frac{660}{\sqrt{3}}}{\sqrt{1 + 9 \times 1\,000^2 \times 314^2(0.5 \times 10^{-6})^2}} = 162 \text{ mA}$$

可见,单纯地提高电网对地绝缘电阻,并不能减少人身触电电流。当对地电阻大到一定程度后,反而会使触电电流增加。

若在式(7.1)中令 $C = 0$,则得

$$I_r = \frac{U_{\varphi}}{R_r + \frac{r}{3}} \tag{7.3}$$

将以上参数代入得

$$I_r = \frac{\frac{660}{\sqrt{3}}}{1\ 000 + \frac{35\ 000}{3}} = 30\ \text{mA}$$

可见,电网对地分布电容对人体触电电流影响很大。为此,人体触电电流又称为电容电流。井下低压供电系统的对地电容主要取决于电缆的长度、截面、绝缘材料的厚度和电介质的性质,而长度的变化是最大的。减少电网对地电容对降低人身触电电流有重要意义。

为了分析方便,井下供电中性点不接地电网,在发生一相接地后入地电流仅考虑对地电容影响。这样当发生一相直接接地时,接地相对地电压为零,其他两相对地电压较正常情况下升高 $\sqrt{3}$ 倍,即为线电压的值。对应非接地相对地电容电流也要增加 $\sqrt{3}$ 倍,并超前于相应的相电压 90°。对应接地电流将是非接地相电流的 $\sqrt{3}$ 倍,可达到正常情况下每相对地电容电流的 3 倍,其相位超前相电压 90°。

中性点对地绝缘系统在单相接地时系统的线电压仍保持对称,我国 35 kV 以下的高压电网都采用中性点对地绝缘方式,为保证供电的可靠性,《电业安全操作规程》规定允许 6(10) kV 高压线路在发生单相接地后,可以继续供电 1~2 h。由于在中性点对地绝缘系统中单相接地时,另外两相对地电压升高 $\sqrt{3}$ 倍,易使电网绝缘薄弱处击穿,造成两相接地短路。因此,在这种系统中单相接地时,地面变电所应发出警报,值班人员应迅速查找并切除故障线路。对于井下变电所高压馈出线以及低压电网在发生单相接地后,要求保护装置尽快地动作,切除故障线路。

7.1.4　预防人身触电的措施

1)使人体不能接触和接近带电导体

将带电裸导体置于一定高度或者加保护遮拦,使人体接触不到带电体。例如,地面 1~10 kV 架空线路经过居民区时,对地面最小距离为 6.5 m;井下架线式电机车的架空线,在大巷中其敷设高度距轨面不得小于 2 m;在井底车场,其敷设高度距轨面不得低于 2.2 m;电气设备外盖与手把之间设置可靠的机械闭锁装置,以保证合上外盖前不能送电和不切断电源就不能开启外盖;操作高压回路,必须戴绝缘手套、穿绝缘靴等,以防触电。

2)人体接触较多的电气设备采用低电压

人体接触机会多的电气设备造成触电的机会也多,为了保证用电安全,应采用较低的电压供电。例如,井下手持式电气设备的工作电压不得超过 127 V,控制回路和安全行灯的工作电压不得超过 36 V 等。

3)设置保护接地或接零装置

当电气设备的绝缘损坏时,可能使正常情况下不带电的金属外壳或支架带电,如果人体触及这些带电的金属外壳或支架,便会发生触电事故。为了防止这种触电事故的发生,将正常时不带电、绝缘损坏时可能带电的金属外壳和支架可靠接地或接零,以确保人身安全。

4)设置漏电保护装置

电气设备或线路在绝缘损坏时会有触电的危险,设置漏电保护装置,使之不断地监测电网的绝缘状况,在绝缘电阻降到危险值或人身触电时,自动切断电源,以确保安全。

5）井下及向井下供电的变压器中性点严禁直接接地

在矿井井下，为了防止人体触电和引爆瓦斯、煤尘，规定井下电网的中性点严禁直接接地。

7.1.5　触电急救

在供电系统中，尽管采取了上述有效的预防措施，但是，由于人为因素、设备问题等也会偶然发生触电事故。当万一出现触电事故时，为了有效地抢救触电者，要做到"两快""一坚持""一慎重"。

1）两快

两快是指快速切断电源和快速进行抢救。因为电流通过人体所造成的危害程度主要取决于电流的大小和作用时间的长短，所以抢救触电者最要紧的是快速切断电源。当出事地点没有电源开关时，若是380 V以下低压线路，可用木棒、绳索等绝缘物体拨开电源线或直接将触电者拉脱电源；若是高压线路，则应用相应等级的绝缘棒等物品使触电者脱离电源。

触电者脱离电源后，应立即进行抢救，不能消极地等待医生到来。如果伤员是一度昏迷，尚未失去知觉，则应使伤员在空气流通的地方静卧休息。如果呼吸暂时停止，心脏暂时停止跳动，伤员尚未真正死去，或者只有呼吸，但比较困难，此时，必须立即采用人工呼吸和心脏按压进行抢救。

（1）人工呼吸法

人工呼吸是用人工的方法代替伤员肺的活动，供给氧气，排出二氧化碳。最常用且效果最好的方法是口对口人工呼吸法，如图7.3所示。它的操作简单，一次吹气量可达1 000 mL以上。具体操作步骤和方法如下：

①使伤员仰卧并将头侧向一边，张开伤员的嘴巴，清除口腔中的血块、异物、假牙和呕吐物等，以使呼吸道畅通，同时解开衣领，松开紧身衣服，使其胸部自然扩张。

②抢救者在伤员的一侧，一手捏紧伤员的鼻孔，避免漏气，用手掌的外缘顺势压住额部；另一只手托在伤员的颈后，将颈部上抬，使其头部充分后仰（在颈下可垫以物体）。

③急救者以如图7.3（a）所示方法，先吸一口气，然后紧凑伤员的嘴巴，向伤员大口吹气，时间约2 s。

④吹气完毕后，立即离开伤员的嘴，并放松捏紧鼻孔的手，这时伤员的胸部自然回缩，气体从肺内排出，如图7.3（b）所示，时间约3 s。

按以上步骤连续不断地操作，每分钟约12次。如果伤员张嘴有困难，可紧闭其嘴唇，将口对准其鼻孔吹气。

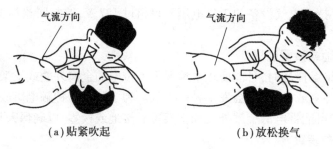

（a）贴紧吹起　　　　　　（b）放松换气

图7.3　口对口吹气的人工呼吸法

（2）心脏按压法

心脏按压法又称心脏按摩法,如果触电者心跳停止,就必须进行心脏按压,以达到推动其体内血液循环的目的。其具体操作方法如下:

①使伤员仰卧于平整的木板或硬地上,以保证挤压效果,急救者在伤员一侧,或骑跨在伤员的腰部两侧。

②急救者两手相叠,下面一只手的掌根按于伤员胸骨下 1/3 处,四指伸直,中指末端在颈部凹陷的边缘,如图 7.4 所示。

③急救者用上面的手加压,挤压时肘关节要伸直,垂直向下挤压,使胸骨下陷 30~40 mm,如图 7.5(a)所示,这样可以间接挤压心脏,达到排血的目的。

④挤压后突然放松(注意掌根不要离开胸壁),依靠胸廓的弹性,使胸骨自动复位,心脏扩张,大静脉的血液就能回流心脏,如图 7.5(b)所示。

按照上述步骤连续进行操作,成人每分钟挤压 60 次。挤压时,定位须正确,用力要适度,以免引起肋骨骨折、气胸、血胸及内脏损伤等并发症。

如果伤员的心脏和呼吸都停止了,则两种方法应由两人同时进行。若现场急救只有一人时,应先做人工呼吸两次,再做心脏按压 15 次,然后再做人工呼吸,如此反复进行。此时,为了提高抢救效果,吹气和挤压的速度要快些,两次吹气在 5 s 内完成,15 次挤压在 10 s 内完成。

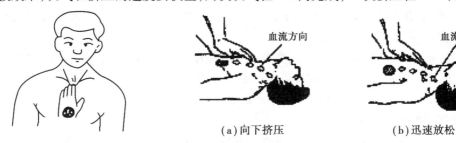

（a）向下挤压　　　　　　（b）迅速放松

图 7.4　心脏按压的正确压点　　　　　图 7.5　人工脚外心脏按压法

2）一坚持

坚持对失去知觉的触电者持久连续地进行人工呼吸与心脏按压,在任何情况下,这一抢救工作绝不能无故中断,贸然放弃。事实证明,触电后的假死者大有人在,有的坚持抢救长达几个小时,竟然能够复活。

3）一慎重

慎重使用药物,只有待触电者的心脏跳动和呼吸基本正常后,方可使用药物配合治疗。

7.1.6　井下环境对电气设备的特殊要求

①井下环境潮湿,有的地方还有淋水,使电气设备和电缆容易受潮。有的场所温度较高,电气设备的散热条件却较差。因此,电气设备的绝缘材料应具有良好的防潮性能,应进行湿热试验。

②采区电气设备移动频繁,设备拆迁电缆易受机械碰伤。生产中受自然条件影响,使得电气设备负荷变化较大,从而使设备容易出现漏电、过载和短路故障。要求电气设备应具有完善的保护装置。

③采区空间狭窄,有时发生冒顶片帮事故,使电气设备(特别是电缆)容易受砸压,要求电

气设备不仅有坚固的外壳,内部元件还应有较强的抗振能力。

④电气设备正常或故障状态下可能出现火花、电弧、热表面等,它们都具有一定能量,可以成为点燃矿井瓦斯和煤尘的点火源。要求电气设备具有防爆性能。

7.1.7 瓦斯、煤尘的爆炸条件及防爆途径

1)瓦斯、煤尘爆炸的条件

矿井在开采过程中,从煤、岩层中不断地涌出瓦斯,其中有甲烷、乙烷、一氧化碳、二氧化碳和二氧化硫等气体,但主要是甲烷(CH_4),又名沼气。在正常温度和压力下,瓦斯浓度含量达5%~15%时,遇到点燃热源就会爆炸。实验表明,当电火花或灼热导体的温度达到650~750 ℃或以上时,就有引起瓦斯爆炸的可能。电火花最容易引起瓦斯爆炸的浓度为8.5%,而爆炸力最大的瓦斯浓度为9.5%。

煤尘粒度在 1 μm~1 mm 内,挥发指数(即煤尘中所含挥发物的相对比例)超过10%,且飞扬在空气中的含量达 30~2 000 g/m³ 时,遇到 700~800 ℃点燃温度时便会爆炸,爆炸后还生成大量一氧化碳,它比瓦斯爆炸具有更大的危害性。爆炸最猛烈的煤尘含量为 112 g/m³。

引起瓦斯、煤尘爆炸的点火源不仅是电弧和电火花,还有金属撞击和摩擦火花、炮焰、煤自然发火及明火等,在工作中应特别注意。

瓦斯、煤尘爆炸时产生很大的冲击力,具有极强的破坏性,人将受到伤害,设备、巷道将遭到破坏,是井下最大的恶性事故。

为了防止瓦斯、煤尘爆炸,可从两个方面采取措施:一方面限制它们在空气中的含量,如加强通风以降低瓦斯浓度,对煤尘可用洒水和撒岩粉的方法,迫使其降落;另一方面控制井下各种引爆的火源和热源,使之外露或低于点燃温度。

2)电气设备的防爆途径

为了不使电气设备成为引起瓦斯爆炸的起因,一般采用以下方法加以预防。

(1)采用隔爆外壳

对于开关电器和电动机等动力设备,可采用隔爆外壳进行防爆。隔爆外壳具有足够的机械强度,即使在壳内发生瓦斯爆炸,外壳也不至于变形,并且从间隙逸出壳外的火焰已受到足够的冷却,不足以点燃壳外的瓦斯和煤尘,即把爆炸仅限制在壳内,故称隔爆外壳。隔爆外壳既要有耐爆性,又要有隔爆性。

耐爆性是指隔爆外壳的机械强度。当在壳内发生最严重的瓦斯爆炸,或因高温引起管内有机绝缘物分解而生成可燃性高压气体时,其压力不致使外壳变形和损坏,其高温不致使外壳损伤。隔爆性就是要求外壳各部件的接合面符合一定的要求,使壳内发生爆炸时,向外传出的火焰或灼热的物质不会引起壳外的可燃性气体爆炸。这是由外壳装配接合面的结构参数如宽度、间隙和表面粗糙度来保证的。

(2)采用本质安全型电路和设备

所谓本质安全型(简称本安型)电路和设备,就是在电路系统或电气设备上采取一定的技术措施,使之在正常和故障状态下产生的电火花能量均不足以点燃瓦斯和煤尘。但由于电火花能量受到限制,故只适用于信号、通信、测量仪表、控制回路等弱电系统。

在井下,当爆炸混合物的浓度为8.5%时,遇到 0.28 mJ 能量的火花即可爆炸。安全火花所产生的能量必须低于某一安全值,一般认为是 0.02 mJ。在此值以下能量的电火花是安

全的。

本安型电路一般采取以下措施：

①降低供电电压　对电源而言,应保证在电源端子短路时短路电流不超过安全值。

②采用分流元件　在本安型设备中,对电感元件(如继电器、变压器和扼流圈等)采取并联分流元件的办法,可有效地减小断路点的火花能量,提高本安型电路的应用功率。

③使用安全栅　在本安型和非本安型电路之间,应设置由保护性元件组成的能量限制器——安全栅,以防止非本安型电路的能量窜入危险场所的本安型电路中。

(3)采用超前切断电源

利用瓦斯、煤尘具有点火迟延的特性,使电气设备在正常和故障状态下产生的热源或电火花尚未引起瓦斯爆炸之前,自行切断电源达到防爆的目的,此作用称为超前切断电源。这种防爆原理,目前在防爆白炽灯、放炮器及屏蔽电缆保护系统中得到应用。

7.1.8　矿用电气设备的类型

根据矿用电气设备的结构特点及不同的要求,可分为两大类:一类是矿用一般型电气设备;另一类是矿用防爆型电气设备。

1)矿用一般型电气设备

矿用一般型电气设备是指一些专为煤矿井下条件而生产的不防爆电气设备。它们与地面普通型电气设备相比较,其外壳坚固、封闭,能防尘、防滴、防溅;绝缘更加耐潮;与电缆连接采用专门的电缆接线盒或插销装置,没有裸露接头;接线端子相互之间以及和外壳之间,有增大的漏电距离和电气间隙;有防止从外部直接接触及壳内带电部分的机械闭锁装置,更适合用于煤矿井下。矿用一般型电气设备的外壳上,标有"KY"字样。

这类设备只适用于没有瓦斯、煤尘爆炸危险的矿井。在有瓦斯、煤尘爆炸危险的矿井中,只能用于通风良好而爆炸可能性很小的地点。如井底车场、总进风道或主要进风道等处的固定电气设备,以及低瓦斯矿井中上述地点的移动式电气设备。

2)矿用防爆型电气设备

矿用防爆型电气设备是指按 GB 3836.1—1983《爆炸性环境用防爆型电气设备》的标准生产的专供煤矿井下使用的电气设备。按防爆结构的不同,矿用防爆型电气设备又分为 7 种形式,见表 7.1。

表 7.1　矿用防爆型电气设备的形式

名称	总标志	附加标志	名称	总标志	附加标志
隔爆型电气设备	Ex	d	充油型电气设备	Ex	o
增安型电气设备		c	充砂型电气设备		q
本质安全型电气设备		i	无火花型电气设备		n
正压型电气设备		p			

(1)隔爆型电气设备

隔爆型电气设备是指设备的所有电气元件全部装在具有一定强度的由钢板、铸钢或铸铁制成的外壳内。当进入壳内的爆炸性气体混合物被壳内的火花、电弧引爆时外壳不致被损坏;

185

也不致使内部爆炸后通过结合面缝隙泄漏出高温气体或火花引爆周围环境中的爆炸性气体混合物。这种特殊的外壳称为隔爆外壳。具有隔爆外壳的电气设备称为隔爆型电气设备。标志为"d"。隔爆型电气设备具有良好的耐爆性和隔爆性,适用于煤矿井下任何有爆炸危险的环境地方,外壳标志"Ex dI"。隔爆型电气设备外壳的机械强度和隔爆结合面的宽度、间隙和加工精度是决定隔爆性能的重要条件。

（2）增安型电气设备

增安型电气设备是指在正常运行条件下不会产生点燃爆炸性混合物的火花、电弧及危险温度,并在可能点燃爆炸性混合物的高温设备结构上,采取措施提高其安全程度,以避免在正常和认可的过载条件下出现这些现象的电气设备。标志为"e"。矿用增安型电气设备适用于井下某些变压器、电动机、照明灯具、接线盒等,外壳标志为"Ex eI"。

（3）本质安全型电气设备

本质安全型电气设备是在规定的试验条件下,正常工作或规定的故障状态下产生的电火花和热效应均不能点燃规定的爆炸性混合物的电路。全部采用本质安全电路的电气设备称为本质安全型电气设备,标志为"i"。

矿用本质安全型电气设备具有结构简单、体积小、质量轻、制造维修方便等特点,但因其最大输出功率为 25 W 左右,仅用于控制、信号、通信装置和监测仪表上,外壳标志为"Ex i_a I"或"Exi$_b$I"。

（4）正压型电气设备

正压型电气设备的防爆原理是将电气元件置于外壳内,充入一定压力保护性气体,并保持壳内保护性气体压力高于周围爆炸性混合气体的压力,以阻止外部爆炸性混合物进入壳内,标志为"p"。在井下较常用的正压型设备有六氯化硫断路器等。

（5）充油型电气设备

充油型电气设备是指将可能产生火花、电弧或危险温度的带电部件浸在油中,使其不能点燃油面以上或外壳以外的爆炸性混合物的电气设备,标志为"o"。

（6）充砂型电气设备

充砂型电气设备是指外壳充填砂粒材料,使之在规定的使用条件下,壳内产生的电弧、传播的火焰、外壳壁或砂粒材料表面的过热均不能点燃周围爆炸性混合物的电气设备,标志为"q"。

（7）无火花型电气设备

无火花型电气设备是指在正常运行条件下,不会点燃周围爆炸性混合物,且一般不会发生有点燃作用的故障的电气设备,标志为"n"。

凡在结构上不属于上述基本防爆类型及其类型组合的电气设备,经充分试验证明确实具有防止引爆周围爆炸性气体混合物能力的设备,称为特殊型电气设备,代号"s"。该型设备需经国家劳动安全部门指定的检验单位检验后,报国家标准局备案。

7.1.9 本质安全型电路和电气设备在使用与维修时应注意的问题

本质安全型电气设备的维修主要是对本安电路所用元件的性能、电气回路的绝缘电阻值、外配线和内接线端子的紧固情况、接地是否良好等进行检查维护。

①矿用本质安全电路和本质安全型电气设备在使用与维修过程中,必须保持原设计的本

质安全电路的电气参数和保护性能,除在电气设备入井时应对本安电路的电气参数和保护性能进行检查外,还应在井下使用的过程中定期检查。

②更换本安电路及关联电路中的电气元件时,不得改变原电路的电气参数和本安性能,也不得擅自改变电气元件的规格、型号,特别是保护元件更应格外注意。更换的保护元件应严格筛选,特殊的部件(如胶封的防爆组件)若被损坏,应向厂家购买或严格按原方式仿制。

【任务实施】

1.实施地点

教室、专业实训室。

2.实施所需器材

①多媒体设备。

②橡皮人等。

3.实施内容与步骤

①学生分组。3~4 人一组,指定组长。工作时各组人员尽量固定。

②教师布置工作任务。学生阅读工作任务书,了解工作内容,明确工作目标,制订实施方案。

③教师通过图片或多媒体分析演示,让学生认识触电急救的基本方法或指导学生自学。

④实际观察触电急救的基本方法并记录相关数据。

【学习小结】

本任务中应当了解触电的危害;掌握触电的急救处理;掌握本质安全型矿用电气设备的结构和种类;能够对电气设备的故障进行处理。

【自我评估】

1.触电事故的种类有哪些?

2.发生触电事故后,如何使触电人脱离电源?

3.对触电人脱离电源后应如何处理?

4.对触电人进行急救处理时,应注意哪些事项?

5.根据煤矿井下特殊的工作条件,矿用电气设备分为哪几类? 说明其标志符号及适用范围。

6.隔爆型电气设备的主要结构、特点是什么? 对隔爆外壳的主要要求有哪些?

7.什么是隔爆型电气设备的隔爆性和耐爆性? 如何保证这两个性能?

8.什么是本质安全型电路和本质安全型电气设备? 试说明其特点及适用范围。

任务7.2 正确选择、安装、使用和维护漏电保护装置

【任务简介】

任务名称:正确选择、安装、使用和维护漏电保护装置

任务描述:在电力系统中,当导体对地的绝缘阻抗降低到一定程度时流入大地的电流也将增大到一定程度,这说明该供电系统发生了漏电故障。为了防止漏电故障对企业造成的严重后果,必须对漏电保护装置进行正确的安装、选择、使用和维护。

任务分析:通过对人体触电和燃爆瓦斯煤尘电流大小的研究,井下电缆布线电容对漏电电流的影响,结合井下电气设备布置的实际情况、漏电保护装置的重要性因素的分析来确定漏电保护装置的选择、安装、使用和维护的具体方法措施。

【任务要求】

知识要求:1. 了解对漏电保护装置的要求。

    2. 掌握井下供电系统漏电的原因。

    3. 掌握几种常用漏电保护装置的工作原理。

    4. 掌握矿用隔爆检漏继电器的工作原理。

能力要求:1. 会正确安装及使用漏电保护装置。

    2. 会维护和检修漏电保护装置。

【知识准备】

根据2010版《煤矿安全规程》457条的规定,矿井地面变电所和井下中央变电所高压馈电线上,应装设有选择性的单相接地保护装置;井下低压馈电线上,应装设带有漏电闭锁的检漏保护装置或有选择性的检漏保护装置。如果无此种装置,必须装设自动切断漏电馈电线的检漏装置。

7.2.1 漏电

在煤矿中性点绝缘的供电系统中,发生单相接地(包括直接接地和经过渡阻抗接地)、两相、三相对地的总绝缘阻抗下降到危险值的故障称为漏电故障,简称漏电。在这种供电系统中,人身触及三相系统中某一相带电导体时的情况,属于单相经过渡阻抗接地,对人来说发生了触电,对整个供电系统来说发生了漏电。

根据煤矿井下电网的实际情况,漏电故障可分为集中性漏电和分散性漏电两类。集中性漏电是指发生在电网中的某一处或某一点,而其余部分的对地绝缘水平仍然正常漏电;分散性漏电是指整条线路或整个电网的对地绝缘水平均匀下降到低于允许水平的漏电。漏电是井下电网故障发生概率较高的故障之一,其中,单相漏电和两相漏电属于不对称性故障,三相绝缘电阻对称地减小属于对称性故障。

7.2.2　漏电的原因

煤矿井下供电系统发生漏电的原因,有以下 3 个方面:

(1)电气设备或电缆绝缘损坏引起漏电

①开关设备　由于煤矿井下环境潮湿,开关设备在长期使用过程中,绝缘底板及绝缘套管受潮,造成漏电;设备内部元器件连接导线绝缘老化,金属导线碰壳,发生漏电。

②电动机　长期使用的电动机,工作时绕组发热膨胀,停机后冷却收缩,热胀冷缩使绝缘形成缝隙,潮气侵入,长时间绝缘老化,造成漏电;电动机过载运行,温度升高,绝缘老化,长时间造成漏电或烧毁电动机;电动机内部引线焊接头脱落,出现碰壳形成漏电。

③电缆　长期运行的电缆,由于绝缘老化或潮气侵入,绝缘电阻降低,发生漏电。

(2)电缆的接线安装不当引起漏电

矿用屏蔽电缆接线时,由于屏蔽层(线)压在动力回路接线柱上,通电后造成漏电;接线操作不规范,接头松动或"毛刺"与金属外壳相碰发生漏电。

(3)管理不完善造成电缆漏电

向移动式设备供电电缆,在工作过程中电缆被卡,拉力大于电缆的机械强度,造成绝缘损坏而漏电;电缆悬挂违反规定,如悬挂在铁丝或铜丝上,长时间会使绝缘损坏发生漏电;外力作用使电缆绝缘损坏发生漏电;长时间浸泡在水中绝缘受潮发生漏电;长时间散热不良绝缘老化发生漏电;短路电流的热效应使电缆绝缘老化发生漏电等。

7.2.3　井下电网漏电可能造成的危害

煤矿井下采区低压电网环境条件恶劣,又是工作人员和生产机械比较集中的地方,电网若发生漏电,将导致以下危险:

①发生人身触电事故　运行中的电气设备漏电,若漏电保护装置拒动时,其设备外壳带电。工作人员因工作的需要接触设备的外壳时,会发生人身触电事故。当流过人体电流大于 30 mA·s 时,人身有生命危险。

②引起瓦斯和煤尘爆炸　井下空气中瓦斯浓度或煤尘在空气中悬浮的浓度达到爆炸浓度且能量达到 0.28 mJ 或 700 ~ 800 ℃ 的点火源时,就会发生瓦斯或煤尘爆炸。井下的点火源绝大部分是电火花,而漏电电流所产生的电火花占有相当大的比例,当电网发生单相接地或设备发生单相碰壳时,在接地点形成的电火花具有足够的能量,可能点燃瓦斯和煤尘,给矿井带来毁灭性的灾难。

③使电雷管提前引爆　漏电电流在通过的路径上会产生电位差,漏电电流越大,所产生的电位差越大。如果待引爆的电雷管两角线不慎与漏电回路上具有一定电位差的两点相接触,就可能使电雷管提前引爆,造成人身伤亡事故。

④漏电可进一步恶化为短路故障　据统计,约有30%的相接地故障发展为短路故障,从而造成更大的电气故障,对矿井安全造成严重威胁。长期的漏电电流及电火花使电缆及设备漏电处的绝缘进一步损坏,造成短路事故。

⑤烧毁电气设备引起火灾　长期存在的漏电电流,尤其是经过渡电阻接地的漏电电流,在通过设备绝缘损坏处时,发出大量的热使绝缘进一步损坏,甚至使可燃性材料或非阻燃性橡套电缆着火燃烧。

7.2.4　对漏电保护的要求

为了防止漏电事故的发生,首先应当采取各种预防措施,除了正确地选择和使用电气设备、提高工作人员的电气安全素质外,还必须加强对低压电气设备,特别是电缆线路的运行、日常维护和预防性试验等工作,并保证在供电系统中消灭一切不合乎规程要求的电气接头,以确保电网对地具有正常的绝缘水平。当电网发生可能引起危险的漏电故障时,必须立即将故障电网(或支路)的电源切除,以防止事故范围的扩大,这就是设置漏电保护装置的必要性。漏电保护与过流保护、过电压保护等其他保护一样,都属于继电保护的范围,它应该满足全面性、安全性、可靠性、动作灵敏及选择性等基本要求。

全面性是指保护范围应覆盖整个供电系统,没有动作死区,无论该供电系统内何处发生什么类型的漏电故障(对称的或不对称的),都能起保护作用。全面性的另一要求是:无论电气设备或电网处于什么状态(如开关合闸前和合闸后,或合闸过程中等),当发生漏电时应能起相应的保护作用,或者是切断电源,或者是闭锁送电开关,使之不能对已漏电的设备和线路送电。

所谓安全性,从保护人员触电的角度出发就是要满足 30 mA·s 的规定,即用从最严重的触电事故发生到电源被切除的时间乘以流过人体的电流,其乘积应不超出 30 mA·s。因此,提高保护装置的动作速度和降低通过人身的电流对人身安全有重要作用。对于单相接地或其他集中性的漏电故障,从不引爆瓦斯、煤尘的角度看,应保证在切断电源或发生间歇性漏电时,接地点的漏电火花能量小于 0.28 mJ。

可靠性有两个含义:一是保护装置(或系统)本身应有较高的可靠性,这要由系统的结构、保护单元的简单程度及元件质量、制造装配工艺等来保证;二是保护性能要可靠,即当本供电系统内发生漏电故障时,它一定动作(不拒动),而当本供电系统外发生故障或其内发生非漏电故障时,它一定不动作(不误动)。

动作灵敏是指保护装置对故障的反应能力,要求对于最轻的漏电故障,保护装置也能可靠动作,保护装置必须对临界漏电故障同样具有较强的反应能力。

选择性是任何保护系统的一个重要参数,它要求在供电单元中只切除故障部分的电源,而不切除非故障部分的电源。对于漏电保护系统来说,它的要求是:在放射式系统中只切除漏电支路,其余支路均能正常供电;在干线式系统中,当支路漏电时则切断支路电源,当干线漏电时则切除该段干线的电源;在混合式供电系统中,可根据上述原则视故障点的不同而切除相应的线路。选择性的目的就是将故障时的停电范围尽可能缩小。

7.2.5　漏电保护装置

对于煤矿井下中性点绝缘的供电方式,漏电保护有多种方式,按保护原理可分为:附加直流电源检测保护、零序电压保护、零序电流保护、零序功率方向保护、旁路接地保护等。

1)附加直流电源检测保护

附加直流电源检测保护原理电路如图 7.6 所示。在运行中,直流检测电流 I 的通路为:电源(+)→大地→电网对地绝缘电阻 r_A、r_B、r_C(三相并联)→电网→三相电抗器 SK→零序电抗器 LK→千欧表→直流继电器 J 线圈→电源(-)。

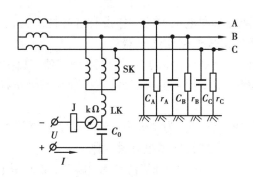

图 7.6　利用附加直流电源保护原理图

在电网未发生漏电时,动力回路对地绝缘电阻 r_A、r_B、r_C 阻值相同且大于规定值,对地的分布电容 C_A、C_B、C_C 大小相等。对运行中的三相电网而言,相当于电源带有对称的星形接线负载,该负载对地阻抗的中性点与电源的中性点等电位。由于电网对地绝缘电阻数值大于规定值,直流检测电流数值很小,继电器 J 不动作,供电单元自动馈电开关处于合闸状态,电网运行正常。

在运行中发生人身触电或漏电时,三相电网对地阻抗失去对称。对于直流回路等效绝缘电阻数值减小,直流检测电流增大,直流继电器动作,其常开接点闭合(图中未画),接通供电单元自动馈电开关分励线圈的电源使其跳闸,切除漏电故障的电源起到保护作用。

关于能够使继电器的动作所对应电网绝缘电阻的大小是在给定电网电压下,根据人身触电时流过人身交流电流的安全极限值为 30 mA 而计算求得。对于"660 V 电网,由式(7.3)求得每相最低允许漏电阻值为

$$r_{\min} = \frac{3U_\varphi}{I_{\text{ma}}} - 3R_{\text{ma}} = \frac{3 \times \frac{660}{\sqrt{3}}}{30 \times 10^{-3}} - 3 \times 1\,000 = 35\,000\ \Omega$$

计算检漏继电器的动作电阻值 $r_\sum$ 时,考虑三相电网的漏电电阻对直流为并联通路。如果同时对三相进行检测,则等效为单相漏电时保护装置动作电阻计算值为

$$r_\sum = \frac{r_{\min}}{3} = \frac{35\,000}{3} = 11\,700\ \Omega$$

对于直流回路,三相电网对地的绝缘电阻是并联的,其低压电网的单相、两相、三相漏电的动作电阻值应为 1:2:3。我国煤矿井下低压电网现行的直流检测型检漏继电器的动作电阻值见表 7.2。

表 7.2　漏电保护动作电阻值

电压/V	漏电			闭锁电阻/kΩ
	单相电阻/kΩ	二相电阻/kΩ	三相电阻/kΩ	
127	1.5(1.43)	3	4.5	取单相动作电阻的 2 倍
380	3.5(3.3)	7	10.5	
660	11(11.7)	22	33	
1 140	20(21)	40	60	

注:表中括号中数值为动作电阻的计算值。

采用附加直流电源检测方式漏电保护的动作没有选择性。在整个供电电网的任何地方发生漏电故障,直流检测都可能形成通路使继电器动作。

检漏继电器的执行元件是灵敏继电器 J,动作电阻是定值,其保护的可靠性与直流继电器本身的机电特性有关。为保证漏电保护的可靠性,正确使用与维护检漏继电器十分重要。

2)零序电压保护

利用漏电时在变压器中性点(或人为中性点)产生零序电压的大小,来反应电网对地的绝缘程度,当零序电压大到一定程度时,使馈电开关跳闸。

为了检测零序电压,对于井下 6(10) kV 高压配电箱通常采用电压互感器二次侧开口三角形接法绕组获取,对于低压开关多采用人为中性点方式获得。

这种漏电保护方式的缺点是动作电阻值不固定、无选择性、不能保护对称性的漏电故障等,一般用于 6(10) kV 以上电网的绝缘监视装置中。

3)零序电流保护

电网中发生了非对称漏电故障时,就会产生零序电压,此时如果存在零序电流回路,则在该回路中将出现零序电流,该电流用零序电流互感器检测出来,经过信号处理电路,使继电器动作,切断故障线路,如图 7.7 所示。

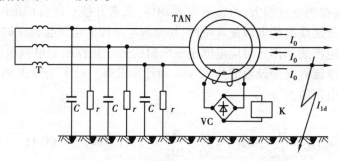

图 7.7　零序电流保护装置原理图

在多个支路的辐射式电网中,如果某一支路发生了人身触电或单相漏电故障,各个分支线路都将有零序电流通过,而人身触电电流或漏电电流便等于这些零序电流的总和。从电源的母线端往外看,通过故障支路的零序电流,不仅大小,而且方向都和非故障支路不同。故障支路的零序电流互感器中流过的是非故障支路零序电流之和,而其他支路的零序电流互感器中,只流过本支路的零序电流。根据它们的大小不同,可以作选择性保护,如图 7.8 所示。

这种漏电保护方式动作是靠零序电流大小来实现的,而零序电流受到电网绝缘电阻和分布电容的影响。线路回路数越多,保护的灵敏度越高。

4)零序功率方向保护

利用零序电流或零序电压的幅值大小来判断供电线路是否发生了漏电,同时,利用各支路的零序电流与零序电压的相位关系来判断故障支路,实现有选择性的漏电保护。

零序功率方向保护原理如图 7.9 所示。当电网中某支路发生漏电故障或人身触电时,由传感电路分别从电网中取出零序电压和各支路的零序电流信号,经放大整形后,由相位比较电路来判别故障支路,最后启动执行电路,切断故障支路电源实现保护。它之所以称为"零序功率",是因为它同时利用了零序电流和零序电压两个参量(不一定是幅值相乘的关系)的缘故(借用地面功率方向过流保护的称呼)。

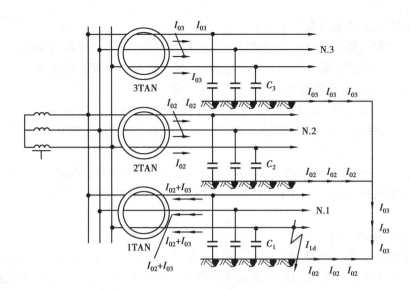

图 7.8　选择性零序保护原理

零序功率方向式漏电保护具有较强的横向选择性,当支路发生漏电时停电范围很小,其缺点与零序电流式漏电保护类似。这种保护,可用于中性点绝缘、经高阻接地及直接接地的低压供电系统中。

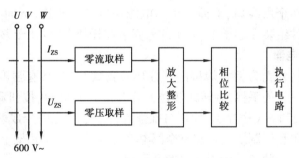

图 7.9　零序功率方向式漏电保护原理

7.2.6　漏电闭锁

漏电闭锁是指供电系统的控制开关内所设的一种保护装置,用以对未送电的线路的绝缘状态进行监视。当被监视的线路或设备对地绝缘下降到危险值时该装置给予保护,使相应的电气设备不能送电,从而减少在故障状态下送电产生外露电火花造成危险。漏电闭锁保护仅在被保护线路送电前进行检测保护,一旦电网送电后该保护失去作用。另外,利用低压磁力启动器中漏电闭锁保护单元可为运行中因漏电故障开关跳闸后寻找故障线路带来方便。矿用隔爆型电气设备漏电闭锁保护装置动作电阻值取供电系统检漏继电器动作电阻值的 2 ~ 3 倍,解锁电阻应大于闭锁动作值 150% 。

7.2.7　矿用隔爆漏电保护器

煤矿井下低压网路的漏电将造成火花外露,有点燃瓦斯和煤尘的危险。另外,漏电还会造成人身触电事故。对井下低压电网装设检漏继电器作漏电保护,是一项很重要的安全措施。

检漏继电器的作用主要表现在以下 3 点：

①通过检漏继电器上的欧姆表经常监视电网对地绝缘状态，以便进行预防性检修。

②当电网对地绝缘电阻下降到整定动作值时，或人触及一相带电导体和电网一相接地时，检漏继电器动作，自动切断电源馈电开关，防止事故扩大。

③当人体触及电网时，可以补偿通过人体的电容电流，从而使人体触电电流下降到安全值，降低触电的危险性。当一相接地时，也可以减少接地故障电流，防止点燃瓦斯、煤尘引起爆炸。

目前，我国煤矿常用的检漏继电器主要有 JY82 型、JL82 型和 JJKB30 型等多种。它们都是采用附加直流电源原理构成的非选择性检漏继电器，利用零序电抗器来对电容性电流进行补偿。

1)JY82 型检漏继电器

JY82 型检漏继电器主要应用在煤矿 380 V、660 V 变压器中性点不接地系统中，用来监视电网对地的绝缘水平。当电网对地绝缘水平下降至危险程度时，与自动馈电开关配合自动切断电源，以及对电网对地电容电流进行补偿。

JY82 型检漏继电器由隔爆外壳和可抽出的芯子组成。外壳的前盖止口卡和操作手柄间有机械闭锁，保证只有在断开电源时才能打开盖子，盖好盖子后才能合上电源。它的前盖上有一个玻璃窗口用以观察 kΩ 表的指示值。另有一个试验按钮，用来检查继电器能否可靠动作。在外壳的前盖左侧有两个出线口：上面一个与电源馈电开关相连，下面一个与辅助接地极相连。继电器的各个元件组装在芯子上，芯子的外壳装在托架上，以便于移动。

2)JL82 型检漏继电器

这种检漏继电器的外壳为钢板焊接的圆柱形转盖式结构，具有强度高、隔爆性能好的特点。外壳的右侧有隔爆开关手柄，旋转式转盖上装有检漏试验 SB 按钮和补偿用 SB_1 按钮，漏电与补偿分别用 kΩ 表和 mA 表显示，使用与维修均很方便。壳内分成两个空间，前腔为电器室，经插头、插座将电源和控制线引入装有全部电气元件的可抽出芯架上；后腔为母线室，通过进线装置从 DW 馈电开关的负荷侧引入电源及控制线。

JL82 型检漏继电器的电气原理图如图 7.10 所示。图中各主要元件的作用如下：

QS——隔离开关，检漏继电器的电源开关，对自动馈电开关有电气闭锁作用。当此开关不合闸，即检漏继电器未投入运行时，由于它的一组接点接通了自动馈电开关中脱扣线圈 TQ 的电源，自动馈电开关不能合闸。

SK——三相电抗器，它是把直流检测回路和三相交流电网连接起来的元件。三相电抗器的 3 个线圈始端分别接在电网的三相上，末端接成星形（人为中性点），接直流检测回路。

CF——饱和式电抗器，由磁放大器构成，可实现无级调感，且电抗值很大，可以保证三相电抗器星形点对地的绝缘水平，同时，通过它的电感电流来补偿漏电、触电时的电容电流。

C_4——隔直电容，也叫接地电容，用来接通检漏继电器的交流通路。当电网发生漏电时，交流电流经 C_4 入地，从而减少了交流电流对继电器 K_2 的干扰。

K_2——漏电执行继电器，当人触及一相带电体时，执行继电器动作，接通馈电开关 DW 的 TQ 线圈，使总开关 DW 跳闸。

K_1——延时继电器，与 R_1、C_2 构成 RC 延时电路，防止 QS 开关合闸瞬间及补偿时 K_2 误动作。

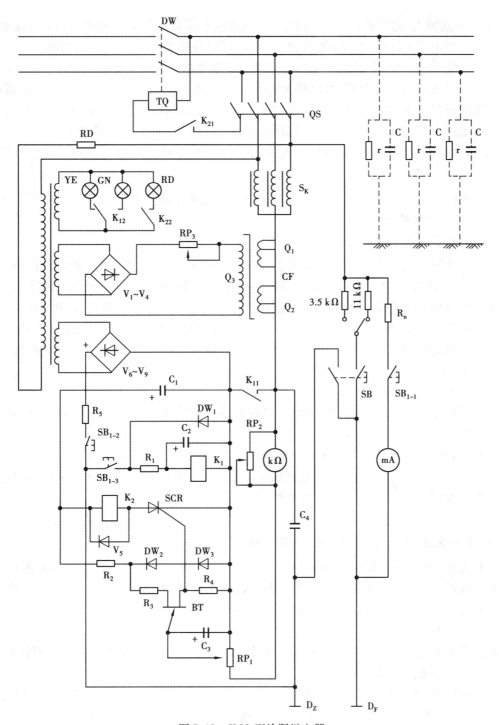

图 7.10　JL82 型检漏继电器

SK—三相电抗线圈;CF—饱和式电抗器;C₄—隔直电容;SB—试验按钮;

SB₁—补偿按钮的常闭触点;SB₁₋₂、SB₁₋₃动作与常开触点 SB₁₋₄之前;V₁₋₄—补偿回路整流器;

V₆₋₉—测量回路整流器;K₁—延时继电器;K₂—漏电执行继电器;RP₂—灵敏度调整电位器;

RP₃—补偿调整电位器;Rₙ—模拟人体试验电阻;RP₁—漏电整定电位器;

BT—单结晶体管;SCR—可控硅;Dᴢ—主接地极;D_F—辅助接地极

kΩ——欧姆表,它实际上是一只刻有欧姆刻度的直流毫安表,用以监视电网的绝缘水平。

D_z——继电器接地极,与漏电整定电位器 KP_1 及 kΩ 串联,并与外壳一起接地。

D_F——辅助接地极,供实验用,其安装点距检漏继电器的局部接地极的距离应大于 5 m。

JL82 型检漏继电器与 JY82 型检漏继电器相比,主要不同有两处:一是用电子继电器电路代替灵敏继电器 K,有较高的灵敏度;二是补偿采用饱和式电抗器,可以实现无级调感。

执行电路由 BT、SCR、R_2 组成,其测量信号由电位器 RP_1 取得加在 BT 发射极与第一个基极之间,电网对地绝缘电阻检测回路为:$V_6 \sim V_9(+) \rightarrow R_5 \rightarrow SB_{1\sim2} \rightarrow D_z \rightarrow$ 大地 $\rightarrow$ 绝缘电阻 r $\rightarrow$

电网 $\rightarrow Sb \rightarrow$ $\left[\begin{array}{c} \rightarrow kΩ \\ \rightarrow RP_2 \end{array}\right] \rightarrow RP_1 \rightarrow V_6 \sim V_9(-)$。该电路中除 r 值外,其余均为定值。可见,

其检测电流与 r 值成反比。

正常工作时,由于电网对地绝缘电阻值高于整定电阻 R_{dz} 值,通过 RP_1 的电流较小,其上的压降也较小,电容 C_3 上充电电压小于 BT 的峰值电压,BT 截至。当人触及一相导体(或单相接地)时,电网对地绝缘电阻值小于整定电阻 R_{dz} 值,检测电流增大,使 C_3 充电电压达到 BT 的峰值电压 U_P 时,BT 导通,在 R_4 上产生一个正脉冲,触发 SCR,使可控硅导通,于是执行继电器 K_2 动作,其常开触点 $K_{2\sim1}$ 闭合,接通了馈电开关 DW 的 TQ 线圈,使总开关 DW 跳闸,切断了漏电回路。

(1)延时电路

在该保护中设有 R_1、C_2、K_1 构成的 RC 延时电路,其作用是防止 QS 开关合闸瞬间及补偿时 K_2 误动作。

在 QS 合闸瞬间,电源 $V_6 \sim V_9$ 有两条充电回路:一条是 $V_6 \sim V_9(+) \rightarrow R_5 \rightarrow SB_{1\sim2} \rightarrow SB_{1\sim3} \rightarrow R_1 \rightarrow C_2 \rightarrow V_6 \sim V_9(-)$,$C_2$ 充电使 K_1 延时动作;另一条是 $V_6 \sim V_9(+) \rightarrow R_5 \rightarrow SB_{1\sim2} \rightarrow$

$\left[\begin{array}{c} \xrightarrow{\quad\quad} C_4 \xrightarrow{\quad\quad} \\ \rightarrow D_z \rightarrow 大地 \rightarrow C \rightarrow 电网 \rightarrow QS \rightarrow S_k \rightarrow CF \end{array}\right] \rightarrow K_{11} \rightarrow V_6 \sim V_9(-)$,向隔直电容 C_4 和电网分

布电容 C 充电。由于充电常数 $(R_1 + R_5)C_2 > R_3 C_4$(因分布电容 C 远远小于 C_4 故不考虑),在 C_4 充电时继电器 K_1 不动作,使其充电电流经触点 K_{11} 而不经过 RP_2 和 kΩ 表,故漏电继电器在 QS 合闸时不误动作,又不致使 kΩ 表受充电电流的冲击。

(2)补偿回路

该补偿电路由 $V_1 \sim V_4$、RP_2 和 CF 构成,采用磁放大器(即 CF)组成的电感支路,可做到无级调感(调感 L_K 抽头,成为有级调感)。

当电网长度发生变化而需要改变补偿时,不必像 JY82 型那样打开继电器的盖子,抽出芯架,而是按压补偿按钮 SB_1,调整 RP_3,观察 mA 表为最小值时,即为最佳补偿。在补偿时由于 $SB_{1\sim2}$ 和 $SB_{1\sim3}$ 的断开先于 $SB_{1\sim1}$ 闭合之前,故补偿时已切断了执行电路,在 W 相经 $R_n \rightarrow SB_{1\sim1} \rightarrow mA \rightarrow D_z$ 接地时,保证了继电器不误动。在松开 SB_1 时,由于其各触点复位的先后顺序又与按压时相反,也避免了继电器的误动作。但补偿时电网脱离开了漏电保护,应尽快缩短补偿操作时间。

3)JJKB30 型检漏继电器

JJKB30 型检漏继电器的电气原理接线图如图 7.11 所示。它与 JL82 型相比有两个主要不同

处:一是绝缘电阻检测回路为桥式电路,执行元件为施密特触发器;二是它具有漏电闭锁功能。

(1)电源电路

127 V 电压取自电源馈电开关,作为本保护控制变压器 TC 的一次电压。一次绕组与 C_1 相串联构成铁磁稳压电路,可使保护工作可靠,不受电压波动的影响。

TC 的二次有 3 个副绕组:6 V 交流供指示灯用;40 V 经整流后供测量回路和补偿用;27 V 经整流后供执行回路用。

(2)漏电保护

它由桥式比较电路、触发电路、执行电路和试验电路等组成。

绝缘电阻测量回路是:

$V_{1\sim4}$(+)→V_{13}→E_K→L_K→S_K→电网→对地绝缘电阻 r→D_Z→kΩ 表→$SB_{1\sim2}$→R_{16}→$V_{1\sim4}$(−)。该回路中除 r 和 R_{16} 阻值较大外,其他元件电阻很小,可忽略不计。如图 7.12 所示的桥式电路是从图 7.11 中简化来的,它由 4 个桥臂组成,a、b 两端接触发电路;c、d 两端接测量直流电源。

图中,r 是被检测的电网对地绝缘电阻,除它是可变值外,其余 3 个桥臂均为已知电阻(R_{14}、R_{16}、R_{15} 和 R_{18})。在电网对地绝缘电阻正常时,输出检测信号电压较高,且 a 点电位高于 b 点,使三极管 $3V_3$ 导通,$3V_2$ 截止,$3V_1$ 导通,执行继电器 K_4 吸合。当绝缘电阻 r 低于整定值时,电压 U_{ab} 降低到使 $3V_3$ 截止,施密特触发器翻转,$3V_1$ 截止,继电器 K_4 释放,触点 $K_{4\sim2}$ 断开了电源馈电开关的电压脱扣器线圈回路,馈电开关跳闸。

V_{13}、C_8 和 E_K 是为防止交流电流干扰而设的。稳压管 W 起触发信号的门槛作用,而电容 C_7 和 C_6 是为抗干扰而设。

电位器 RP_2 和 RP_3 分别用来调节漏电闭锁电阻值和漏电保护动作电阻值。

为防止电网对地绝缘电阻处于闭锁临界值时 K_4 出现抖动现象,利用常闭触点 $K_{1\sim2}$ 在 $3V_1$ 集电极和 $3V_2$ 基极之间接入一个耦合电阻 R_3,使触发器可靠地翻转,馈电开关跳闸。

(3)漏电闭锁功能

由于交流电源 127 V 取自馈电开关 DW 的电源侧,在开关分闸状态下检测回路仍然工作。为适应漏电闭锁动作电阻值高的需要,本保护设有工作继电器 K_1。在馈电开关断开时,其常闭辅助触点 Q_1 闭合,K_1 吸合,其触点 $K_{1\sim1}$ 闭合,使电位器 RP_3 并连接入桥臂,可使动作电阻值提高 1 倍。此种继电器可用于各种电压:用于 380 V 时,R_{14} 为 3.6 kΩ,;用于 660 V 时,R_{14} 为 12 kΩ;用于 1 140 V 时,R_{17} 并入。馈电开关断开时,如漏电闭锁电阻小于闭锁整定值时,U_{ab} 值小,$3V_3$ 截止,触发器翻转,开关 DW 因电压脱扣器线圈无电而不能合闸,起到漏电闭锁的功能。

闭锁继电器 K_2 的作用,是在漏电馈电开关跳闸后,经检修,电网对地绝缘电阻值恢复漏电闭锁要求值时才允许送电。馈电开关未合闸前,电网对地绝缘电阻大于漏电闭锁电阻时,执行继电器 K_4 处于有电动作状态,其触点 $K_{4\sim3}$ 断开,红灯 RD 熄灭,但黄灯 YE 仍亮,表示电网绝缘正常,可以投入运行。此时送电人员按压按钮 SB_1,其触点 $SB_{1\sim4}$ 闭合,K_2 有电动作并自保,则绿灯 GN 亮,黄灯灭,表示馈电开关中的欠压脱扣线圈有电,闭锁解除,馈电开关可以合闸送电。

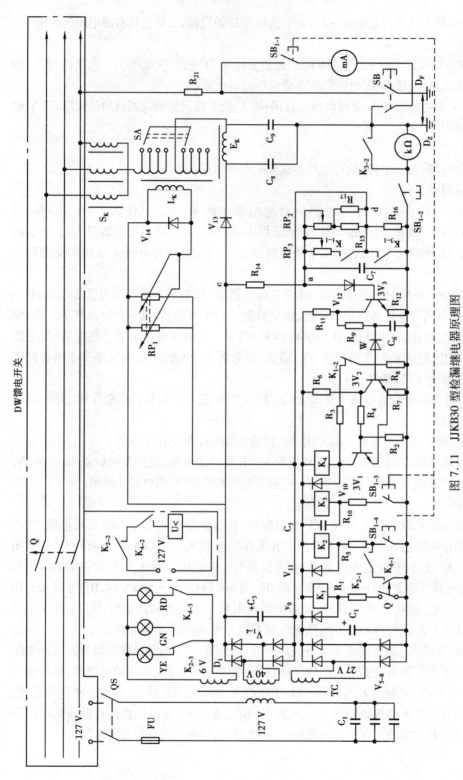

图 7.11 JJKB30 型检漏继电器原理图

K_1—工作继电器；K_2—闭锁继电器；K_3—延时继电器；K_4—执行继电器；SB_1—补偿按钮；
$V_{1\sim4}$—检测电源；$V_{6\sim9}$—保护电源；SK—三相电源；L_K—零序电抗器；G_K—扼流圈；
GN—绿色信号灯；RD—红色信号灯；YE—黄色信号灯；U＜—电源馈电

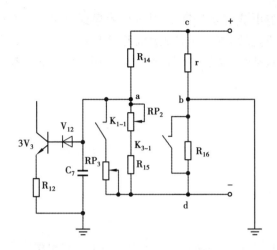

图 7.12　桥式整流电路

（4）补偿回路

补偿方法与 JY82 型基本相同，也是在三相电抗器 S_K 的人为中性点与地之间接入一个零序电抗器 L_K。所不同的是该 L_K 为一饱和电抗器，除了改变抽头进行粗调之外，还可以调节直流控制绕组的电流来改变其电抗值，达到细调的目的。

调试方法如下：按压控制按钮 SB_1，并转动波动开关 SA 进行粗调，再调节电位器 RP_1，注意 mA 表读数，当指针指到最小位置时，即为最佳补偿状态。

（5）延时回路

该回路由延时继电器 K_3、电容器 C_5 组成，并受按钮 SB_1 控制。补偿时触点 $SB_{1~3}$ 闭合，电容器 C_3 充电，K_3 延时闭合，其触点 K_{3-1}、K_{3-2} 分别短接电阻 R_{16} 和 kΩ 表。补偿完毕松开 SB_1 时，触点 SB_{1-2} 接通 C_8、C_9 的充电回路，此时虽然 $SB_{1~3}$ 断开，但 C_5 的放电仍维持，K_4 吸合，从而防止了检漏继电器误动作和 kΩ 表受冲击。

4）3 种检漏继电器的使用说明

①JY82 型是我国早期的产品，其结构简单，维修方便，至今仍有一些矿井使用。它动作速度较慢，从人体触电开始至触点 K_1 闭合所需时间长达 0.1 s 以上，对人身安全不利。它的动作电阻值是靠改变直流电源来调节的，其直流电压是从 S_K 的二次抽头上获得的，再加上电源电压的波动，很难调到所需要的数值。此外，在补偿时需调整 L_K 抽头，不容易调准。实测表明，电网每相对地分布电容为 0.247 μm 才有最佳补偿，其最高补偿只达 47% 左右。

②JL82 型的保护性能较 JY82 型大有改善，是一种较好的漏电保护装置。它采用晶体管作保护元件，其体积小，整定准确，动作灵敏，动作时间小于 0.1 s，补偿采用饱和电抗器，无级调节，电网电容为 0.2~1.5 μF 都能得到最佳补偿，最高可达 60% 以上。其多加了一个毫安表和补偿按钮 SB_1，可以在运行中随时调节。此外，还增加了两个信号灯，对继电器的动作状态有明确的显示。

③JJKB30 型检漏继电器与具有 127 V 电压和欠电压脱扣器的馈电开关配套使用，主要用于井下 1 140 V 电压等级，当然也能用于 380 V 和 660 V。它较前述两种类型的检漏继电器有较大的改进，并具有漏电闭锁功能。

该型继电器采用的饱和电抗器 L_K 既有抽头又有磁放大作用，其电抗调整值范围广，补偿范围可达 1.7 μF 左右。电感电流有功分量小,其补偿效果最高可达 73%。但它仍为静态补偿方法,电感电抗值调定以后不能随电容自动变化,倘若对大电容调节在最佳补偿状态,一旦电容值减小了,便会出现严重的过补偿,也存在不安全因素,使用中应特别注意。

【任务实施】

1. 实施地点

教室、专业实训室。

2. 实施所需器材

①多媒体设备。

②一段线路。

3. 实施内容与步骤

①学生分组。3~4 人一组,指定组长。工作时各组人员尽量固定。

②教师布置工作任务。学生阅读工作任务书,了解工作内容,明确工作目标,制订实施方案。

③分组对漏电线路进行试验,并记录结果。

【学习小结】

本任务主要介绍了漏电的原因及井下漏电的危害及几种漏电保护装置的工作原理。在煤矿中性点绝缘的供电系统中,发生对地的总绝缘阻抗下降到危险值的故障称为漏电故障,简称漏电。电气设备或电缆绝缘损坏、电缆的接线安装不当、管理不完善造成电缆漏电都有可能引起漏电。漏电保护应该满足全面性、安全性、可靠性、动作灵敏及选择性等基本要求。对于煤矿井下中性点绝缘的供电方式,漏电保护有多种方式,按保护原理可分为:附加直流电源检测保护、零序电压保护、零序电流保护、零序功率方向保护、旁路接地保护等。

【自我评估】

1. 煤矿井下的三大保护是指什么?

2. 简述采用附加直流电源实现漏电保护的原理。

3. 为什么井下低压供电必须使用检漏继电器?检漏继电器有什么作用?

4. 说明 JL82 型检漏继电器各元件的作用并简述其工作原理。

5. JJKB30 型检漏继电器与 JL82 型比较有哪些优点?它应与哪些馈电开关配合使用?简述其漏电闭锁功能。

学习情境 **8**

工矿供配电系统无功功率的补偿

【知识目标】

1.掌握功率因数提高的意义及方法。

2.掌握变压器和电动机的经济适用、合理选择。

【能力目标】

1.能够选择功率因数的方法。

2.会选择补偿电容器。

3.会确定补偿电容器的接线方式并能够安装。

4.会分析变压器、电动机经济运行的情况。

任务8.1　工矿用电的功率因数

【任务简介】

任务名称:工矿用电的功率因数

任务描述:本任务学习提高功率因数的合理方法,为减少电能损耗,避免电力部分对工矿企业的电费惩罚。

任务分析:在本任务中能够掌握功率因数的基本概念,在此基础之上掌握提高功率因数的意义和方法。

【任务要求】

知识要求:1.掌握功率因数有关的基本概念。

　　　　2.掌握提高功率因数的方法和意义。

　　　　3.掌握功率因数的补偿方法。

能力要求:1.会制订提高自然功率因数的方案。

2.会制订电容器的补偿方案。

3.会确定补偿电容器的接线方式并能够安装。

【知识准备】

8.1.1　功率因数的基础知识

1)无功功率与功率因数

工矿供配电系统中的用电设备绝大多数都是根据电磁感应原理工作的。一部分用于做功,即将电能转换为机械能,称为有功功率;另一部分用来建立交变磁场,将电能转换为磁能,再由磁能转换为电能,这样反复交换的功率,称为无功功率。这两种功率构成视在功率。有功功率 P、无功功率 Q 和视在功率 S 之间存在下述关系:

$$S = \sqrt{P^2 + Q^2} \tag{8.1}$$

而

$$\frac{P}{S} = \cos \varphi \tag{8.2}$$

$\cos \varphi$ 称为功率因数。功率因数的大小与用户负荷性质有关。当有功功率一定时,用户所需感性无功功率越大,其功率因数越小。如图8.1所示为感性负荷的功率三角形。

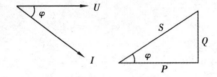

图8.1　感性负荷的功率三角形

2)功率因数对供电系统的影响

在工厂中,当有功功率需要量保持恒定,无功功率需要量增大将引起:

①增加供电系统的设备容量和投资,由图8.1知,当 P 为常数时,用户所需 Q 越大,S 也越大。为满足用户用电需要,供电系统中的电气设备、变压器的容量,线路导线截面积越大,供电系统的设备投资需要增加得就越多。

②增大线路和设备损耗,年运行费用将增加。在传送同样有功功率的情况下,无功功率增大,总电流增加,使供电线路及设备的铜损也增加,直接影响工厂的经济效益。

③线路和变压器电压损失增大,使调压困难。电压损失为

$$\Delta U = \frac{PR + QX}{U} \tag{8.3}$$

通常,线路的电抗 X 比电阻 R 大 2～4 倍,变压器的电抗 X 为电阻 R 的 5～10 倍,无功功率的增大,必然使电网电压损失增加,供电电压质量下降。

无功功率对电力系统及工矿内部的供电系统都有不良影响。电业部门和工厂都有降低无功功率需要量的要求。无功功率的减少相应地提高了功率因数 $\cos \varphi$。功率因数是工矿电气设备使用状况和利用程度的具有代表性的重要指标。

目前,我国已制订按功率因数调整电费的办法。功率因数的高低是供电部门征收电费的重要指标。当 $\cos \varphi$ 大于标准功率因数时给予奖励,小于标准功率因数时则给予处罚,甚至当

功率因数很低时,将停止供电。

3)工矿企业常用的功率因数计算方法

(1)瞬时功率因数

工矿的功率因数是随设备类型、负荷情况、电压高低而变化的,其瞬时值可由功率因数表直接读取,或者根据电流表、电压表和有功功率表在同一瞬间的读数,按下式计算求得

$$\cos \varphi = \frac{P}{\sqrt{3}\,UI} \tag{8.4}$$

式中　P——有功功率表的读数,kW;

　　　U——电压表的读数,kV;

　　　I——电流表的读数,A。

瞬时功率因数用来观察工矿无功功率的变化规律,判断无功功率的需要量是否稳定,分析影响功率因数变化的各项因素,以便采取相应的补偿措施,并为以后进行同类设计提供参考依据。

(2)平均功率因数

平均功率因数是指某一规定时间内功率因数的平均值。它实际是加权平均值,可根据下式求得

$$\cos \varphi = \frac{W_{\mathrm{P}}}{\sqrt{W_{\mathrm{P}}^2 + W_{\mathrm{Q}}^2}} = \frac{1}{\sqrt{1 + \left(\dfrac{W_{\mathrm{Q}}}{W_{\mathrm{P}}}\right)^2}} \tag{8.5}$$

式中　W_{P}——规定时间内有功电度表的积累数,kW·h;

　　　W_{Q}——规定时间内无功电度表的积累数,kvar·h。

如果规定时间为一个月,用式(8.5)计算的功率因数为月平均功率因数。月平均功率因数是电业部门调整收费标准的依据。

平均功率因数不能描述功率因数随时间变化的特性。如两个平均功率因数相同的工矿,其无功功率需要量的变化差别可能很大。

(3)自然功率因数

自然功率因数是指用电设备在没有安装人工补偿装置(移相电容器、调相机等)时的功率因数。自然功率因数有瞬时值和平均值两种。

(4)总功率因数

设置人工补偿后的功率因数称为总功率因数。同样它也分为瞬时值和平均值。

4)无功功率经济当量

电力系统中的有功功率损耗,不仅与设备的有功损耗有关,而且与设备的无功损耗有关,因为无功功率消耗量的增大,必然导致电流增大,在流经变压器和线路时将产生较大的功率损耗,从而使电力系统总的有功损耗增加。

为了计算电气设备无功损耗在电力系统中引起的有功损耗的增加,引入了无功功率经济当量这一概念。无功功率经济当量代表了由于装设人工无功补偿设备所得的经济效益。

它的物理意义是:每补偿 1 kvar 无功功率,在电力系统中引起的有功功率损耗的减少量为

$$K_{\mathrm{q}} = \frac{\Delta P_1 - \Delta P_2}{\Delta Q} \tag{8.6}$$

式中 K_q——无功功率经济当量,kW/kvar;

ΔP_1——人工补偿前系统的有功功率损耗,kW;

ΔP_2——人工补偿后的有功功率损耗,kW;

ΔQ——人工补偿的无功功率(即装设人工补偿设备后减少的无功功率),kvar。

无功经济当量的大小,与电力系统的容量、结构及计算点的具体位置等因素有关。对于距离电源越远的工矿变电所,无功经济当量值越大,即装设无功补偿设备后所得经济效益越高。通常,工矿变电所的 K_q 取 0.02~0.1(其中,经两级变压的可取 0.05~0.07,经三级变压的可取 0.08~0.1,而由发电机母线直接送至工厂变电所的取 0.02~0.04)。

5)提高功率因数的方法

提高功率因数的途径主要在于如何减少电力系统中各个线路输送的无功功率,特别是减少企业用电设备运行中的无功功率,使电力系统输送一定的有功功率时降低其中通过的无功功率。

(1)提高自然功率因数

不添置任何无功补偿设备,采取措施减少企业供用电设备中无功功率的需要量,使功率因数提高。它不需要增加投资,是提高功率因数的基本措施。电动机、变压器等感性负荷是吸收无功功率最多的用电设备,选用的容量越大,吸收无功功率越大。如果这些设备经常处于空负荷或轻负荷运行,功率因数和设备效率都会降低,这是不经济的。

(2)采取人工补偿

安装移相电容器、调相机等设备,供给用电设备所需的无功功率,以提高全厂总功率因数的方法称为功率因数的人工补偿。

8.1.2 功率因数的人工补偿

送、配电线路及变压器,传输无功功率造成电能损耗和电压损失,设备使用效率也相应降低。为此,除了设法提高用电设备的自然功率因数、减少无功功率消耗外,还应在用户处对无功功率进行人工补偿。电容器就是一种常用的无功补偿装置。在工矿变电所中,主要是用电容器并联补偿来提高功率因数。

1)电容器并联补偿的工作原理

在交流电路中:

纯电阻负载时,电流 $\dot{I}_R$ 与电压 $\dot{U}$ 同相位;

纯电感负载时,电流 $\dot{I}_R$ 滞后电压 $\dot{U}$ 90°;

纯电容负载时,电流 $\dot{I}_R$ 超前电压 $\dot{U}$ 90°;

如图 8.2 所示,电容中的电流与电感中的电流相位相差 180°,它们可以互相抵消。

在工矿企业中,大部分是电感性和电阻性的负载,总的电流 $\dot{I}$ 滞后电压一个角度 φ。如果装设电容器,并与负荷并联,则电容器的电流 $\dot{I}_C$ 将抵消一部分电感电流 $\dot{I}_L$,从而使电感电流由 $\dot{I}_L$ 减小到 $\dot{I}'_L$,总的电流由 $\dot{I}$ 减小到 $\dot{I}'$,功率因数则由 $\cos\varphi$ 提高到 $\cos\varphi'$,如图 8.3 所示。

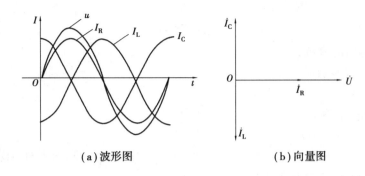

（a）波形图　　　　　　　　　（b）向量图

图 8.2　交流电路中电流与电压的关系图

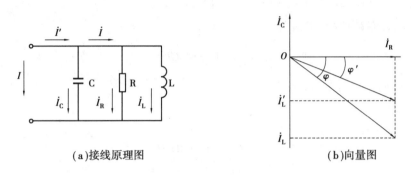

（a）接线原理图　　　　　　　　（b）向量图

图 8.3　并联电容器的补偿原理

从图8.3（b）可知，由于增装并联电容器，使功率因素角 φ 发生了变化，也即总电流 I 的相位发生了位移，因此，该并联电容器又称为移相电容器。如果电容器容量选择得当，可把 φ 减小到 0，$\cos\varphi$ 提高到 1，这就是并联补偿的工作原理。并联补偿的主要目的是提高功率因素 $\cos\varphi$。

在电力系统中也常采用串联补偿，其作用与并联补偿不同。串联补偿，主要用于送电线路，将电容器与线路串联，可以改变线路参数，从而减小线路的电压损失，提高末端电压水平和线路输送能力，减少电网功率损耗和电能损耗。但在工矿企业内部采用较少。

2）电容器容量的选择

（1）电容器容量与电容值的关系

电容器的基本特征是储存电荷。电容值 C 是电容器的一个参数，它的物理意义是表示储存电荷能力的大小，通常把在单位电压作用下，电容器极板上储存的电荷量，称为该电容器的电容值 C，即

$$C = \frac{Q}{U} \tag{8.7}$$

式中　Q——电容器所储存的电荷量，C；

　　　U——电容器两端施加的电压，V；

　　　C——电容器的电容值（F）因法拉太大，所以通常用微法（μF）或（pF）进行计量。

当电容器两端施以正弦交流电压 U 时，它产生的无功功率（或无功容量）Q_C 为

$$Q_C = \frac{U^2}{X_C} = 2\pi f C U^2 \times 10^{-3} = 0.314 C U^2 \tag{8.8}$$

$$X_C = \frac{1}{\omega C} = \frac{1}{2\pi fC}$$

式中　X_C——电容器的容抗；

　　　f——电源的频率，Hz；

　　　U——电压，V；

　　　C——电容值，μF；

　　　Q_C——无功功率，kvar。

【例8.1】　某台电容器型号为YY0.4-12-1，电容值为239 μF，频率为50 Hz，电压 $U = 0.4$ kV。问该电容器的实际容量是多少？

解：$Q_C = 0.314 \, CU^2 = 0.314 \times 239 \times 0.4^2 = 12$ kvar

对于单相电容器，电容器电流为

$$I_C = \frac{Q_C}{U_\varphi} = 0.314 \, CU_\varphi$$

式中　Q_C——单相无功功率，kvar；

　　　U_φ——相电压，kV；

对于三相电容器，电流为

$$I_C = \frac{Q_C}{\sqrt{3} \, U_1} = \frac{0.314CU_1}{\sqrt{3}}$$

式中　Q_C——三相无功功率，kvar；

　　　U_1——线电压，kV。

【例8.2】　有30台YY10.5-12-1型电容器为△型联结，接于10.5 kV母线上，求电容器总容量 Q_C 和线电流 I_C。

解：每相有10台电容器并联，电容器总容量为

$$Q_C = 30 \times 12 = 360 \, (\text{kvar})$$

线电流为

$$I_C = \frac{Q_C}{\sqrt{3} \, U_1} = \frac{360}{\sqrt{3} \times 10.5} = 19.8 \text{ A}$$

（2）补偿电容器的选择

用电容器改善功率因数，可以获得经济效益。但是，电容性负荷过大将会引起电压升高，带来不良影响。在用电容器进行无功功率补偿时，应适当选择电容器的安装容量，通常电容器的补偿容量可按下式确定为

$$Q_C = P_{av}(\tan \varphi_1 - \tan \varphi_2) \tag{8.9}$$

式中　Q_C——并联电容器补偿容量，kvar；

　　　$\tan \varphi_1$——补偿前平均功率因数角正切值；

　　　$\tan \varphi_2$——补偿后平均功率因数角正切值；

　　　P_{av}——一年中最大负荷月份的平均有功负荷功率，kW。

当计算电容量时，应考虑实际运行电压可能与额定电压不同，电容器能补偿的实际容量也不同于额定容量。电容器技术数据中的额定容量指额定电压下的无功容量。当电容器实际运行电压为 U 时，则电容器实际容量应按下式换算为

$$Q_{\mathrm{C}} = Q_{\mathrm{CN}}\left(\frac{U}{U_{\mathrm{N}}}\right)^{2} \tag{8.10}$$

式中　Q_{C}——实际运行电压 U 时的容量,kvar;

　　　Q_{CN}——电容器的额定容量,kvar。

通常把 $\tan \varphi_1 - \tan \varphi_2 = q_{\mathrm{c}}$ 称为补偿率。在选择计算时,可直接查表 8.1。

表 8.1　每千瓦有功负荷所需无功补偿容量

$\cos\varphi_2$ ＼ $\cos\varphi_1$	0.80	0.82	0.84	0.85	0.86	0.88	0.90	0.92	0.94	0.96	0.98	1.00
0.40	1.54	1.60	1.65	1.67	1.70	1.75	1.87	1.87	1.93	2.00	2.09	2.29
0.42	1.41	1.47	1.52	1.54	1.57	1.62	1.68	1.74	1.80	1.87	1.96	2.16
0.44	1.29	1.34	1.39	1.41	1.44	1.5	1.55	1.61	1.68	1.75	1.84	2.04
0.46	1.18	1.23	1.28	1.31	1.34	1.39	1.44	1.50	1.57	1.64	1.73	1.93
0.48	1.08	1.12	1.18	1.21	1.23	1.29	1.34	1.40	1.46	1.54	1.62	1.83
0.50	0.98	1.04	1.09	1.11	1.14	1.19	1.25	1.31	1.37	1.44	1.52	1.73
0.52	0.89	0.94	1.00	1.02	1.05	1.02	1.16	1.21	1.28	1.35	1.44	1.64
0.54	0.81	0.86	0.91	0.94	0.97	0.94	1.07	1.13	1.20	1.27	1.36	1.56
0.56	0.73	0.78	0.83	0.86	0.89	0.87	0.99	1.05	1.12	1.19	1.28	1.48
0.58	0.66	0.71	0.76	0.79	0.81	0.79	0.92	0.98	1.04	1.12	1.20	1.41
0.60	0.58	0.64	0.69	0.71	0.74	0.78	0.85	0.90	0.97	1.04	1.13	1.33
0.62	0.52	0.57	0.62	0.65	0.67	0.66	0.76	0.84	0.90	0.98	1.06	1.27
0.64	0.45	0.50	0.56	0.58	0.64	0.68	0.72	0.78	0.84	0.91	1.00	1.20
0.66	0.39	0.44	0.49	0.52	0.55	0.60	0.65	0.71	0.78	0.85	0.94	1.14
0.68	0.33	0.38	0.43	0.46	0.48	0.54	0.60	0.65	0.71	0.79	0.88	1.08
0.70	0.27	0.32	0.38	0.40	0.43	0.48	0.54	0.59	0.66	0.73	0.82	1.02
0.72	0.21	0.27	0.32	0.34	0.37	0.42	0.48	0.54	0.60	0.67	0.76	0.96
0.74	0.16	0.21	0.26	0.29	0.31	0.37	0.42	0.48	0.54	0.62	0.71	0.91
0.76	0.10	0.16	0.21	0.23	0.26	0.31	0.37	0.43	0.49	0.56	0.65	0.85
0.78	0.05	0.11	0.16	0.18	0.21	0.26	0.31	0.38	0.44	0.51	0.6	0.80
0.80	–	0.05	0.10	0.13	0.16	0.21	0.26	0.32	0.39	0.46	0.55	0.73
0.82	–	–	0.05	0.08	0.10	0.16	0.21	0.27	0.34	0.41	0.49	0.70
0.84	–	–	–	0.03	0.05	0.11	0.16	0.22	0.28	0.35	0.44	0.65
0.85	–	–	–		0.03	0.08	0.11	0.19	0.26	0.33	0.42	0.62
0.85	–	–	–	–		0.06	0.08	0.14	0.23	0.30	0.39	0.59
0.88	–	–	–	–	–		0.06	0.11	0.18	0.25	0.34	0.54
0.90	–	–	–	–	–	–		0.06	0.12	0.19	0.28	0.49

【例8.3】　某用户为两班制生产,最大负荷月的有功用电量为 75 000 kW · h,无功用电量为 69 000 kW · h,问该用户的月平均功率因数是多少? 欲将功率因数提高到 0.9,问需装电容器组的总容量应当是多少?

解:根据月有功和无功用电量,可按下式求出补偿前的功率因数角的正切值为

$$\tan \varphi_1 = \frac{\sin \varphi_1}{\cos \varphi_1} = \frac{W_q}{W_P} = \frac{69\ 000}{75\ 000} = 0.92$$

得 $\varphi_1 = 42.6°$，故补偿前功率因数 $\cos \varphi_1 = 0.735\ 9$。

又 $\cos \varphi_2 = 0.9$，得 $\tan \varphi_1 = 0.48$。

用户为两班制生产，即每日生产 16 h，则

$$P_{av} = \frac{\text{月有功功率 } W_P}{16h/\text{日} \times 30\ \text{日}} = \frac{75\ 000}{16 \times 30} = 156.25\ \text{kW}$$

故用户总的无功补偿量应为

$$Q_C = P_{av}(\tan \varphi_1 - \tan \varphi_2) = 156.25(0.92 - 0.48) = 68.75\ \text{kvar}$$

（3）对电动机进行个别补偿时电容器容量的计算

当对电动机进行个别补偿时，其电容器容量的计算，应以电动机空负荷时补偿至功率因数接近 1 为宜，不能按电动机带负荷情况下计算容量。因为若带负荷时功率因数补偿至 1，则空负荷时将会出现过补偿，此时切断电动机电源后，电容器放电供给电动机励磁，能使旋转着的电动机成为感应发电机，使电压超过额定电压，对电动机和电容器的绝缘不利。所以对于个别补偿的电动机，其补偿容量应用下式确定为

$$Q_C \leq \sqrt{3}\, U I_0 \tag{8.11}$$

式中　Q_C——电动机所需补偿容量，kvar；

　　　U——电动机的电压，kV；

　　　I_C——电动机空载电流，A。

3）电容器接线方式的选择

电容器输出的无功容量分别与电容器的端电压二次方和频率成正比。电网电压如果高于电容器额定电压，电容器将过负荷运行；反之，电容器的输出容量将降低。安装电容器时，应使它的端电压接近其额定电压。

当单相电容器的额定电压与电网额定电压相同时，三相电容器组应采用△联结。因为，若采用 Y 联结，每相电压为线电压的 $1/\sqrt{3}$，又因 $Q_C \propto U^2$，所以电容器输出容量将减少为 $Q_{cN}/3$，显然是不合适的。当单相电容器的额定电压低于电网额定电压时，应采用 Y 联结，或几个电容器串联后，使每相电容器组的额定电压高于或等于电网的额定电压，再接成△联结。

在短路容量较小的工矿企业变电所中，多采用△联结。

4）电容器的补偿方式

为了提高用户补偿装置的经济效益，减少无功功率的传送，应尽量就地补偿。在工矿供配电系统中，常用的补偿方式有高压集中补偿、低压集中补偿和单独就地补偿 3 种，如图 8.4 所示。

（1）高压集中补偿

接变配电所 6～10 kV 高压母线上，其电容器柜一般装设在单独的高压电容器室内，如图 8.5 所示。电容器组的容量需按变配电所总的无功负荷来选择。这种补偿方式的电容器组，初期投资较少，运行维护方便，利用率较高，但只能补偿高压母线以前的无功功率。它适用于大、中型工矿变配电所作为高压无功功率的补偿。

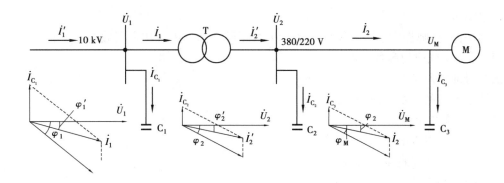

图 8.4   移相电容器在供电系统中的装设位置和补偿效果

（2）低压集中补偿

接变电所低压母线上，其电容器柜装设在低压配电室内，如图 8.6 所示。它能补偿低压母线以前的无功功率，可使变压器的无功功率得到补偿，从而有可能减少变压器容量，且运行维护也较方便，适用于中、小型工矿或车间变电所作为低压侧基本无功功率的补偿。

（3）单独就地补偿

将电容器直接安装在用电设备附近，与用电设备并联，如图 8.7 所示。这种补偿的优点是补偿范围大，补偿效果好，可缩小配电线路截面积，减少有色金属消耗量。其缺点是总投资大、电容器的利用率低。它适用于负荷相当平稳且长时间使用的大容量用电设备，以及某些容量虽小但数量多而分散的用电设备。

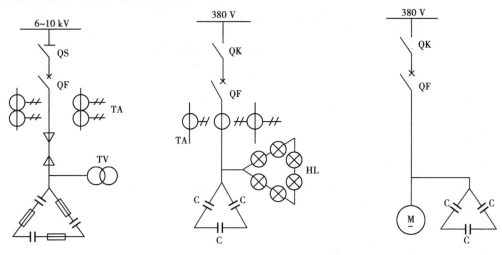

图 8.5   高压集中补偿接线　　　　图 8.6   低压成组补偿接线　　　　图 8.7   单独就地补偿接线

【任务实施】

1. 工作准备

①预习本次任务实施的相关知识部分。

②根据功率因数补偿的原理和要求，每位同学根据相应的任务完成功率因数人工补偿的计算。

③根据评价标准中的要求预习内容。

209

2.组织过程

教师举例,教师提供学生具体数据让学生根据已学知识进行功率因数的人工补偿。

(1)任务实施前的准备工作

①复习前面所学知识内容。

②结合书中的例题完成相应的计算和分析。

(2)任务实施过程

①接收老师下发的设计数据。

②组织学生研讨功率因数补偿的方法。

③学生进行设计。

④老师指导学生进行设计工作。

【学习小结】

本任务的主要目的是要求学生掌握功率因数的意义;知道提高功率因数的方法;能够进行相应的基本计算。

【自我评估】

1.节约电能的意义和途径是什么?

2.何谓自然功率因数?功率因数对供电系统有何影响?我国规定工矿企业的功率因数为多大?

3.何谓电力网经济运行?何谓无功经济当量?

任务8.2　变压器与电动机的经济运行

【任务简介】

任务名称:变压器与电动机的经济运行

任务描述:主变压器是煤矿地面变电所的重要设备,通过对全矿各类负荷统计分析,正确选择变压器的容量、台数及运行方式,确保煤矿供电的可靠性和经济性。电动机在工业生产中是应用广泛的重要设备之一,通过对全矿各类负荷统计分析,合理选择电动机的型号、台数及运行方式,确保煤矿生产的可靠性和安全性。

任务分析:根据是否有一、二类负荷确定变压器和电动机的台数,根据负荷统计结果确定容量,然后考虑变压器和电动机的损耗情况决定补偿电容器的容量、台数,给出经济运行方式。

【任务要求】

知识要求:1.掌握变压器的选择原则。

　　　　　　2.掌握变压器经济运行分析的方法。

　　　　　　3.掌握电动机合理使用的原则。

　　　　　　4.掌握电动机经济运行分析的方法。

能力要求:1.会确定变压器的型号、台数、容量。

　　　　　2.会分析变压器经济运行情况。

　　　　　3.会确定电动机的型号、台数、容量。

　　　　　4.会分析电动机经济运行情况。

【知识准备】

8.2.1　变压器的效率与负荷系数

1)变压器的效率

变压器输出功率与输入功率之比称为变压器的效率,用百分数表示为

$$\eta = \frac{P_2}{P_1} = \frac{P_2}{P_2 + \sum \Delta P} \times 100\%$$　　　　　(8.12)

式中　P_1——变压器一次输入功率,kW;

　　　P_2——变压器二次输入功率,kW;

　　　η——变压器效率;

　　　$\sum \Delta P$——变压器的功率损耗,即铜耗和铁耗之和,可以表示为

$$\sum \Delta P = \Delta P_0 + \beta^2 \Delta P_K$$　　　　　(8.13)

式中　ΔP_0——变压器的空载损耗,kW,近似等于铁耗,且近似为常数;

　　　ΔP_K——变压器额定负载时的铜耗,kW;

　　　β——变压器的负荷系数。

$$\beta = \frac{S}{S_N}$$　　　　　(8.14)

式中　S_N——变压器的额定容量,kVA;

　　　S——变压器的实际负荷,kVA。

输出功率 P_2 又可表示为

$$P_2 = \beta S_N \cos \varphi$$　　　　　(8.15)

式8.12 可以写成

$$\eta = \frac{P_2}{\beta S_N \cos \varphi + \Delta P_0 + \beta^2 \Delta P_K} \times 100\%$$　　　　　(8.16)

2)变压器效率最高时的负荷系数

由以上分析可知,变压器的效率与负荷有关。由式(8.16)可知,在负荷功率因素 $\cos \varphi$ 给定时,效率 η 仅是 β 的函数。当 $\mathrm{d}\eta/\mathrm{d}t = 0$ 时,η 最大。此时

$$\Delta P_0 = \beta \Delta P_K$$　　　　　(8.17)

即变压器的铜耗和铁耗相等时,效率达到最大值,此时的负荷系数称为经济负荷系数,并用 β_j 表示。一般配电变压器负荷系数 β 为 0.4 ~ 0.7 时,变压器的效率最高。

8.2.2　变压器的经济运行

电力网的经济运行,通常是指使整个系统中的有功功率损耗最小,能获得最佳经济效益的

运行方式。

工矿变电所中变压器的经济运行是指使变压器总的有功损耗最小的运行方式。从经济运行的观点来看,并联运行的变压器必须考虑有功和无功功率损耗。电网供给无功功率时,也会在电网和变压器中引起有功功率的损耗。将该损耗计入变压器有功损耗,其和称为变压器的有功损耗折算值。当有 n 台同容量变压器并联运行时,总的有功损耗折算值为

$$\Delta P_n = n(\Delta P_0 + K_q \Delta Q_0) + \frac{1}{n}(\Delta P_K + K_q \Delta Q_K)\left(\frac{S}{S_N}\right)^2 \tag{8.18}$$

式中　S——n 台变压器并联运行的总负荷,kVA;

S_N——一台变压器的额度容量,kVA;

ΔP_n——n 台变压器并联运行的总损耗折算值,kW;

ΔP_0——每台变压器的空载损耗,kW;

ΔQ_0——每台变压器的空载无功损耗,kvar;

ΔP_K——每台变压器的短路损耗,近似等于额定负荷时的铜耗,kW;

ΔQ_K——每台变压器的短路无功损耗,kvar;

K_q——无功功率经济当量,kW/kvar。

按式(8.18),可以绘出变压器有功损耗折算值 ΔP_n 与总负荷 S 的关系曲线,如图 8.8 所示。

由图 8.8 可知,当总负荷 $S = S_a$(曲线 1 和曲线 2 的交点 a 对应的总负荷)时,不管接入一台还是两台变压器,变压器所产生的功率损耗是一样的,a 点为临界点。当 $S < S_a$ 时,一台变压器运行功率损耗小,最经济;而 $S > S_a$ 时,则两台变压器并联运行经济。同样,b 点为两台和 3 台变压器并联运行的临界点。当 $S > S_a$ 时,3 台变压器并联运行经济。由曲线可以确定变电所中变压器的最经济运行台数。

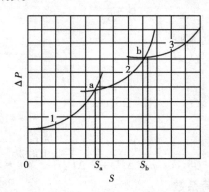

图 8.8　变压器有功损耗折算值 ΔP_n 与总负荷 S 的关系曲线

1—单台变压器运行;2—两台变压器并联运行;3—3 台变压器并联运行

同样,也可通过计算求得不同负荷情况下,变压器的最经济运行台数。和式(8.18)一样,列出 $(n-1)$ 台和 $(n+1)$ 台变压器并联运行时的变压器总损耗 ΔP_{n-1} 和 ΔP_{n+1}

$$\Delta P_{n-1} = (n-1)(\Delta P_0 + K_q \Delta Q_0) + \frac{1}{n-1}(\Delta P_K + K_q \Delta Q_K)\left(\frac{S}{S_N}\right)^2 \tag{8.19}$$

$$\Delta P_{n+1} = (n+1)(\Delta P_0 + K_q \Delta Q_0) + \frac{1}{n+1}(\Delta P_K + K_q \Delta Q_K)\left(\frac{S}{S_N}\right)^2 \tag{8.20}$$

$(n-1)$ 台和 n 台变压器运行的临界点负荷是 $\Delta P_{n-1} = P_n$ 时所对应的总负荷,而 n 台和 $(n+1)$ 台的临界点负荷是 $P_n = \Delta P_{n+1}$ 时所对应的总负荷。由式(8.18)、(8.19)、(8.20)可得以下确定变压器最经济运行台数的关系式。

①总负荷满足条件

$$S_N \sqrt{n(n+1)\frac{\Delta P_0 + K_q \Delta Q_0}{\Delta P_K + K_q \Delta Q_K}} > S > S_N \sqrt{n(n-1)\frac{\Delta P_0 + K_q \Delta Q_0}{\Delta P_K + K_q \Delta Q_0}} \tag{8.21}$$

时,n 台变压器运行经济。

②当总负荷增加,并满足

$$S > S_N \sqrt{n(n+1)\frac{\Delta P_0 + K_q \Delta Q_0}{\Delta P_K + K_q \Delta Q_0}} \tag{8.22}$$

时,应增加一台,以 $(n+1)$ 台变压器运行经济。

③当总负荷减少,并满足

$$S < S_N \sqrt{n(n-1)\frac{\Delta P_0 + K_q \Delta Q_0}{\Delta P_K + K_q \Delta Q_0}} \tag{8.23}$$

时,应切除一台,以 $(n-1)$ 台变压器运行经济。

在工矿变电所中,应根据季节性负荷变化情况,合理地控制变压器运行台数,减少电能损耗,达到最佳的经济效益。但对于昼夜变化的负荷,多采用上述方法,因为这将增加断路器的开断次数,从而增加检修工作量。

【例8.4】　某厂变电所装有两台 SJL1-250/10 型变压器,已知变压器参数:$\Delta P_0 = 0.68$ kW,$I_0\% = 2.6$,$\Delta P_{KN} = 4.1$ kW,$u_k\% = 4.0$,K_q 取 0.1,试决定当总负荷 $S = 160$ kVA 时,应采用几台变压器运行最经济。

解:该厂有两台变压器,即 $n = 2$

故

$$\Delta Q_0 \approx I_0\% \frac{S_N}{100} = 2.6 \times \frac{250}{100} = 6.5 \text{ kvar}$$

$$\Delta Q_k \approx u_k\% \frac{S_N}{100} = 4.0 \times \frac{250}{100} = 10.25 \text{ kvar}$$

由式(8.18)可得

$$250 \times \sqrt{2(2-1)\frac{0.68 + 0.1 \times 6.5}{4.1 + 0.1 \times 10.25}} = 180.1 \text{ kVA} > 160 \text{ kVA} \tag{8.24}$$

因此,当 $S = 160$ kVA 时,以一台变压器运行较为经济。

8.2.3　异步电动机的效率及经济运行负荷系数

在工矿电动机中,异步电动机是使用最多的一种,这里以异步电动机为分析对象进行介绍。提高电动机运行效率的最基本方法是,合理选择和使用电动机,确定最经济的运行方式,降低电动机的能量损耗。

1)电动机的效率

异步电动机的功率因数和效率是电动机运行中的两个主要经济指标,且两者是密切相关的,改善电动机效率的同时,也改善了功率因数。在某些条件下,把效率 η_m 和功率因素 $\cos\varphi$

的乘积称为有效效率。

异步电动机的效率,可用下式表示为

$$\eta_m = \frac{P_2}{P_1} \times 100\% = \frac{P_1 - \Delta P_M}{P_1} \times 100\% = 1 - \frac{\Delta P_M}{P_1} \times 100\% \tag{8.25}$$

式中　P_1——电动机的输入功率,kW;

　　　　P_2——电动机的输出功率,kW;

　　　　ΔP_M——电动机的总有功损耗,kW。

ΔP_M 包括定子铜损、铁损、转子铜损、机械损耗和杂散损耗,其损耗分布情况见表8.2。

表 8.2　异步电动机损耗分布情况

损耗分类	占总损耗的比例 /%	损耗分布于电动机形式的关系
定子铜损	25 ~ 40	高速电机比低速电机要大,绝缘耐热等级越高,电流密度越大,铜耗也越大
铁　损	20 ~ 35	高速电机比低速电机要小
转子铜损	15 ~ 20	小型电机较大
机械损耗	5 ~ 20	小型电机、高速电机较大,防护式小,封闭式大
杂散损耗	5 ~ 0	高速电机比低速电机大,铸铝转子较大,小型电机较大

电动机所需的无功功率在通过电网时将引起有功功率损耗。通常利用无功经济当量把这部分功率损耗计入电动机有功功率损耗中,其和称为电动机有功功率折算值,用 ΔP 表示。

$$\Delta P = \Delta P_M + K_q P_q = \Delta P_{0M} + K_{fM}^2 \Delta P_{NM} + K_q \left[P_{q0M} (1 - K_{fM}^2 P_{qNM}) + K_{fM}^2 P_{qNM} \right] \tag{8.26}$$

式中　ΔP——电动机有功功率损耗折算值,kW;

　　　　ΔP_M——电动机总有功损耗,kW;

　　　　ΔP_{0M}——电动机空载有功损耗,kW;

$$\Delta P_{0M} = P_{NM} \left(\frac{1 - \eta_N}{\eta_N} \right) \left(\frac{r}{1 + r} \right) \tag{8.27}$$

式中　K_{fM}——电动机的负荷系数,$K_{fM} = P/P_{NM}$;

　　　　ΔP_{NM}——额定负荷时,电动机的有功损耗,kW;

$$\Delta P_{NM} = P_{NM} \left(\frac{1 - \eta_N}{\eta_N} \right) \left(\frac{1}{1 + r} \right) \tag{8.28}$$

式中　P_{NM}——电动机的额定功率,kW;

　　　　P——电动机的实际负荷,kW;

　　　　P_q——电动机所需无功功率,kvar;

　　　　P_{q0M}——电动机空载时所需无功功率,kvar;

$$\Delta P_{q0m} = \frac{P_{NM}}{\eta_N} m \tag{8.29}$$

式中　P_{qNM}——额定负荷时,电动机所需无功功率,kvar;

$$\Delta P_{qNm} = \frac{P_{NM}}{\eta_N} \tan \varphi_N \tag{8.30}$$

式中　η_N——电动机的额定工作状况下的效率;

$$m = \frac{I_{0m}}{I_N \cos \varphi_N} \tag{8.31}$$

式中 m——空载电流系数；可由10.3曲线查处；

$$r = \frac{\Delta P_{0M}}{\Delta P_{NM}} = \frac{\Delta P_{0M}^*}{\frac{1}{\eta_N} - 1 - \Delta P_{0M}^*} \tag{8.32}$$

式中 γ——空载损耗系数；

　　ΔP_{0M}^*——电动机空载有功损耗的标幺值，即有功功率损耗与额定功率之比；

　　I_{0m}——电动机空载电流，A；

　　I_N——电动机额定电流，A；

　　$\cos \varphi$——电动机额定功率因数。

2）电动机最经济运行负荷系数

电动机最经济运行负荷系数（最佳负荷系数）可以根据单位负荷功率下有功功率损耗最小的条件来计算。令

$$\frac{d\left(\frac{\Delta P}{P}\right)}{dK_{fM}} \tag{8.33}$$

可得

$$K_{fMj} = \sqrt{\frac{\Delta P_{0M} + K_q P_{q0M}}{\Delta P_{eM} + K_q (P_{qNM} - P_{q0M})}} = \sqrt{\frac{\frac{1 - \eta_N}{1 + r} r + K_q m}{\frac{1 - \eta_n}{1 + r} + K_q (\tan \varphi_N - m)}} \tag{8.34}$$

式中 r——系数，见式（8.32），也可取近似值，即对 Y 型电动机，功率为 10 kW 以下约为 0.35；10 kW 以上约为 0.4。

【例8.5】 有一台 28 kW 的异步电动机，$\eta_N = 0.895$，$\cos \varphi_n = 0.88$（$\tan \varphi_n = 0.54$），$\Delta P_{0M}^* = 0.048$，查图8.9可知，$m = 0.32$。试求：

（1）$K_q = 0.06$ 时 K_{fMj} 值。

（2）$K_{fM} = 0.6$ 时的 ΔP_M 和 ΔP。

（3）$K_{fM} = 0.6$ 时电动机的效率。

解：（1）由式（8.32）可得

$$r = \frac{\Delta P_{0M}^*}{\frac{1}{\eta_N} - 1 - \Delta P_{0M}^*} = \frac{0.048}{\frac{1}{0.895} - 1 - 0.048} = 0.665$$

（2）由式（8.34）可得

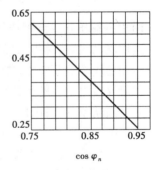

图8.9 电动机 $m\text{-}\cos\varphi_n$ 曲线

$$K_{fMj} = = \sqrt{\frac{\frac{1 - \eta_N}{1 + r} r + K_q m}{\frac{1 - \eta_n}{1 + r} + K_q V (\tan \varphi_N - m)}} = \sqrt{\frac{\frac{1 - 0.895}{1 + 0.665} \times 0.665 + 0.06 \times 0.32}{\frac{1 - 0.895}{1 + 0.665} + 0.06(0.54 - 0.32)}} = 0.81$$

所以该电动机在81%负荷时运行最经济，对于一般异步电动机，$K_{fM} \approx 0.8 \sim 0.88$。

（3）当负荷系数 $K_{fM}=0.6$ 时

$$\Delta P_{0M} = P_{NM}\left(\frac{1-\eta_N}{\eta_N}\right)\left(\frac{r}{1+r}\right) = 28\left(\frac{1-0.895}{0.895}\right)\left(\frac{0.665}{1+0.665}\right) = 1.31 \text{ kW}$$

$$\Delta P_{NM} = P_{NM}\left(\frac{1-\eta_N}{\eta_N}\right)\left(\frac{1}{1+r}\right) = 28\left(\frac{1-0.895}{0.895}\right)\left(\frac{1}{1+0.665}\right) = 1.97 \text{ kW}$$

$$\Delta P_{q0m} = \frac{P_{NM}}{\eta_N}m = \frac{1.97}{0.895}\times 0.32 = 10 \text{ kvar}$$

$$\Delta P_{qNm} = \frac{P_{NM}}{\eta_N}\tan\varphi_N = \frac{28}{0.895}\times 0.54 = 16.9 \text{ kvar}$$

$$\Delta P_M = \Delta P_{0M} + K_{fM}^2\Delta P_{NM} = (1.31 + 0.6^2\times 1.97) \approx 2 \text{ kW}$$

$$\Delta P = \Delta P_M + K_q\left[P_{q0M}(1-K_{fM}^2)+K_{fM}^2 P_{qNM}\right]$$
$$= 2 + 0.06\times\left[10\times(1-0.6^2)+0.6^2\times 16.9\right] = 2.75 \text{ kW}$$

由计算可知，电动机的有功功率损耗，在不考虑无功功率影响时 $\Delta P_m=2 \text{ kW}$；考虑无功功率的影响时，有功功率损耗折算值 $\Delta P=2.75 \text{ kW}$。

（4）当 $K_{fM}=0.6$ 时，电动机效率

在不计无功功率影响时

在计入无功功率影响时

$$\eta_m = \frac{K_{fM}P_{NM}}{K_{fM}P_{NM}+\Delta P_M}\times 100\% = \frac{0.6\times 28}{0.8\times 28+2}\times 100\% = 89.5\%$$

$$\eta_m = \frac{K_{fM}P_{NM}}{K_{fM}P_{NM}+\Delta P}\times 100\% = \frac{0.6\times 28}{0.8\times 28+2.75}\times 100\% = 86\%$$

在实际运行中，无功功率经济当量 $K_q>0$，电动机折算效率 η'_m 值均小于 η_m。

8.2.4　提高电动机效率的措施

1）根据输出功率合理选择电动机额定功率

选用电动机时，首先选择电动机的型号、功率及各种技术数据，使它具备与其所拖动的生产机械相适应的负荷特性，能在各种情况下稳定地运行，生产机械的负荷特性见表8.3。

一般异步电动机的额定效率和功率因数，按负荷系数75%～100%的范围内设计。电动机额定输出功率的选择，应为负荷功率的1.10～1.15倍为宜。

如果电动机经常在低负荷下运行，即所谓"大马拉小车"，不仅设备功率浪费，而且电动机的效率和功率因数都随之变坏，电能损耗增加，经济效益降低。如图8.10所示为电动机效率、$\cos\varphi$和负荷功率的关系曲线。为此，应该用小容量电动机代替负荷不足的大容量电动机。

电动机是否需要更换，可根据负荷系数 K_{fM} 的大小确定，如当 $K_{fM}>70\%$ 时，一般不更换；

当 $K_{fM}<40\%$ 时，不需技术经济比较就应更换；

当 $40\%<K_{fM}<70\%$ 时，则需经过技术经济比较后再进行更换。更换后，有功功率损耗减少，所得经济效益，可在近期内作为补偿更换和安装新设备等项费用，并且技术上可行时，应进行更换。

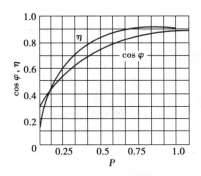

图 8.10   电动机效率 η、$\cos \varphi$ 和负荷功率的关系曲线

【例 8.6】一台异步电动机，$P_{NM} = 14$ kW，$\eta_N = 87\%$，$\cos \varphi_N = 0.85 (\tan \varphi_N = 0.62)$，$\Delta P_{0M}^* = 5.8\%$。$K_q = 0.11$ kW/kvar，现轴端负荷经常为 5 kW，试问该电动机是否应该更换？其 K_{fMj} 是多少？

解：查图 8.11，当 $\cos \varphi_N = 0.85$ 时，$m = 0.42$

$$r = \frac{\Delta P_{0M}^*}{\dfrac{1}{\eta_N} - 1 - \Delta P_{0M}^*} = \frac{0.058}{\dfrac{1}{0.87} - 1 - 0.058} = 0.634$$

最经济负荷系数

$$K_{fMj} = = \sqrt{\frac{\dfrac{1 - \eta_N}{1 + r} r + K_q m}{\dfrac{1 - \eta_n}{1 + r} + K_q (\tan \varphi_N - m)}} = \sqrt{\frac{\dfrac{1 - 0.87}{1 + 0.634} \times 0.634 + 0.1 \times 0.42}{\dfrac{1 - 0.87}{1 + 0.634} + 0.1 (0.62 - 0.42)}} \approx 0.92$$

实际负荷系数

$$K_{fM} = \frac{P}{P_{NM}} = \frac{5}{14} \approx 0.36$$

故应当更换为小容量电动机。

2）改变供电电压

对于轻负荷的电动机，适当降低电压，则电动机的转矩减小，输出功率降低。但由于电压降低，空载电流减小，铁耗减少，电动机的功率因数和效率基本维持不变。

对于中小型异步电动机（容量 $P_{NM} > 3$ kW），当负荷低到 50% 以下时，常采用改变电动机定子绕组联结（由 △ 联结改为 Y 联结）的方法，使电动机减压运行，从而减少电动机无功功率需用量，提高功率因数，达到节约电能的目的。

电动机其他减压运行的方法，还有用自耦变压器减压、用调压器调压、用电抗器或电容器减压等。

表 8.3   负荷特性的分类

负荷特性		生产机械	转矩—转速特性
恒转矩	转矩 M 恒定，输出功率 P_2 与转速 n 成正比	造纸机、压缩机、印刷机、卷扬机等摩擦负荷和动力负荷	

续表

负荷特性		生产机械	转矩—转速特性
二次方递减转矩	转矩与转速的二次方成正比,转矩随转速的减少而按二次方递减	流体负荷,如风机、泵类	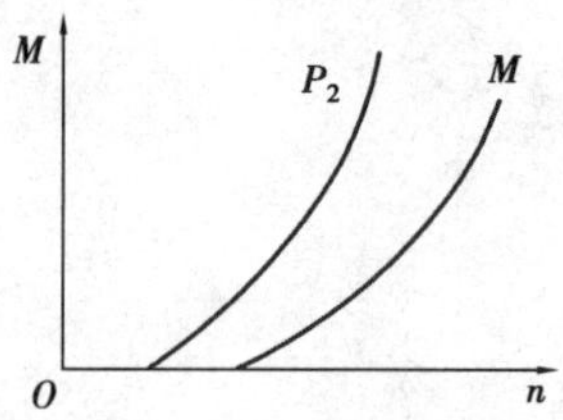
恒功率	输出功率恒定,转矩和转速成反比	卷扬机	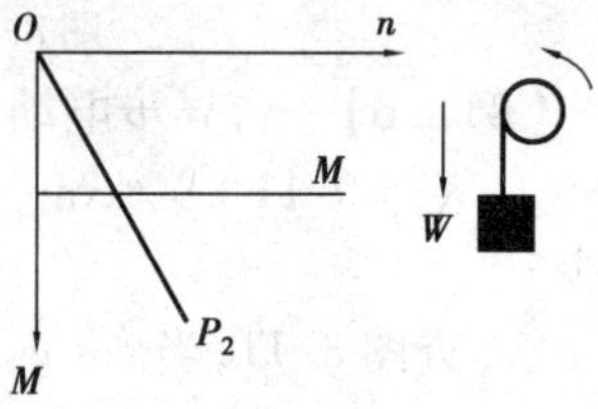
递减功率	输出功率随转速的减少而减少,转矩随转速的减少而增加	各种机床的主轴电动机	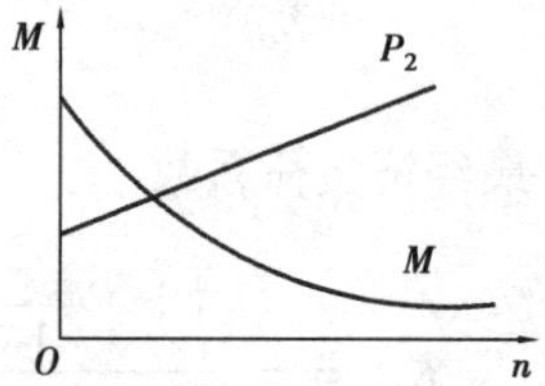
负转矩	负荷反向旋转的恒转矩为负转矩	起重机、卷扬机的重物 W 下吊	
惯性体	电动机的转动惯量比负载的转动惯量小很多	离心分离机、高速鼓风机	

注:图中纵坐标 M 为转矩;横坐标 n 为转速;P_2 为输出功率。

3)限制异步电动机空负荷运行时间

电动机空载运行时其输出功率为零,但此时铁损、机械损耗仍然存在,也即仍在消耗无功功率和有功功率。而在各种机械的生产过程中,空载间断时间又是不可避免的。对于工矿中空载运行持续时间较长的电动机,应及时停下,或对每台电动机规定开停及运行时间,以减少空载运行造成的电能浪费。尤其对开停频繁的工作机械,最好应用自动控制装置,进行合理管理。

4)提高电动机的检修质量

电动机检修质量的好坏,对工矿自然功率因数的影响很大。在修理电动机时,应准确按照电动机的各项额定数据进行,否则将增加无功功率的需要量,从而使功率因数恶化。例如,若每相匝数比原匝数减少,则无功功率需要量增大,空气隙加大,无功需要量也将增加。

5）提高机组的传动效率

提高机组的传动效率是基本的节能措施。因为一台低效率的生产传动机构,即使应用高效率的电动机,受益也是不大的。

【任务实施】

1. 实施地点

多媒体教室。

2. 实施所需器材

多媒体设备。

3. 实施内容与步骤

①学生分组。

②教师布置工作任务。

③要求学生根据教师所提供的资料和数据完成变压器或电动机的经济计算及分析。

【学习小结】

本任务的主要目的是要求学生能够完成对变压器和电动机的经济运行分析和计算;能够根据全矿各类负荷,合理选择变压器和电动机的型号、台数以及运行方式,确保煤矿生产的可靠性和安全性。

【自我评估】

1. 变压器效率最高的条件是什么？ 变压器效率最高时的负荷系数如何计算？

2. 怎样计算并联运行变压器的经济运行点？

3. 电动机运行的最佳负荷系数如何确定？

4. 为什么要限制异步电动机的空负荷运行时间？

5. 提高电动机效率的措施有哪些？

学习情境 **9**

工矿供电系统的设计

❀❀❀

【知识目标】

1. 了解工矿供电系统设计的方法和过程,主要包括工矿供电系统设计前资料的准备和设计计算,掌握设计前资料的搜集和整理方法。

2. 掌握常见工厂、煤矿用电气设备的选择、运行与维护的相关知识。

3. 掌握工矿供电系统设计所需的设备布置图。

4. 掌握工矿供电系统的拟订等内容。

【能力目标】

1. 会收集工矿供电系统所需的原始资料。

2. 能使用相关的工具书查找资料。

3. 会绘制工厂、采区供电系统图。

4. 会选择工厂、煤矿用电设备。

5. 会整定工厂和井下采区过流保护装置。

6. 会选择工厂和采区井下用电设备的保护装置。

任务 工矿供电系统的设计

【任务简介】

任务名称:工矿供电系统的设计

任务描述:工矿供电系统是否安全可靠,技术和经济是否合理将直接关系人身、工矿企业设备的安全及正常生产。尤其是矿井工作环境特殊,正确选择电气设备和导线,并采用合理的供电控制和保护系统,以确保电气设备安全运行和防止瓦斯、煤尘爆炸。

任务分析:本任务通过确定工厂和矿区的供电位置,拟订供电系统,进行负荷计算;选择变压器,选择电缆,计算短路电流,选择开关,整定计算继电保护装置,确定保护接地系统,确定设备布置方案,进行供电经济计算分析,最终确定整个供电系统方案。本任务也是对前面所学知识的综合应用,能够验证学生掌握所学知识的情况。

【任务要求】

知识要求: 1. 工矿供电系统设计的步骤。

2. 掌握工厂和煤矿供电系统设计所需的设备布置图。

3. 掌握常见工矿用电气设备的选择、运行的知识。

4. 供电系统的拟订。

5. 电力负荷和短路电流的计算。

6. 工矿用电设备、导线选择以及继电保护整定。

能力要求: 1. 会工矿供电系统的设计。

2. 能解决在工矿供电设计中遇到的技术问题。

【知识准备】

9.1.1　工矿供电系统设计的原则与目的

①必须遵守国家有关电气的标准规范(符号、图纸、资料)。

②必须严格遵守国家的有关法律、法规、标准,遵守有关规程的要求,执行国家的有关方针政策,如节约有色金属、以铝代铜、采用低能耗设备以节约能源等。

③满足电力系统的基本要求(电能质量、可靠性、经济性、负载等级)。设计应做到保证电能可靠性的同时,能保证人身和设备的安全,使电能质量合格,经济性合理,尽量采用低能耗高效率、合乎使用对象的较先进的设备和技术。

④必须从整个地区的电能分配、规划出发,按照负载的等级、用电的容量统筹规划,合理确定整体设计方案,适当地考虑扩展的可能性。

⑤合理选取基础资料(根据工程特点、发展规划、用户要求)。

⑥通过课程设计进一步提高学生的收集资料、专业制图、综述撰写能力;培养理论设计与实际应用相结合的能力;开发独立思维和见解的能力;寻找并解决工程实际的能力;为以后的毕业设计和实际工作打下坚实的基础。

⑦通过设计掌握基本专业理论、专业知识、工程计算方法、工程应用能力及基本设计能力。

9.1.2　课程设计基本要求

①要求学生初步掌握工程设计的方法,特别是工程中用到的电气制图标准、常用代号、工程样本、常用计算技巧等都应在课程设计中体现出来。

②要善于抓住重要和有用的信息,紧紧抓住工程技术关键问题和技术敏感点,注意将学习的各种知识有效地组织为一体去思考、分析及解决问题。

③通过独立设计一个工程技术课题,设计相关参数设备,充分提高运用新技术和新成果的能力。

④要加强设计环节的规范管理,加强过程监控,严格考核、采取评阅、验证提问等形式,检查和验收设计成果。

⑤在设计过程中,要注意集中精力,把时间放到设计过程中去,学生应多思考、多分析,不要把过多时间用于整理抄写设计说明书上。从设计开始直到撰写设计说明书之前应对设计计算内容、结果等资料分段整理和总结,为编写设计说明书作好充分准备。

⑥每位同学在题目(1~8题)中任意选择,同类题目为一组,每组成员少于10人。

⑦完成中文摘要、论文整理、计算校验、绘制图纸等。

9.1.3 课程设计搜集的基础资料

1)选题

正确选题是做好设计的前提。课程设计选题要切实做到与科学研究、技术开发、经济建设和社会发展密切结合。在选择课程设计题目时,一般应符合以下3个方面的要求:

①选题要符合专业培养目标的要求,注重知识运用和能力培养,不能用一个课程设计的课题进行所谓全班设计,应选择不同内容、不同题目分小组每位同学均有独立设计任务。要保证达到以理论研究、实践、设计、应用于一体"复合型"人才培养模式组织学生完成课程设计的任务和设计教学目的及要求。

②在满足综合训练的前提下,尽可能结合生产实际。实际课题中既蕴涵更多的工程实际训练,又有利于加强或弥补教学过程中的薄弱环节,可谓课程设计既理论联系实际又为毕业设计打好基础。

③课程设计的课题在理论上和实践方面既要有一定的水平,又要符合学生实际,其任务量要保证中等水平的学生在规定时间内能按时完成。

2)文献收集

学生在课程设计开始,首先调查、收集和获取的文献等资料是写好设计的必要准备,是完成设计的必要基础。技术资料可以是来自生产一线的真实资料,也可以是从专业论文、期刊、技术手册、学术专著中搜寻的别人实践和研究的成果和参数,要加以标注。

3)影响电力等相关部门收集必要资料

①电力系统在最大和最小运行方式下的系统数据(输电线路回路数、长度、发电及参数等。

②继电保护的配合数据、用电设备的分布和容量的大小及对用电的负载基本要求等。

③对电能分配的要求、功率因数的要求等。

④电价及费用的要求等。

⑤向气象、水文地质、环保部门收集的资料有:年平均气温,年最高、最低气温,最热月平均温度及地下温度,地下冰冻层的深度;年平均雷电日数,雷电期的起讫日期;企业建设处的土壤电阻率;企业建设处的水文地质资料和地形勘探资料;环境污染情况等。

⑥课程设计过程中所需的基本参数请借阅技术规范和手册。

9.1.4 课程设计说明书的撰写与要求

1)撰写设计说明书

设计说明书应当由序、摘要、目录、设计内容、结束语、参考资料、附录7个部分组成。要求编写完整、齐全、规范。设计内容包括选题、基础资料、方案比较、理论分析及参数计算、原理设计及工艺设计、设备选择计算校验、绘制图纸等内容。

基础资料可以通过文献查取。基础资料包含负载大小、性质、分布及特征,气象资料、土壤情况、电力部门要求、设计精度要求、计算要求等。

2)撰写设计说明书的格式及要求

撰写设计说明书的格式如下:

目录

序

摘要

一、基础资料

1.

2.

$\vdots$

7.

二、设计内容某部分

$\vdots$

六、设计内容某部分

七、结束语

八、参考文献

附录

以上各部分内容书写过程中的要求如下:

摘要:完成中文对设计内容的简明扼要的叙述,叙述主要设计内容,字数在150字以内,关键词为设计内容的专业词汇。其形式如下:

摘要　　□□□…

　　　　□□□…

关键词　□□□…

一、基础资料:将设计任务书中主要内容以及计算数据抄写。

二~六、设计内容参考书中相关内容的示例。

七、结束语:写出收获、完成过程、解决手段、不足之处、纠正措施与方法。

附录:附图等。

八、参考文献:

[1]《工厂常用电气设备手册》编写组. 工厂常用电气设备手册(上)[M]. 北京:中国电力出版社,1999.

　　$\vdots$

参考文献的注释:所选参考的文献必须在本文中出现,标注说明见例。例:变压器 SL7[1]——根据所设计给定要求,变压器额定容量为 5 MV·A,由《工厂常用电气设备手册》上册第 73 页查得,变压器采用 10 kV 级、容量 5 000 kV·A,SL 系列,即 SL7—5000/10 型变压器。

9.1.5 采区供电系统设计

采区是井下动力负荷集中的地方,对采区供电是否安全、可靠、经济合理,将直接关系人身、矿井和设备安全及采区生产的正常进行。由于井下工作环境恶劣，因此，在供电上除采取可靠的防止人身触电的措施外，还必须正确地选择电气设备的类型和参数，并采用合理的供电、控制和保护系统，加强对电气设备的维护和检修工作，以确保电气设备的安全运行和防止井下瓦斯、煤尘爆炸。

为了保证供电安全可靠和技术经济合理，必须正确进行采区供电计算，在进行采区供电计算前，要先到有关部门收集下列原始资料作为计算的依据：

①采区巷道布置图及机械设备布置图。了解采区区段数、区段长度、工作面长度、巷道断面大小、上下副巷标高和用电设备在采区内的分布情况。

②采区各用电设备的技术参数。

③向采区供电的电源情况。了解采区附近现有变电所及中央变电所的分布情况、带负荷能力及在高压母线上发生短路时的短路容量。

④矿井的瓦斯等级，煤层的走向、厚度、倾角、煤质硬度、顶底板情况及支护方式等情况。

⑤采煤方法、运输方式、通风方式、工作组织循环等。

⑥生产产量、各种电气设备的价格、电价、机电硐室开拓价格等。

1)井下供电方式

煤矿采区供电要求安全、可靠。除采用防爆电气设备和比较可靠的防止触电危险的措施外，还必须采用合理的供电、控制和保护系统。目前我国井下采区供电方式有以下两类：

一类是对于煤层埋藏较浅的矿井，可在地面设变电亭，低压动力线经钻眼送到顺槽及工作面。这种供电方式只适用于小型矿井。

另一类是采用固定的采区变电所供电方式，动力变压器固定地安装在采区变电所，通过放射式电缆电网向用电比较集中的配电点供电，由配电点再向各采煤、掘进、运输等机械的电动机供电，如图9.1(a)所示。

由于供电系统中的变压器容量有限，电源短路容量小，供电系统通常为单一电缆网络，因此，橡套电缆截面一般限制在70 mm^{2}以下。随着工作面机械化程度不断提高，电动机的单机容量也在不断增大，而且用电设备总装机容量往往超过变压器的容量，当采掘工作面大容量电动机启动时，变压器及其低压配电系统中的电压损失很大，电动机的端电压往往很低，甚至不能满足正常启动的要求。同时，也会引起配电系统产生较大的电压波动，有可能造成电动机启动跳闸。因此，采用相对固定的采区变电所供电方式，在一定的额定电压下，只能适应功率不太大的供电网络或有限的配电距离。

目前，综采及高档普采机组工作面广泛采用的是移动变电站深入顺槽的供电方式，如图9.1(b)所示。其最大的优点是高压(6 kV 或 10 kV)深入负荷中心，供电容量大、距离短，电压损失小；提高了低压供电电压的等级，相应减小了电动机的体积，降低了电缆的截面积，在允许的电压损失范围内增大了供电距离；移动变电站移动方便，能减少开拓硐室及设备搬移的费用和工时。

当采区功率因数较低时，可采用静电电容器进行无功功率补偿，以提高采区供电的经济性。采区负荷的不断增大，电耗在原煤成本中已占较大比重，不断增大的负荷要求供电设备的供电能力也要相应地增大，这就使得采区电网的年运行费用不断地增加。通过分析表明，提高功率因数有很好的经济效益。如果将采区电网的功率因数从0.5～0.6提高到0.9～0.95，它的综合经济效益为：可提高供电设备的供电能力30%～40%，降低电能损耗30%～50%，减少电压损失 4% ~ 5%。而无功补偿装置所增加的投资在 1 ~ 3 年内即可收回。

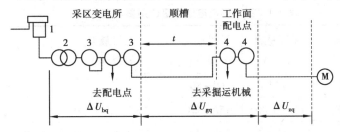

（a）固定式采区变电所供电方式

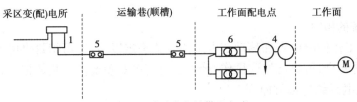

（b）移动变电站供电方式

图 9.1　采区供电系统

1—高压开关柜;2—变压器;3—馈电开关;4—磁力启动器;5—电缆连接器;6—移动变电站

2）采区供电设计的准备资料

在进行井下采区供电设计时,必须收集以下原始资料作为设计的依据:

①矿井的瓦斯等级,采区煤层走向、倾角,煤层厚度,煤质硬度,顶底板情况,支护方式。

②采区巷道布置,采区区段数目、区段长度、走向长度、采煤工作面长度,采煤工作面数目,巷道断面尺寸。

③采煤方法,煤、矸、材料的运输方式,通风方式。

④采区机械设备的布置,各用电设备的详细技术特征。

⑤电源情况,采区附近现有变电所及中央变电所的分布情况,供电距离、供电能力及高压母线上的短路容量等情况。

⑥采区年产量、月产量、年工作时数,电气设备的价格、当地电价、硐室开拓费用、职工人数及平均工资等资料。

⑦在进行井下采区供电设计时,还需要准备下述资料:《煤矿安全规程》《煤炭工业设计规范》《煤矿井下供电设计技术规定》《矿井低压电网短路保护装置整定细则》《矿井保护接地装置安装、检查、测定工作细则》《煤矿井下检漏继电器安装、运行、维护与检修细则》《煤矿电工手册》第二分册(下)、《中国煤炭工业产品大全》、各类有关的电气设备产品样本、各类供电教材。

3）采区变电所位置的选择

采区变电所的位置取决于低压供电电压、供电距离、采煤方法及采区巷道布置方式、机械化程度、采煤机组的容量大小等因素。采区供电电压等级选择应以表 9.1 为依据,同时要确保最大最远的电动机能正常启动,并保证磁力启动器能正常吸合。

采区变电所的位置的选择应满足下列要求:

①设于能向最多生产机械供电的负荷中心,使低压供电距离合理,并力求减少变电所的移动次数。

②顶板坚固,无淋水且通风良好,保证变电所硐室内的温度不超过附近巷道 50 ℃。

③便于变电所设备运输。

表 9.1　采区供电电压等级选用参考表

电压等级/V	适用采煤方式	采区总容量/kW	单机最大容量/kW	双机最大容量/kW	日产煤量/t
380	炮采	500 以下	60 ~ 80		约 500
660	机采	500 ~ 1 000	150 ~ 170	2 × 150,2 × 170	约 1 000
1140	综采	1 000 ~ 1 500	300 ~ 400	2 × 300,2 × 400	1 000 ~ 2 000 及以上

4)采区供电系统的拟订

当采区变电所、工作面配电点和移动变电站的位置确定以后,即可拟订供电系统。采区供电系统的拟订应符合安全、可靠、经济、操作方便、系统简单等项要求。具体拟订原则如下:

(1)采区高压供电系统的拟订原则

①供综采工作面的采区变(配)电所一般由两回电源线路供电,除综采外,每个采区应为一回路。

②双电源进线的采区变电所,应设置电源进线开关。当其中为一回路供电、一回路备用时,母线可不分段,当两回路电源同时供电时,母线应分段并设联络开关,正常分列运行。

③单电源进线的采区变电所,当变压器不超过两台且无高压出线时,可不设电源进线开关,当变压器超过两台或有高压出线时,应设进线开关。

④采区变电所的高压馈出线宜用专用的开关柜。

⑤由井下主变电所向采区供电的单回电缆供电线路上串联的采区变电所,不得超过 3 个。

(2)采区低压供电系统的拟订原则

①在保证供电安全可靠的前提下,力求所用的设备最省。

②原则上一台启动器只控制一台设备。

③当采区变电所动力变压器超过一台时,应合理分配变压器负荷,原则上一台变压器负担一个工作面的用电设备。

④变压器最好不并联运行。

⑤从变电所向各配电点或自配电点到各用电设备宜采用辐射式供电,上山及下顺槽输送机宜采用干线式供电。

⑥配电点启动器在 3 台以下者,一般不设配电点进线自动馈电开关。

⑦工作面配电点最大容量电动机用的启动器应靠近配电点进线,供电系统应尽量避免回头供电。

⑧低瓦斯矿井掘进工作面的局部通风机,可采用装有选择性漏电保护装置的供电线路供电,或与采煤工作面分开供电。

⑨瓦斯喷出区域、高瓦斯矿井、煤(岩)与瓦斯(二氧化碳)突出矿井中,掘进工作面的局部通风机都应实行三专(专用变压器、专用开关、专用线路)供电。经矿总工程师批准,也可采用装有选择性漏电保护装置的供电线路供电,但每天有专人检查一次,保证局部通风机可靠运转。

⑩局部通风机和掘进工作面中的电气设备必须装有风电闭锁装置。在瓦斯喷出区域、高瓦斯矿井、煤(岩)与瓦斯(二氧化碳)突出矿井中的所有掘进工作面应装设两闭锁(风电闭锁、

瓦斯电闭锁)设施。

供电系统应用单线图画出,图中应标出开关、启动器、变压器和动力设备的型号、容量或电流等,图中的电缆应标出型号、截面、芯数和长度。

5)高压配电箱的选择

(1)高压配电箱型号的选择

①根据工作环境,采区使用的高压配电箱应选用隔爆型,根据矿井设备真空化的要求,应优先选择具有真空断路器的高压配电箱。

②考虑电气设备对保护装置的要求,控制和保护高压电动机和电力变压器的高压配电箱应具有短路、过负荷和欠电压释放保护;控制和保护移动变电站的高压配电箱,除应具有上述3种保护外,还应具有选择性漏电保护、高压电缆监视保护。没有条件时,上述高压配电箱中至少应有短路保护和欠电压释放保护。

③配电箱电缆喇叭口的数目和内径要满足电网接线的要求。从电缆喇叭口的数目分类有:双电源式,共有3个喇叭口;单电源式,有两个喇叭口;联合使用式,仅有1个负荷电缆喇叭口。应根据电网接线的需要选择合适的类型。

(2)高压配电箱电气参数的选择

高压配电箱应按额定电压和额定电流选择,按额定断流容量和短路时的动稳定性、热稳定性进行校验。

6)低压电气设备的选择

(1)低压电气设备型号的选择

①按使用环境选 采区低压电气设备一律采用矿用防爆型,除采区进风道外,不许使用防爆增安型设备。

②按工作机械对控制的要求选择

a.供电线路用总开关、分路开关和配电点进线开关,一般选用隔爆自动馈电开关。

b.不需要进行远方控制及不经常启动的小型机械,如小水泵、照明变压器等,可选用手动启动器或插销式开关。

c.需要远方控制、集中联锁控制或频繁启动的机械,如采煤机、输送机等,应选用磁力启动器。

d.需要经常正反转的机械,如回柱绞车、调度绞车等,应选用可逆磁力启动器。

e.40 kW 及以上、启动频繁的设备,应选用具有真空接触器的磁力启动器。

③按电网和工作机械对保护的要求选择

a.变压器二次侧低压总馈电开关应有短路、过负荷、失压、漏电和漏电闭锁保护,至少应有短路和漏电保护。

b.各分路配电开关应有短路、过负荷、失压、漏电闭锁或选择性漏电保护,至少应有短路保护。

c.大型机械设备的启动器应有短路、过负荷、失压、断相和漏电闭锁保护,至少应有短路、失压、过负荷、断相保护。

d.小型机械设备的启动器应有短路、过负荷和断相保护。

e.控制煤电钻的设备,必须选用具有短路、过负荷、检漏保护和远距离启动和停止控制的综合保护装置。

f.考虑电缆外径和根数。所选电器的接线盒,其接线喇叭口的数目和内径要适应电缆接线的要求,即电缆根数不超过接线喇叭口的数目,电缆外径不超过接线喇叭口所允许的最大电缆外径。

（2）低压电器电气参数的选择

低压开关和启动器应按额定电压和额定电流选择,按极限分断电流校验。极限分断电流校验合格后,一般不再校验短路时的动、热稳定性。

【任务实施】

1.工作准备

①根据已经整理好的资料和工矿用电气设备运行规程的要求,经小组认真讨论后制订出工矿供电课程设计完成方案。

②准备工矿供电系统设计所需的工具书。

2.设计进程

总学时:1周。

①明确设计题目,收集原始资料,借阅图书文献,拟订系统方案(1天)。

②独立完成初步设计方案(一般选取两个方案,选择最佳方案)(0.5天)。

③独立完成系统方案设计,如系统图中所有设备的选择与校验、负荷计算、短路计算等任务(1.5天)。

④各阶段的设计讲授、纠正及新知识更新能力的应用(0.5天)。

⑤编写论文说明书、绘图等(1天)。

⑥整体完成及验收(0.5天)。

3.课程设计考核方法

课程设计考核是保证课程设计质量的重要组成部分,为此提出设计考核内容如下:

①文献收集及应用的能力、初步方案拟订能力的考证。

②工程技术关键问题的处理手段、设计内容及理论知识的应用考证。

③设计过程中使用参考资料和再学习新知识能力的考证。

④设计说明书完成质量和完整性验证。

⑤设计期间出勤率的考核。

4.成绩综合评定

课程设计成绩综合评定分以下几个方面:评分标准分为优秀、良好、中等、及格、不及格5个等级。按收集原始资料和文献、方案拟订、各阶段完成任务情况、计算校验、设计说明书、图纸、问答抽查、每日考勤等,给定综合成绩。

【学习小结】

本任务的核心是能够对工矿供电系统设计的前期工作进行处理,能够按照设计的要求收集和整理所需的资料,将整理的资料用于设计。本任务还要求能够对工矿供电系统所需的电气设备进行选择;能认识工矿电气设备的运行要求;掌握采区电气设备的运行和维护的相关知识。掌握采区供电系统设计的方法,要求学生能够按照采区供电系统设计的步骤和原则完成相关的计算和整定,最终根据设计的要求,完成采区供电系统的基本设计工作。

参考文献

[1] 刘介才.工厂供电[M].4版.北京:机械工业出版社,2004.

[2] 顾永辉.煤矿电工手册(矿山供电分册上、下)[M].北京:煤炭工业出版社,2007.

[3] 杜文学.电力系统[M].2版.北京:中国电力出版社,2018.

[4] 刘介才.工厂供电设计指导[M].3版.北京:机械工业出版社,2017.

[5] 中国电力企业联合会标准化中心.电力工业标准汇编[M].北京:中国电力出版社, 1996—1998.

[6] 国家安全生产监督管理总局.煤矿安全规程[M].北京:煤炭工业出版社,2011.

[7] 李谨.煤矿井下电钳工[M].北京:中国矿业大学出版社,2007.

[8] 梁南丁,史万才,庞元俊.煤矿供电[M].北京:中国矿业大学出版社,2009.

[9] 王建华.电气工程师手册[M].北京:机械工业出版社,2006.

[10] 黄纯华,葛少云.工厂供电[M].2版.天津:天津大学出版社,2001.

[11] 尹克宁.电力工程[M].2版.北京:中国电力出版社,2004.

[12] 黄明琪,李善奎,文方.工厂供电[M].2版.重庆:重庆大学出版社,2009.